国家科技支撑计划课题
现代农业产业技术体系北京市叶类蔬菜创新团队　资助出版
国家自然科学基金项目

面向移动终端的农业
信息智能获取

傅泽田　张领先　李鑫星　温皓杰　编著

U0219283

中国农业大学出版社
·北京·

内 容 简 介

全书共分 7 章。第 1 章绪论为问题的提出和文献分析,第 2 章我国农业信息需求及农户信息采纳行为,第 3 章农业视频信息获取——视频分割与场景检测,第 4 章农业视频信息获取——视频标注与重构,第 5 章农业音频信息获取——文语转换,第 6 章面向移动终端的农业视音频信息转换,第 7 章面向移动终端的农业信息智能获取系统。

本书可以作为农业信息化、农业系统工程、信息管理与信息系统等学科研究人员的参考书籍,也可以供农业农村信息化管理部门及农业农村信息综合服务机构参考使用。

图书在版编目(CIP)数据

面向移动终端的农业信息智能获取/傅泽田,张领先,等编著. —北京:中国农业大学出版社,2015.9

ISBN 978-7-5655-1177-6

Ⅰ.①面…　Ⅱ.①傅…②张…　Ⅲ.①移动终端-应用-农业　Ⅳ.①S126

中国版本图书馆 CIP 数据核字(2015)第 035379 号

书　名	面向移动终端的农业信息智能获取		
作　者	傅泽田　张领先　李鑫星　温皓杰　编著		

策划编辑	丛晓红	责任编辑	洪重光
封面设计	郑　川	责任校对	王晓凤
出版发行	中国农业大学出版社		
社　址	北京市海淀区圆明园西路 2 号	邮政编码	100193
电　话	发行部 010-62818525,8625	读者服务部	010-62732336
	编辑部 010-62732617,2618	出　版　部	010-62733440
网　址	http://www.cau.edu.cn/caup		
经　销	新华书店	e-mail	cbsszs @ cau.edu.cn
印　刷	涿州市星河印刷有限公司		
版　次	2015 年 9 月第 1 版　2015 年 9 月第 1 次印刷		
规　格	787×1 092　16 开本　16.5 印张　410 千字		
定　价	78.00 元		

图书如有质量问题本社发行部负责调换

序　言

进入 21 世纪以来,特别是"十一五"计划实施以后,我国农业农村信息化建设进入了一个全方位、多层次推进的阶段。随着 3G、4G 通信技术的发展,手机在农村的普及率因其价格低廉、功能丰富多样、学习使用门槛低等优势,成为农民最常使用的信息获取终端。同时,调查显示农民对视频信息的理解能力大于其他形式的知识获取,这一现实奠定了手机作为面向农民提供主要信息服务载体的地位。但是手机作为移动终端,目前在为农民提供知识含量较高的各种信息方面,也存在一些问题。例如:现有的农业知识视频检索粗糙,内容冗长,且通过手机获取视频知识还受到信息流量、带宽,特别是手机资费的限制。因此,针对农民个性化、专业化、多样化的信息需求,研究农民信息采纳行为,以及农业图像处理、视频分析、文语转换、视音频获取等技术和方法;重点基于移动终端信息平台,解决农业信息智能分析与农业知识获取方法问题,并将概念化的农业知识转换为农民容易接受的视音频形式;通过方便、快捷、易接收的主动智能服务模式将各种信息送达农民,满足农村、农业和农民多样化的信息需求,具有极为重要的意义和广阔的发展前景。

《面向移动终端的农业信息智能获取》一书正是在充分认识了当前国内农业信息获取现状以及农业信息化对信息智能获取技术迫切需求的前提下,结合我国农村信息化程度不高及农民个性化信息需求的现状,对农业信息智能获取技术体系的新思路和新方法进行开发与探索,旨在为农村信息化提供一条全新、有效的方法与途径。

全书共分 7 章。第 1 章绪论为问题的提出和文献分析,通过分析农民对农业信息个性化的需求,从知识的内容、知识表现形式以及知识获取方式 3 个方面提出农业知识转换与智能获取研究的特殊技术需求,构建农业知识视音频转换与智能获取的概念模型,统领全书。第 2 章我国农业信息需求及农户信息采纳行为,从横向和纵向两个方面探讨农户的信息采纳过程,深刻了解和分析农户信息采纳行为,进而导引出农户对信息获取实时性和获取手段便捷性的迫切需求。第 3 章农业视频信息获取——视频分割与场景检测,针对手机获取视频信息受到数据流量、带宽以及资费的限制问题,研究农业知识视频分割方法,提出一种多模态融合的视频场景检测方法,解决农业知识视频获取的准确性问题。第 4 章农业视频信息获取——视频标注与重构,针对现有视频标注方法主观性强,标注农业知识视频专业性差的问题,构建基于多模态融合的视频语义标注图模型,解决现有视频标注方法产生歧义字段的问题,可以更好地满足农民对农业视频检索个性化、专业化的需求。第 5 章农业音频信息获取——文语转换,针对现有方法转换农业知识文本造成歧义字段的问题,提出基于语义检索的文语转换方法,实现将高校和科研院所概念化的研究成果,转换为农民容易接受的视音频形式,提高了农业信息的易用性。第 6 章面向移动终端的农业视音频信息转换,针对高校和科研院所的农业知识供给无法通过有效途径送达给农民的问题,将已有的专家系统推理算法及知识库嵌入呼叫中心平台相结合,构建出呼叫中心与专家系统耦合的音频获取模型;通过分析移动通信网络协议与 IP

网络协议的基本原理,构建面向移动终端的视频获取模型,使得移动终端可以读取存储于计算机的视频,保证信息源的实时性。第 7 章面向移动终端的农业信息智能获取系统,通过知识转换与获取系统设计与实现,在前文理论方法及模型的研究基础上,设计开发面向移动终端的农业知识视音频转换与获取系统,可以借助移动终端,将视音频形式的农业知识送达到农民手中。

本书是国家自然科学基金项目"蔬菜病害视频的声像镜头聚类方法与自动语义标注模型研究(C130105)"、国家科技支撑计划子课题"低成本体验式农村信息服务关键技术与终端研发(2012BAD35B02)"和"远程实时信息交互技术与应用研究(2006BAD10A07—02)"、北京市教委科学研究共建项目"农业信息服务关键技术与平台集成研究"、北京市农业局财政项目"现代农业产业技术体系北京市叶类蔬菜创新团队(blvt-20)"等国家级、省部级项目的研究成果,也是本人及研究团队多年研究成果的总结。在作者主持课题中,李道亮、穆维松、张小栓、张健、刘雪、田东、冯建英等专家对本研究的选题、研究方法与模型算法给予了大力帮助,做出了贡献;课题组研究生张京京(第 2 章)、李瑶(第 5 章)、苏叶(第 3 章)在本书的编写过程中做了大量的富有成效的研究工作,这里一并表示感谢!

本书可以作为农业信息化、农业系统工程、信息管理与信息系统等学科研究人员的参考书籍,也可以供农业农村信息化管理部门及农业农村信息综合服务机构参考使用。

由于作者水平和能力有限,书中错误或不妥之处在所难免,诚恳希望同行和读者批评指正,以便今后改正和不断完善。

傅泽田

2014 年 3 月于中国农业大学

目　　录

第1章 绪 论

1.1 研 究 背 景

当今世界,信息技术发展日新月异,引发各国政治、经济、文化、社会、军事等领域的深刻变革与巨大进步。信息化已经成为世界各国推动经济社会发展的重要手段,成为提高资源配置效率的有效途径。一句话:信息化水平已经成为新的历史条件下衡量一个国家现代化水平的重要标志。

当前,中国的信息化进程也站在一个新的起点上,正迈向全面渗透、深化集成、转型提升的新阶段,跨入了"工业化、信息化、城镇化、农业现代化"四化同步发展的新时代。农业信息化是发展现代农业,推进农业发展方式转变的重要支撑,更是保障国家农产品供给安全、农产品质量安全、农业生态安全和农业生产作业安全的基本技术手段;是推进农业产业化经营和促进农民增收的重要途径,也是实现农村和城市生产要素、经济要素、生活要素合理配置和双向流通,破解城乡二元结构、促进城乡统筹发展的必由之路。

1. 我国高度重视农业农村信息化建设

农业农村信息化建设问题早在 20 世纪末就受到我国政府的高度重视,进入 21 世纪,中央连续 10 个一号文件均高度关注农业农村信息化。2012 年,农业农村信息化再次被写入一号文件,文件指出:"全面推进农业农村信息化,着力提高农业生产经营、质量安全控制、市场流通的信息服务水平。整合利用农村党员干部现代远程教育等网络资源,搭建三网融合的信息服务快速通道。加快国家农村信息化示范省建设,重点加强面向基层的涉农信息服务站点和信息示范村建设。"2012 年 6 月 28 日,国务院发布的《国务院关于大力推进信息化发展和切实保障信息安全的若干意见》明确指出要推进农业农村信息化,实现信息强农惠农。党的十八大提出"促进工业化、信息化、城镇化、农业现代化同步发展"的战略部署,充分体现了党和国家对以信息化支撑工业化、城镇化和农业现代化发展的高瞻远瞩,"四化同步"的发展战略,为全国上下加快推进农业农村信息化指明了方向,明确了目标和任务。2013 年中央一号文件指出:"必须统筹协调,促进工业化、信息化、城镇化、农业现代化同步发展,着力强化现代农业基础支撑,深入推进社会主义新农村建设。"2014 年中央一号文件强调:"工业化信息化城镇化快速发展对同步推进农业现代化的要求更为紧迫,保障粮食等重要农产品供给与资源环境承载能力的矛盾日益尖锐,经济社会结构深刻变化对创新农村社会管理提出了亟待破解的课题。"中共中央总书记、国家主席、中央军委主席、中央网络安全和信息化领导小组组长习近平 2014 年 2 月 27 日下午主持召开中央网络安全和信息化领导小组第一次会议并发表重要讲话。习近平在讲话中指出,信息流引领技术流、资金流、人才流,信息资源日益成为重要生产要素和社会财富,信息掌握的多寡成为国家软实力和竞争力的重要标志。习近平强调,信息技术和产业发展程度决定着信息化发展水平,要加强核心技术自主创新和基础设施建设,提升信息采集、处理、传播、利用、安全能力,更好惠及民生。

2. 农业农村信息化基础设施得到明显改观

按照党中央、国务院的要求,紧紧围绕发展现代农业和建设社会主义新农村的目标,各有关单位积极推进农业农村信息化建设,创新农业农村信息化发展方式、建设模式、管理体制与运行机制,开展了卓有成效的实践探索,初步建立了"政府推动、市场运作、多元参与、合作共赢"的农村信息化发展机制,形成了各具特色的农村信息综合服务模式。

近年来,国家发改委、农业部、工业和信息化部、科技部等部委相继实施了一大批农业农村信息化重大项目。农业部先后组织实施"金农工程"、"三电合一"项目、国家首批物联网应用示范工程智能农业项目,全面推进农业生产经营管理服务信息化。科技部在山东、湖南、湖北、广东等省按照"平台上移、服务下延"的理念开展国家农村信息化示范省建设。工业和信息化部通过持续实施"村村通"工程,全国所有乡镇和87.9%的行政村通宽带,我国农村信息化基础设施进一步完善。

通过农业农村信息化重大工程项目顺利实施推进,我国农业农村信息化基础设施得到明显改观,农业农村信息化资源建设成效显著,农村基层信息服务体系基本建成,信息技术在农业生产经营中开始深入应用,我国农业农村信息化整体水平迈上一个新台阶。从信息服务手段上说,我国基本形成了集互联网、电信网、有线电视网、无线网、卫星网为一体的信息服务体系,相关农村服务网站已初步建成,有效地解决了农业信息可达性的问题。

3. 移动通信终端成为农业农村信息化的重要载体

我国农村计算机普及率较低,而移动电话拥有量很高。从表1-1的数据中可以看出,2011年全国计算机拥有量为17.96台/百户。只有9个省(自治区、直辖市)超过了全国水平,其中北京市以62.87台/百户的水平位居全国第一;而其他22个省(自治区、直辖市)均低于全国水平,广西、新疆、甘肃、内蒙古、海南、四川、青海、贵州、云南9个省(自治区)计算机拥有量均低于10台/百户,西藏自治区以0.34台/百户的水平位居末位。

表1-1　全国各省(自治区、直辖市)电脑拥有量

省(自治区、直辖市)	计算机拥有量	省(自治区、直辖市)	计算机拥有量	省(自治区、直辖市)	计算机拥有量
北京	62.87	安徽	10.39	四川	7.88
天津	37.00	福建	30.95	贵州	4.11
河北	25.57	江西	10.61	云南	4.04
山西	24.05	山东	25.21	西藏	0.34
内蒙古	8.59	河南	16.19	陕西	16.55
辽宁	16.67	湖北	15.58	甘肃	9.00
吉林	15.94	湖南	10.30	青海	5.17
黑龙江	15.31	广东	29.52	宁夏	11.75
上海	50.25	广西	9.57	新疆	9.10
江苏	37.56	海南	8.42	全国	17.96
浙江	43.52	重庆	11.94		

资料来源:《国家统计年鉴》、《全国电信业统计公报》和《中国互联网络发展状况统计报告》。

计算机拥有量的空间分布情况如图 1-1 所示,从图中可以看出北京、上海、浙江的计算机拥有数量明显高于全国平均水平,贵州、云南、青海等省(自治区、直辖市)则水平较低,和其他省(自治区、直辖市)相比有较大差距。空间分布上基本呈现出东高西低的规律,全国差异明显,东部发达地区远远优于西部欠发达地区。

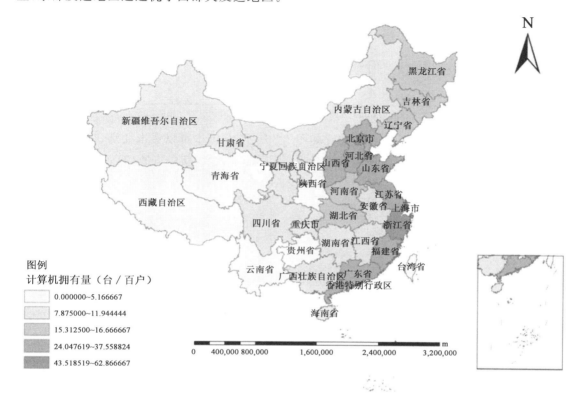

图 1-1 全国各省(自治区、直辖市)计算机拥有量空间规律

从表 1-2 的数据中可以看出,2011 年全国移动电话拥有量为 179.74 部/百户,远高于全国计算机拥有量(17.96 台/百户)。而 22 个省(自治区、直辖市)移动电话拥有量均超过了全国水平,其中广东以 241.97 部/百户的水平位居全国第一;在未超过全国水平的省(自治区、直辖市)中,位居末位的西藏,其移动电话拥有量也已经达到了 121.35 部/百户,远高于全国计算机拥有量最高的北京市水平(62.87 台/百户)。

表 1-2 全国各省(自治区、直辖市)移动电话拥有量

省(自治区、直辖市)	移动电话拥有量	省(自治区、直辖市)	移动电话拥有量	省(自治区、直辖市)	移动电话拥有量
北京	231.20	安徽	163.71	四川	168.75
天津	187.86	福建	234.50	贵州	156.96
河北	193.17	江西	189.43	云南	194.00
山西	172.81	山东	186.43	西藏	121.35
内蒙古	200.19	河南	194.50	陕西	221.46

续表 1-2

省(自治区、直辖市)	移动电话拥有量	省(自治区、直辖市)	移动电话拥有量	省(自治区、直辖市)	移动电话拥有量
辽宁	150.60	湖北	204.82	甘肃	177.44
吉林	204.31	湖南	183.35	青海	223.33
黑龙江	182.14	广东	241.97	宁夏	225.00
上海	188.92	广西	210.26	新疆	141.87
江苏	184.91	海南	193.67	全国	179.74
浙江	202.19	重庆	175.78		

资料来源:《国家统计年鉴》《全国电信业统计公报》和《中国互联网络发展状况统计报告》。

移动电话拥有量水平的空间分布情况如图 1-2 所示,从图中可以看出北京、福建、广东、陕西、青海、宁夏的移动电话拥有量明显高于全国平均水平;贵州、新疆等省(自治区、直辖市)则水平较低,和其他省(自治区、直辖市)有较大差距;但总体上,全国差异不大,水平普遍较高,仅有少数省(自治区、直辖市)水平较低。

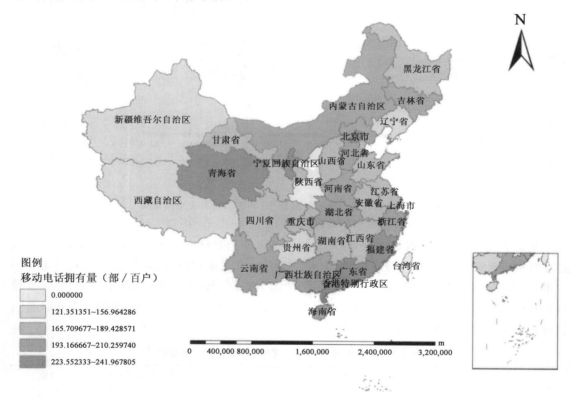

图 1-2 全国各省(自治区、直辖市)移动电话拥有量空间规律

4. 由于农业区域性、品种多样性的差异及农民自身条件局限性,个性化、专业化农业信息资源及智能化信息获取方法和技术缺乏

由于农业区域性差异、品种多样性的特点,我国农村信息化的发展依然存在着建设成本

高、信息化效果差等一系列问题,尤其是个性化、专业化农业信息资源及智能化信息获取方法和技术匮乏。

(1)农业信息需求与信息供给对接困难,需要选择基于主动服务模式的低成本农业信息化发展路径 由于农业区域性、品种多样性的差异,以及农民经济实力和综合素质偏低等自身条件局限性,与城市居民相比农民在实力、能力、水平上存在巨大差别,主要表现在:农民接受新知识意识与接受技术能力不强。这直接导致在农业信息综合服务过程中存在着农业信息供给与农业信息需求对接困难。基于国情及民情,我国农业信息化更需要选择基于主动服务模式的低成本农业信息化发展道路。基于主动服务模式的低成本农业信息化发展路径主要表现为"低成本"、"主动服务模式"和"技术体系"3个关键词。

"低成本"主要是经济低成本、学习低成本和时间低成本。"低成本"的核心是借助于先进的信息技术和价格低廉的通信终端,将农业知识方便、快捷地送达到农民手中。经济低成本就是充分利用现有信息通道和通信终端,整合各地政府数据和网络资源,避免重复建设。学习低成本就是终端傻瓜化,在不具备通用信息化设施的条件下,尽可能利用农民现有的接收终端设备,方便用户接受、易于学习和掌握。时间低成本就是减少智慧农业产业链建设的时间,减少用户知识获取的时间,将所提供的内容,能够快速地从信息变成知识,知识再变成生产力。

"主动服务模式"要求以用户满意为目标:重视用户的信息需求,主动整合资源,以多种形式推送给用户;以服务为中心:完善其主动服务体系,通过培训、参观、指导等方法,提升用户利用农业科技信息的技能;以互动促效果:重心应放在吸引用户上,在满足用户现有需求的基础上挖掘用户新的需求。

"技术体系"就是要满足多样化需求,一条龙服务,满足链条上各个节点有效链接,软件体系和硬件体系合理配套。

概括起来,农业信息化所需要的基于主动服务模式的低成本技术体系就是:在信息技术发展应用的不同阶段,主动地为农村、农业、农民提供价格便宜,易于学习掌握,方便使用,快捷有效的实用性、综合化的信息技术产品、设备、应用系统和全面信息需求服务,最大限度地消除农村各个领域的信息不对称性,提高农村人口的信息获取能力和使信息转化为知识,并在其社会、经济、文化、生活中有效应用的能力,推进农村社会全方位的现代化的进程。

(2)以手机为主的移动终端具有价格低廉、功能丰富多样、学习使用门槛低等优势 随着3G、4G通信技术的发展,手机在农村的普及率因其价格低廉、功能丰富多样、学习使用门槛低等优势,成为农民最常使用的信息获取终端。同时,调查显示农民对视频信息的理解能力大于其他形式的知识获取,这一现实奠定了手机作为面向农民提供主要信息服务重要载体的地位。

相比于计算机和有线电视,固定电话,特别是以手机为代表的移动终端的价格要低廉得多,而且呈现出逐年下降的趋势,随着3G、4G通信技术的发展,手机将有越来越大的应用前景。另外,学习使用手机的"门槛"对于农民而言,比起学习使用计算机和互联网也要低得多。根据中国工信部统计数据,截至2013年3月底,我国的手机用户数量已达到11.46亿,这其中有近一半的用户就分布在农村,这说明手机确确实实已经进入了农民朋友的日常生活,而且广大农民有能力使用好手机。

与计算机相比,手机除了"价格低廉,易学易用"外,还具备"灵活方便"的特点,农民在田间地头劳作时就可以随时"掏出手机,获取信息",因此借助手机获取信息既符合我国农村的国情,又适应我国农业生产劳作方式的特点,如能将以手机为代表的移动终端作为信息接收终端,为农民提供信息,将可以构建起一条高效、可靠的信息获取途径。特别是随着移动通信技术的不断发展,手机的功能也在不断强大,已经体现出部分取代计算机功能的趋势,这也无疑为通过手机进行信息获取提供了很好的硬件支撑,因此如果农民借助手机去获取信息,将不仅能够"获取得到",更能"获取得好"。

但是手机作为移动终端目前在为农民提供知识含量较高的各种信息方面,也存在一些问题。例如:现有的农业知识视频检索粗糙,内容冗长,且通过手机获取视频知识还受到信息流量、带宽,特别是手机资费的限制。因此,针对农民个性化、专业化、多样化的信息需求,研究农民信息采纳行为、图像处理、视频分析、文语转换、视音频获取等技术和方法,重点基于移动终端信息平台,解决农业信息智能分析与农业知识获取方法问题,并将概念化的农业知识转换为农民容易接受的视音频形式,通过方便、快捷、易接收的主动智能服务模式送达到农民,满足农村、农业和农民多样化的信息需求,具有极为重要的意义和广阔的发展前景。

1.2　国内外相关研究现状

本书主要涉及信息采纳行为、视频分割、语义标注、文语转换、专家系统、呼叫中心、3G 视频获取等方法和技术。

1.2.1　农户信息采纳行为

1.农业信息服务

国内农业信息服务发展战略可以概括为 3 个方面:第一,分析农业信息服务的现状,论述加强农业信息服务的重要性;第二,针对问题,从国家或地区的角度研究农业信息服务的整体策略,提出意见和建议;第三,分析现有的较成功的地方农业信息服务模式。

内涵和外延方面,贾善刚(2000)指出农业信息化的概念不仅包括计算机技术,还应包括微电子技术、通信技术、光电技术、遥感技术等多项信息技术在农业上普遍而系统应用的过程。梅方权(2001)认为,农业信息化是一个广义的概念,应是农业全过程的信息化,是用信息技术装备现代农业,依靠信息网络化和数字化支持农业经营管理,监测管理农业资源和环境,支持农业经济和农村社会信息化。目前,学术界关于"农业信息化"还没有一个公认的定义,农业信息化的量化指标尚未确定,但普遍认为农业信息化是信息科学在农业上的广泛应用,通过信息网络把农业生产、管理及农产品市场等领域、环节紧密地连接起来,成为一个有机的系统。而农业信息服务是加速和实现农业信息化的重要途径和保障。

郑红维(2004)分析了我国农业信息服务体系的现状和趋势,构建了一套能综合反映农业服务体系软、硬件建设和效益情况的指标体系。刘海林(2004)通过与世界上农业信息化发达国家相比,分析了我国农业信息化发展障碍因素并提出了相应策略。许茂林(2004)对农业市场信息供给、需求及二者的矛盾进行了分析,探讨了农业市场信息服务体系建设的对策。郑广翠等(2005)对目前我国存在的主要的基层服务模式进行了系统归纳和比较分析,提出了基层农业信息服务模式的选择原则。李应博(2005)采用回归分析法,结合农业信息化指数对我国农业信息化与农业经济增长之间的关系进行了测算与预测,构建了农业信息服务体系的组织结构,从国家和地方两个层面建立农业信息服务的框架体系。王志军(2005)分析了河北省农业信息化中存在的信息服务对象不明确、信息服务内容适用性差、信息服务手段不配套、信息服务机制不健全等主要问题,提出了现阶段河北省农业信息化建设的方向和重点。曹清平(2005)分析了我国在农业信息服务方面存在的信息服务对象、信息服务手段、信息服务内容和信息服务效果断层等问题。

刘洪、詹捷(2002)认为入世后农业信息服务者主要有:政府当前为农业服务的相关职能部门,由政府主管的相关媒体、高校和科研院所、行业协会和农民自愿组成的合作组织、各类专业网站等。孙立平(2003)就供销社如何在农业信息服务中发挥作用进行了调查和分析,认为供销社在加强农业信息服务中发挥作用的空间非常广阔。钟永玲(2004)探讨了农民专业合作经济组织在农业信息化中的作用,认为"合作组织是农民跨越数字鸿沟的桥,是农业信息化通向农村的路,是集散信息的站及运载信息的车",并对其如何发挥作用进行了分析。王亚新(2005)认为在农业信息化的建设中,政府必须承担农业信息产品供给的主渠道职能,建立以政府信息体系为主,专家和农民广泛参加的农业信息收集、发布和预报体系。

随着时间的推移,农户获取信息的途径越来越多。农户获取信息服务的途径也越来越受到重视。赵玉山等(1998)在进行农民对市场信息需求的行为分析中,认为要提高农民通过看电视、听收音机、亲友互相传递、订阅报刊、开会获取信息的能力。赵继海等(1999)从广义农村信息用户的角度对浙江省进行调查研究后发现基层农技推广部门是受访者获取信息的主要渠道;其次,大学科研院所、农民协会、生产资料供应单位(个体经营户、农资公司)也是信息获取的渠道。陈水阶等(2000)在对河北省廊坊市农业信息需求与服务方法的研究中得出:书籍报刊、广播电视是受访者获取信息的主要渠道和途径;通过农技推广站获取信息的受访者只有17.9%,通过互联网获取信息的只占受访者的13.3%。而耿劲松(2001)在农民的信息需求分析中认为,除上述途径外还提到了农民通过计算机网络、集贸市场的价格公告以及从农业服务机构、基层农业推广部门和农技人员处获取信息。

2. 用户信息技术采纳

用户需求与行为是信息服务的出发点和基础。对用户的研究有助于推动信息服务活动的展开和发展。近年来,信息技术采纳已经成为重要的研究领域,同时在此过程中出现了许多相关的理论和研究方法。例如技术接受模型(TAM)、计划行为理论(TPB)等。

闵庆飞等(2008)对 2000—2006 年发表在 IS 领域重要期刊及会议上的信息技术采纳论文211 篇进行了多个方面的分析。分析结果表明,被明确为研究基础的理论有 34 种之多,其中很多论文采用了 2 种以上的理论同时作为理论基础。统计显示,使用最多的是技术接受模型(technology acceptance model,TAM),共有 84 次,占样本总量的 39.8%,其次是创新扩散理论(28 次)、计划行为理论(19 次)。具体如表 1-3 所示。

表 1-3　常用信息技术采纳理论

理论基础	主要文献/作者	使用次数
技术接受模型(TAM)	Davis(1989)	84
创新扩散理论(IDT)	Rogers(1983,1995)	28
计划行为理论(TPB)	Ajzen(1991)	19
感知创新特征(PCI)	Moore 和 Benbasat(1991)	10
理性行为理论(TRA)	Fishbein 和 Ajzen(1975)	9
创新扩散实施过程模型(diffusion/implementation model)	Kwon 和 Zmud(1987)	9
社会学习理论/社会认知理论(SLT/SCT)	Miller 和 Dollard(1941);Bandura(1986)	7
技术接受模型 2(TAM2)	Venkatesh 等(2000)	6
三核心模型(Tri-Core Model)	Swanson(1994)	5
整合性技术接受和使用理论(UTAUT)	Venkatesh 等(2003)	4

资料来源:闵庆飞等,2008。

　　Taylor 验证了 TAM 模型中的认知有用程度和认知易用程度分别与"系统使用"间存在显著的正相关。Jackson 以 TAM 为基础,加入"情境涉入"的 4 个维度,设计出技术接受扩展模型(TAM extension,TAME),结果发现,加入的"情境涉入"、"本质涉入"对使用态度有着显著影响,而"情境涉入"同时对使用意向有着显著影响(寸晓刚,2006)。Viswanath(2000)基于 TRA 理论,扩展了 TAM 模型,并研究了随着用户对系统的不断熟悉,模型中的决定因素如何变化。G. Premkumar 等(1999)使用判别式分析的方法对农村小企业接受信息技术的问题进行了研究,结果表明相对优势、组织规模、外界压力和竞争压力是接受新技术的重要影响因素。William 等(2002)利用技术接受扩展模型,研究了内科医生使用互联网方式进行诊断的问题。Venkatesh 等(2003)针对"影响使用者认知因素"的问题,提出"权威模式"的整合性结构 UTAUT(unified theory of acceptance and use of technology),结果表明两个以上控制变量的复合作用使影响效果更为显著。Leo R(2003)在 TAM 模型中加入了兼容性、安全性等因素,并利用该扩展模型对 281 位消费者网上购物行为进行了研究。Hee-dong 等(2004)在技术接受模型(TAM)基础上进行了进一步的论证,与 TAM 结论不同的是,研究表明认知态度是决定信息系统使用行为的重要变量。Raafat Saade(2005)将 TAM 模型中加入了感知吸收的变量,并使用结构方程的方法,研究了用户使用和接受基于互联网的电子学习系统的行为。Sally McKechnie 等(2006)使用 TAM 模型研究了影响消费者使用互联网作为零售分销渠道的因素。Daniel(2006)扩展了 TAM 模型,研究了信息系统使用的问题,结果表明经验、组织支持、任务结构、系统质量等是用户使用信息系统的主要影响因素。

　　李国鑫等(2005)以 TRA 理论和 TAM 模型为基础,通过对中国三星级以上酒店员工的信息技术采用心理的实证研究,探讨了目前酒店员工信息技术采用认知、态度和意向等基本心理状况,比较了不同的客观环境和个体特征下酒店员工信息技术采用心理的差异。陈莹等(2005)将技术接受模型(TAM)理论应用于远程教育研究,研究了人们内心活动如何影响远程网络教育技术的接受程度。鲁耀斌等(2006)对理性行为理论、计划行为理论、技术接受模型进行了对比分析,并对不同应用系统的技术接受模型的主要因素、变量及数据采样和分析方法进行了比较。于坤章等(2005)结合技术接受模型,建立了研究假设模型,通过网上问卷调查,运用结构方程模型对网络购买行为进行了实证研究,结果表明信任、网络购物感知方便性及感知有用性是影响购买态度的主要因素,购买态度唯一决定了购买意向。井森等(2005)在 TAM 模型中增加了感知风险这一变量,进而分析了消费者的网上购买行为。张云川等(2006)以 TAM 为框架对我国中小企业信息化水平不高的现象进行了分析,发现信息化的复杂性和投资收益率较低是中小企业信息的主要障碍。

3.农户信息采纳

(1)国外相关研究 国外很早就比较重视农户技术采用的行为研究,研究者分别从创新精神、资源禀赋和资源获得的公平性、技术的适用性进行了实证研究。根据他们的研究结果,影响农户采用新技术的因素大致归结为农户的家庭特征、农户所处的外部环境和技术自身特征3 个方面。Roger 的创新理论认为(寸晓刚,2006),只要创新者率先采用新技术,其他人看到由于新技术带来的收益就会自动模仿,新技术就会自动传播,进而提出"进步农民策略",即技术推广人员应主要将新技术传授给进步的农民。

Akinwumi A. Adesina(1995)以非洲国家为例,使用比较分析的方法,得出农民对于技术特征的了解程度对技术接受有重要的作用。Burton C. English 等(1999)对美国田纳西州的农户采用精细农业耕种技术的影响因素进行了研究,结果表明,农户在决策是否采用精细农业种植技术时,主要考虑其农业净收入的最大化,考虑影响成本和收益的一些因素。农户的地块面积越大,越可能采用农业新技术;农地禀赋越好,农户越有可能采用精细农业种植技术。Ross Flett(2004)利用技术接受模型 TAM 研究了养牛农户使用信息技术的决策行为。Murat Isik(2005)研究了农户使用远程感知技术的行为,研究表明,远程感知技术可以降低农民杀虫剂的使用量,但是不确定性和不可逆转性在一定程度上限制了技术的应用。Chery R(2006)分析了农业技术采用微观研究的局限性、挑战性和改进的措施,指出利用社区小样本的数据进行技术采用微观研究的局限性和存在的问题。

同时,相关学者开始对农业使用信息技术动态方面进行了研究。Leggesse David 等(2004)利用期限分析(duration analysis)研究了随时间改变的变量和随时间不变的变量对埃塞俄比亚东部和西部地区农民采用有机化肥和除莠剂技术的速度的影响。结果表明,在所有影响农户技术采用期限(一项技术从引进并可投入使用到农户正式决定采用该项技术之间的时间)的因素中,经济激励因素是最重要的变量,其次是拥有牛的数量和离市场的远近,其他的农业投入(如农田、劳动力、信用)、外部服务和农户的个人特征(如受教育程度、性别、年龄)对技术采用期限没有多大影响。Abdulai Awudu 等(2005)利用风险和期限函数,研究了坦桑尼亚一些农场的母牛杂交新技术的扩散和采用情况,结果表明,农户是否采用母牛杂交技术,决定因素主要有:农场离母牛使用者的远近、农户受教育的程度、贷款的难易以及农户和外部代理商签约的机会多少及难易程度等。

(2)国内相关研究 农户是农业生产和农村经济发展的主体,根据农户的需求和能力来开展信息服务已经成为信息服务工作的方向。但是由于很长时间以来我国农户作为信息用户也没有受到应有的重视,农户信息需求以及信息服务需求的研究也就非常有限。根据不同类型用户信息需求的年份分布,发现近几年来以研究高校用户的信息需求和网络用户的信息需求论文居多,而农业用户方面的研究论文相对较少。本研究对中国全文数据库中 2003—2013 年中关于"信息/技术采纳"、"信息/技术接受"、"信息/技术使用"、"信息/技术采用"、"信息/服务需求"、"信息服务"为关键词的文献进行了搜索和统计,结果如表 1-4 所示。

表 1-4　　2003—2013 年中国期刊网相关文献数量

关键词类别	文献数量	其中农户/农民相关文章	
		数量	比例
信息/技术采纳	36	0	0
信息/技术接受	44	2	4.54%
信息/技术使用	47	0	0
信息/技术采用	43	4	9.30%
信息需求	793	29	3.66%
信息服务	8 578	48	0.56%

资料来源：中国期刊全文数据库。

　　从表 1-4 的结果可以看出，有关"信息/技术采纳"与"信息/技术使用"方面的文献，缺少以农民为对象的研究，在关于用户信息需求、采用/接受及信息服务等相关文献中，将农户作为研究对象进行分析的文献也相对较少。

　　在以农户为信息用户的研究中，涉及以下几个问题：

　　①在信息内容方面，汤成快、潘辉（2000）在对我国农户信息服务需求进行分析时提出，在农业和农村经济市场化进程中信息服务需求内容呈现出多样化发展的趋势，概括来讲主要分为以下几种类型：政策信息、市场信息、实用技术信息、农资供应信息、优良品种开发及高新技术信息、农副产品加工信息、气象变化信息、防治病虫害信息、劳务信息。农户对与他们生活密切相关的信息如科技、政策、市场等方面的信息表现出极大的热情。高春新、曾燕（2001）综合分析了 8 地（市）12 个单位的农业信息用户抽样问卷调查，调研结果得出，农业信息用户对各种信息的选择频率以科技信息最高，对市场信息（包括经济信息）的选择居第二位。赵继海（2000）对浙江 285 位农村信息用户进行了调查分析，结果表明，农村用户对农业政策法规、农业科技和农产品市场信息的需求较为迫切。吴华（1999）将农业市场信息服务的内容总结为：买的信息服务，包括农用实体性生产要素和农业社会化服务两方面的信息服务；卖的信息服务，包括生产什么、生产多少、怎样生产、怎样售卖等方面的信息服务。何德华（2000）认为农业市场信息包括种植、养殖信息，农业技术信息，农产品市场信息，农副产品加工信息，生产资料供应信息，农民收入、农产品价格、农业成本及农业收益信息。耿劲松（2001）指出农民信息需求的内容非常广泛，主要包括：政策信息、市场信息、实用技术信息、农资供应信息、优良品种开发及高新技术信息、农副产品加工信息、气象变化信息、防治病虫害信息。曹建新（2002）认为，农业市场信息是流通领域中影响农业生产的各种因素方面的信息，重点是农业生产资料供求信息及农副产品流通、收益成本等信息。

　　②在行为机理方面，王秦（1999）描述了行为过程、行为演变及其特点，分析了农户行为的规律和特点，结果表明，对技术信息而言，信息的传播、载体形式仍带有原始性，农户需要且可接受的多为以实物为载体的信息，途径仍以基层农技站和农技员为主，技术信息的效果对农户的信息需求与应用有重要影响。吕玲丽（2000）从理论上分析了农户对信息技术的"跟风"或互相模仿的问题，并提出了相应的对策。王丽华（2004）从信源、信宿、内容、渠道、方式等方面研究了信息扩散的影响因素，提出了推动信息服务产品扩散的策略——学习策略、创新策略、人才策略、用户策略、产品策略及营销策略。朱方长（2004）认为农户对农业技术创新的采用行为既具有决策过程的阶段特征，又具有明显的个体差异，在受到社会文化相容性影响的同时，还

会受到来自人际网络链中领导力量的关键作用影响。何蒲明等(2005)分析了农户对农业技术的选择行为对耕地的能否持续利用的影响,结果表明,要想使农户选择有利于耕地持续利用的农业技术,必须明晰土地产权,稳定承包期,激励农户采用有利于耕地持续性发展的技术,建立正确的农业科技进步机制,鼓励农户采用有机农业技术等。卢恩双等(2005)研究认为,作为理性的经济人,在特色农业发展模式下,农户采用技术选择的不同行为由利益机制决定,农户个体理性选择造成集体非理性选择的原因也在于利益机制不合理。

③在影响因素方面,朱希刚(1995)运用 Probit 模型对鄂西贫困山区 289 个农户技术采用的行为分析表明:技术采用后粮食产量的增加、与农业推广机构的联系、离乡集镇距离、政府对采用新技术的奖励与农户采用新技术呈正相关,而农户的民族特征、农户非农收入水平与采用新技术呈负相关。朱明芬(2001)认为,农民兼业程度越高,采用新技术越消极;农业专业程度越高,采用农业新技术越积极。赵岩红(2004)结合河北省的实际情况对农户信息需求的各个影响因素进行了深入研究,将信息需求量化,通过计量经济模型对农户信息需求的影响因子进行了定量分析,得出了影响因素与农户信息需求量之间的相关程度。庞金波等(2005)认为黑龙江省农民科技水平的影响因素主要为:农业经营比较利益低、农业的小规模经营导致的规模不经济和风险约束。奉公等(2005)调查表明,影响农民采用新技术的主要因素依次是:技术的真假、市场风险、收益、本钱、市场信息和文化水平。韩军辉等(2005)依据调查问卷,通过多重逻辑回归分析,指出了影响农户对新品种态度以及采用行为的因素分别为年龄、农户类型、农户在购买种子时所考虑的因素个数及农户获知种子信息主渠道的个数。王洪俊(2005)采用定性和定量分析相结合、外因和内因分析相结合的方法,剖析了农民信息意识对农民行为的影响因素,总结和探索了通过加强农民信息意识达到农民行为目的的新模式。

除了上述若干方面外,还有一些学者也开始尝试对农户信息服务需求进行实证分析。汤成快、潘辉(2000)构建了农户信息服务需求模型。认为在市场化背景下,信息作为第三资源在使用时和其他要素一样,是需要支付要素报酬-要素价格即信息服务价格的。设农户有耕地 L,原来的单位土地纯收益为 g,则原来的土地总收入为 $L \times g$,当使用了有价信息服务 M 之后,原来的单位土地纯收益成为 $g+\Delta g$,则该农户增收:

$$M_g = L \times (g + \Delta g) - L \times g = L \times \Delta g \tag{1-1}$$

所以,$L \times \Delta g$ 就是信息 M 对该农户的价值,也是他愿为信息服务 M 支付价格的上限。土地经营规模 L 越小,农户的可能获得空间就越小,愿意为获取信息所支出的价格就越低,信息交易亦越不易成功。

1.2.2 视频分割

如何组织视频信息一直是视频分析的关键问题。将视频分割成多个视频片段并且描绘每一个片段的特征是组织视频的方法之一。该方法需要合适的算法来自动定位视频分割点(Sethi,1995),将视频分割为镜头。

镜头是视频在制作编辑过程中的基本单元,是视频语义标注和基于内容的视频检索的基础。镜头分割的准确性将直接影响到视频语义标注以及后续浏览和检索的效果。视频镜头分割的方法很多,按照分割对象的不同可以分为 3 个方面:基于视频图像的、基于视频声音的和基于视频文本的。视频分割方法的研究现状围绕以上 3 个方面展开。

1. 视频镜头边界检测算法

视频镜头边界检测就是寻找连续镜头之间边界的方法。学术界对于视频镜头边界检测算法的研究大致分为两类：一类是基于像素域的，一类是基于压缩域的。

像素域的边界检测是利用人眼能识别的颜色、纹理、形状、运动矢量、亮度等特征，获取一段视频的镜头。采用颜色直方图、边缘、运动和统计等方法进行的突变检测算法已经日趋成熟，主要有像素比较法、统计量法、块匹配法、边缘特征法等（韩冰，2006）。Vasconcelos（2000）等在贝叶斯方程的基础上改进自适应设置阈值法，比通常使用的固定阈值法有更好的检测效果；Lee（2000）等提出的基于特征的快速突变检测算法，检测速度可与 DC 序列帧差突变切换检测相比；肖永良（2012）等将改进的 LPP 算法用于视频有效特征的提取，提出了基于相似度样本的局部支持向量机检测视频镜头边缘的算法，在特征提取和边缘检测阶段有效改善了视频镜头分割的精确度。Mohanta（2012）等将基于全局和局部特征的帧间转换参数和帧估计误差用于镜头边界检测，构建统一模型检测各种类型的镜头转换，该方法不依赖用户定义阈值，对滑窗尺寸没有要求，适用于各种视频分割技术。Ewerth（2012）等用基于特征提取和综合分类的直推学习框架分析视频内容，直推框架改善了目前前沿方法的鲁棒性。

随着视频压缩技术的发展，以压缩格式存储的视频数量剧增，压缩域的视频镜头检测方法成为学术界关注的主题。压缩域的镜头分割是直接在压缩域中进行边界检测，不但降低了计算复杂性，还能提高处理速度。基于压缩域视频的特征进行镜头边界检测，主要有 DCT 变换法、DC 系数法、基于宏块编码方式、帧间差和运动矢量法等（彭德华，2003）。Nang（1999）等把相邻 B 帧的宏块关系加入突变切换检测的方法，比利用帧的向前和向后的运动矢量数比的方法有更强的健壮性。Ma Chunmei（2012）提出了压缩域中检测镜头边缘的有效算法，该算法首先对 I 帧的 DC 图像进行特征提取，然后用 B 帧的运动信息精确定位突变镜头边界，对于渐变镜头边界则用 P 帧的帧内编码宏块数量的改变进行精确定位，该方法改善了压缩域中镜头边界检测算法的不足。Chattopadhyay（2011）提出了 H.264 标准下多因素镜头边缘检测算法。Mendi（2011）采用 DC 直方图差异度检测 MPEG 视频的镜头边界，并提取镜头关键帧形成视频摘要。Almeida（2011）等提出了压缩域中基于视觉特征提取的镜头边界快速检测算法，镜头边界的快速计算适合视频的在线分析。

视频镜头分割算法的研究在这 20 年间有了长足的发展，各种算法成熟度很高。因拍摄主体和面向对象的不同，运用各种拍摄编辑手法的视频存在很大差异。作为视频分析的工具，视频镜头边界检测算法逐渐面向专业领域深入研究。Qian Xia（2012）等结合自适应双阈值的镜头边界检测和电视节目中的声音特征，提出了检测视频中电视广告的方法，最后基于不对称 AdaBaost 镜头分类法得到了没有商业广告的完整节目。Thakar（2013）等提出了一种自适应镜头边界检测算法不仅能检测出电影中的硬切等突变镜头，还能检测出擦出、褪色、溶解等运用特技效果的镜头转换。Mendi（2012）等运用基于颜色直方图的镜头边缘检测算法和关键帧提取方法对神经外科视频进行分析，为这些庞大的存档影视资料设计了自动索引与浏览工具。

2. 视频声音特征提取和文本检测算法

对视频中音频信号和文本进行检测，可以使视频的镜头分割上升到场景语义层面，一般应用于以声音和字幕为主的视频类型。提取音频的短时能量、过零率协方差、基本频率能量比等特征可以对视频中的音频信息进行分段和分类(程捷,2002)。对视频中出现的文本进行本文跟踪、定位等方法可以寻找文本起始帧和结束帧,可以帮助视频进行语义场景的划分。声音特征和文本信息作为视频语义分割的辅助信息一般是同时使用的。Haubold(2005)等根据说话人转换分割音轨,运用自动语音识别技术提取关键短语,用视觉差异度和说话人手势的变化分割视频轨迹,用于分割、观察和标引演讲视频。Gillet(2006)等在事件层检测声音的开始进行视频声音的分割,运用视-听相关度测量分割音乐视频,实现了音乐视频基于声音的检索和分类。Youngja(2007)等运用关键词同义集、句子边界信息、静音/音乐断点等文本和音频特征构建多模态语义分析,识别视频的话题分割点,对教学视频分割的错误率小于目前的视频分割技术,作为系统模块已应用于电子学习项目。Aldershoff(2001)等利用非线性尺度空间技术对音视频进行分析和处理,诱导出视音频尺度空间包括单峰和多模态语义的拓扑结构,指出了集成视音频信息进行多尺度多模态分析的价值。Ming Lin(2004)等将视频中的音轨转录为演讲文本,基于多语言特征的文本检测算法分割讲座视频,实现了讲座视频的主题分割。Min Xu(2006)等利用DVD/DivX视频的对话脚本划分来分割视频,运用音频事件检测辅助情感内容检测,来提取情感喜剧视频中的情感内容,能够有效提供视频中的情感内容线索。

1.2.3 视频语义标注

视频标注的实质是将多个相关的语义概念赋予到视频片段的过程(闫婷,2012),是获取视频语义关键词的基本方法,它将视频的底层特征与用户的高层需求关联起来(Hauptmann,2005)。获取语义关键词的方法按照识别对象的不同分为3个方面:视频关键帧图像识别、视频声音识别、视频文本识别。视频标注方法的研究现状围绕以上3个方面展开。

1.视频关键帧图像识别方法

对视频中所有的视觉特征进行识别会产生许多无意义的数据冗余,因此我们一般只提取视频镜头的关键帧图像进行识别。图像目标识别,又称视觉模式识别,是综合运用图像处理与模式识别的理论方法,寻找图像中感兴趣的目标,并为目标赋予语义关键词的过程(曹健,2010)(图1-3)。图像目标识别一般分为3步:特征提取、特征空间优化和图像分类。

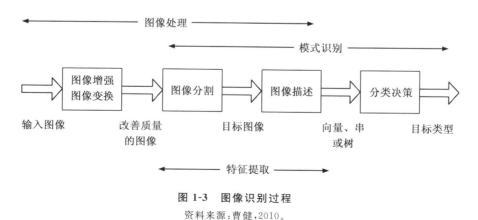

图1-3 图像识别过程

资料来源:曹健,2010。

(1)特征提取　是图像目标识别的基本方法,主要是通过提取图像的光谱特征、纹理特征和形状特征进行目标识别。基于光谱特征识别图像目标,主要方法有单波段图像的灰度直方图法和多光谱图像的颜色直方图法。光谱特征(古瑞东,2012)对目标大小、方向都不敏感,在某些情况下具有很强的鲁棒性。纹理特征(张雯,2011)是图像在灰度、颜色、细小结构形状在空间规律的变化,基于纹理特征识别图像目标的主要方法有结构化、统计和频谱法。形状特征是人类视觉系统用于判断和识别目标的一个重要特征。基于形状特征识别图像目标(李刚,2012),主要方法有基于边界的方法和基于区域的方法。其中,基于边界的方法只关注形状的外边界,而基于区域的方法则关注整个形状区域。Lulu Bu(2011)等提出一种基于模糊聚类的灰度图像特征提取方法,应用相似度和统计方法建立模糊关系进行目标分类,修正了识别系统参数完成图像区域提取或边缘检测的选择。

(2)特征空间优化　是为图像分类确定一个合适的特征空间,使同类物体分布在同一个区域,不同物体分布在不同的区域内。对特征空间进行优化的主要方法为特征选择和特征变换。

特征选择(金聪,2010)是从原始特征中选出那些最有代表性、可分性能最好的特征的过程,最终形成能够反映分类本质的特征空间。特征选择的主要方法有图像频率法、χ^2 统计量法、术语强度法和信息增益法等。Chunyu Chen(2012)等提出了二维主成分分析和核 PCA 相结合的人脸识别方法,利用二维主成分分析将脸部数据投影到特征空间,对投影数据执行核 PCA,利用基于欧几里得距离的最近邻分类进行人脸识别,在耶鲁大学的脸部数据库上识别率达到了 100%。

特征变换(张丽敏,2011)则通过消除原始特征之间的相关特征,同时得到新特征。特征变化分为线性变换和非线性变换。线性变换主要有主成分分析法、独立成分分析法、线性判别分析法、针对小样本的正则化判别分析、基于混合高斯密度的判别分析、LPP 方法和嵌入图法等。非线性变换将线性变换几乎都推广到了核空间,如核 PCA 法、核 FDA 法、核 Direct LDA 方法等。Shih-Wei Chen(2011)等将基于核主成分分析法的机器视觉步态分析应用于辅助帕金森症的临床评价,用核主成分分析法提取参与者视频图像的轮廓,用于计算人物的步态周期、步长、步行速率和节奏,实验证明核主成分分析法在对帕金森病人和健康者的分类表现上比传统图像区域和 PCA 法更加优秀。

(3)图像分类　是由图像分类器来完成的任务。分类器是一个机器学习的过程,目标是在通过学习可自动进行数据分类。分类器的实质就是数学模型,针对不同模型有多种算法。如贝叶斯分类器(付丽,2009)、BP 神经网络分类器(孙梦迪,2013)、决策树算法(荀璐,2011)、支持向量机算法(刘新宇,2011)等。Hien Van Nguyen(2013)等提出一种基于 SVM 理论的二维和三维形状的隐式表示:训练支持向量机得到分析决策函数用以表示形状,利用径向基函数核获取内部形状高值点,描述特征的梯度值使用高度一致的决策函数进行计算,代替了传统的边缘特征描述。

2.视频声音识别方法

声音识别是通过监测样本的声音,分析样本声音特征,最终得到声音特征文件的方法(郭利刚,2006)。声音识别技术包括两个方面:声音的相似度识别和语音的意义识别。声音的相似性识别又称为声音目标识别,它从目标声音中提取声音特征,与声音库中的声音进行相似度比较,进而达到分辨声音类别的目的(张文娟,2012)。语音的意义识别又称为语音识别(吕钊,2011),根据声音特征将说话人的语音转变成文字。表征声音特征的参数有线性预测倒谱系数

（贺玲玲,2012）、Mel 频率倒谱系数、短时平均能量等。声音特征提取的过程（图 1-4）包括：采样/量化、预加重处理、分帧加窗、端点检测和特征提取。语音识别技术为视频的语义分析提供了依据。如 Kumagai(2012)等利用唇部运动和语音的同现性评估视频中演讲人和主题的区别,对可能的演讲镜头进行帧内和帧间差异评估,可以精确区分新闻视频中的演讲镜头和旁白镜头。Repp(2008)等利用标准线型文本分割算法对讲座视频进行基于转录文本的分段,能够实现基于内容的多媒体讲座视频的检索。

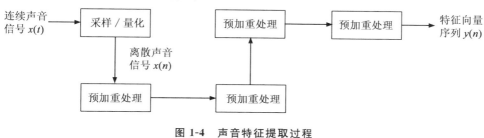

图 1-4 声音特征提取过程

资料来源：张文娟,2012。

3.视频文本识别方法

视频中出现的文本是对视频内容的高度概括,文本所包含的丰富的语义信息是视频标注和索引的关键特征。文本作为视频内容的摘要可以用于注释;对视频中文本进行情感倾向分析可以实现视频的情感标注;视频中醒目的文本还可以用来评判视频内容的重要程度（郭戈,2010）。

OCR 系统可以识别出白纸上打印出的字符,直接应用于有复杂背景的视频,文本识别率很低(Pan,2008)。因此需要将文本从视频背景中分离出来,这一过程叫做文本检测。用于文本检测的特征主要有颜色特征、边缘特征、排列特征和纹理特征等。基于纹理的文本检测用于检测文本区域的纹理强度,主要方法有局部特征法、快速傅里叶变换、小波变换等;基于边缘和连通分量特征的方法用于文本区域检测和定位,主要方法有启发式规则法、神经网络、支撑向量机等（蒋人杰,2006）。Yi Cheng Wei(2012)等提出了基于金字塔梯度差异分类的鲁棒算法检测视频图像中的文本,将初始图像调整为 3 层金字塔形式用于检测不同字号的字体,然后对 3 个不同尺寸的图像分别计算梯度差异,并用 K 均值聚类法对每个文本区域和非文本区域的梯度差异投影进行分类,结合 3 个聚类结果确定图像中的文本区域,利用基于 Sobel 边缘图的自适应轮廓分析法提取候选文本区域的边缘轮廓,然后提取文本候选区域的几何特征、纹理特征和基于离散小波变换的统计特征,利用主成分分析法进行特征降维来确定文本区域,最后利用支持向量机的最优决策函数判断文本候选区域是否含有文本。

1.2.4 文语转换方法

1.文语转换技术

文语转换技术又可称为语音合成技术,国外对语音合成的研究已有上百年的历史。语音合成最早可追溯到 17 世纪,法国人 Mical 研制了一个会说话的装置,它可以说一个长句子。1783 年,他又研制出一台能对话的机器,可以说一个特定的句子。1779 年,俄国圣彼得堡的

Christian Kratzenstein 解释了 5 个元音在生理上的差别并亲自制作了一个装置来人工模拟他们的发音,其构造与人类的声道相似,这是一个相当完善的机械式语音合成器。1780 年,Von Kempelen 制造了第一个机械式的语音产生器。其中用橡胶管来模拟谐振器,用簧片来模拟声带,通过改变声道的形状来发出不同的声音。

20 世纪 30 年代日本的科学家 Obata 和 Teshima 发现了元音的 3 个共振峰现象。1939 年发生了一件现代语音合成史上的里程碑事件:贝尔实验室的 Homer Dudleyz 与其同事一起研制出的第一台电子语音合成器 VODER(vice operaing demonstration)在美国纽约的博览会上展出(Jinsik,2009)。它是利用共振峰原理制作的语音合成器,能产生连续的语音。这个合成器的研究机理深远地影响了后来的研究方向。1953 年 Walter Lawrence 研制出第一个共振峰合成器 PAT,它包括 3 个并联的共振峰振荡器,几乎同时 Gunnar Fant 研制出了串联式的共振峰振荡器的合成器 OVE,随后又推出了二代和三代产品。随着人们对语音合成技术的进一步研究,第一个发声合成器(articulatory synthesizer)在 1958 年由麻省理工学院的 George Rosen 研制而成,它是由事先手工录制在磁带上的信号控制的。1960 年,瑞典语言学家和语言工程学家 G. Fant 在 *Acoustic Theory of Speech Production* 中系统阐述了语音产生的理论,从而推动了语音合成技术的发展。

而第一个英文的文语转换系统(Hazel,2011)则是日本人 Noriko Umeda 和其同伴 1968 年在电工实验室(electrotechnical lab)研发而成的,它包含了一个复杂的语法分析模块。1979 年,Alle、Hunnicutt 和 Klatt 在麻省理工学院研制成了文语转换系统——MlTalk(Michael,2010),这是文语转换系统第一次用于商业化,也促进了语音合成技术更快的发展。

20 世纪 70 年代以后,线性预测技术开始用于语音编码和识别。同时,可根据线性预测参数用多种方法来综合语音。1980 年,德州仪器公司将 LPC(linear prediction coding)技术引入了基于低代价线性预测合成芯片(TMS-5100)的说拼合系统(speak-n-spell synthesizer)。到了 80 年代中后期,语音合成技术进入了拼接合成阶段,Moulines E 和 Charpentier F 提出基于时域波形修改的语音合成算法 PSOLA(pitch synchronous overlap add)。该技术着眼于对语音信号超时段的控制,如基频、时长和音强等,因此,PSOLA 技术与 LPC 技术相比具有可修改性更强的优点。PSOLA 和 HNM(harmonic plus noise model)(Vataya,2012)也给语音合成领域开辟了新的研究方向,从而推动了波形拼接语音合成与文语转换技术的发展和应用。

近几十年来,像"微软"、"IBM"等国际公司都十分看好语音市场,并投入了大量的人力、物力和财力进行研究,随之陆续出现了英语、日语和法语等多语种的 TTS(text-to-speech)商品,尤其是英语的文语转换系统研发时间比较长,其成果已经应用在多种语音翻译系统中。例如,微软公司开发的 SAPI-SDK 语音应用开发工具包(2009),对英语和汉语的语音合成提供了强有力的支持;IBM 公司开发的 2000 智能词典,采用了先进的语音合成技术对英文单词、短语、句子甚至整篇文章都可以进行准确发音;美国 AT&T 公司开发的真人 TTS 系统(2010),它模拟的英文发音几乎让用户无法分辨出是真是假等等(陈明华,2009)。

我国最早从 20 世纪 60 年代就开始了对汉语语音合成系统的研究,早期的研究机构主要是中科院的相关研究所。等到了 80 年代初,我国学者同国际上的同行开展了广泛合作,也取得了令人瞩目的成就。杨顺安采用串联共振峰合成算法合成出了汉语的所有音节,在国内外产生很大的影响。1982 年在 Case Western Reserve 大学的中国学者实现了实验性的汉语语音合成系统,首次将声韵模型用于汉语单音节合成。1988 年中国科学院声学所与计算机服务公司研制的 KX-1 型共振峰合成器(武文娟,2009),可实时完成汉语的语音合成。

1992 年,清华大学蔡莲红(2011)和魏华武等用单音节作为语音基元,实现了汉语文语转换系统——TH-SPEECH。该系统的语音库对同一个音节存储了两个文件——"强"和"弱",在合成语音时,根据该音节在句子中的位置来决定最终选取哪个文件,研究结果表明,用该方法合成的语音清晰度和自然度都较高,并且能合成出一些自然度非常好的句子。中国科学院声学研究所的初敏和吕士楠等利用基音同步叠加技术,在 1995 年研制出汉语文语转换系统——KX-PSOLA。该系统以音节的时间波形为语音基元,对声调、时长和能量等韵律参数进行调节,能够输出自然度和可懂度都相当高的连续语音。之后,在 KX-PSOLA 的基础上又开发了商业化的汉语语音合成系统——《联想佳音》,该系统可在 DOS 和 Windows 的环境下运行,并为二次开发提供了功能接口。1998 年,中国科学技术大学又研发出新的语音合成方法——基于 LMA(log mgantiude apporximate)声道模型,该方法可以成功处理轻读和协同发音等语音现象,其综合指标优于同期的 PSOLA 合成器。

同时也研发出了一些基于汉语语音的 TTS 系统,例如,2002 年炎黄新星网络科技有限公司与清华大学合作建立的华意语音研究中心,研制出了第二代汉语语音合成产品——炎黄之声 SinoSonic。近几年,科大讯飞公司将语音合成技术不断完善,推出了一系列的适合各种不同平台的功能各异的文语转换系统,如 InterPhonic,ViviVoice,有适合嵌入式系统的,适合一般个人计算机操作系统平台的,适合普通话的、广东话的、中英文混读的等等一些产品。除此之外,还有很多公司都研制了自己的 TTS 产品,例如,中国科技大学的 KD-863 汉语文语转换系统;杭州三汇公司的中文 TTS 系统;金山公司自主研发的金山词霸中的朗读系统;捷通华声公司研发的 TTS 掌上计算机;万科电子出版社出版的汉语电子大百科;华建机器翻译有限公司研发的华建多语译通 V310 等(陈明华,2009)。其中有些系统合成的语音已比较接近人类自然语音,但还是可以听出机器的味道,还有待于进一步提高。

2.文本自动分词方法

文本分词是 TTS 系统文本分析部分非常重要的环节。除此之外,文本分词还常应用于文本的自动检索和分类、文本的自动校对、文本翻译,汉字及语音识别等领域。随着文语转换技术的发展,文本分词技术也得到了较大发展,并出现了很多算法。根据各自的特点,可以将现有的文本分词算法分为三大类:基于字符串匹配的分词方法、基于统计分析的分词方法和基于语义理解的分词方法(Haraid,2007;张启宇,2008)。

(1)基于字符串匹配的分词方法　基于字符串匹配的分词方法又称为基于词典的匹配分词法、机械匹配分词法,它是按照一定的方法将待处理的字符串与一个"充分大的"词典中的词条进行匹配(李雪松,2008),若在词典中找到该字符,则匹配成功;若没有找到,则继续匹配,直到找出与之相应的字符为止。常用的机械匹配法有:正向最大匹配法(maximum matching method,MM 法),逆向最大匹配法(reverse maximum method,RMM 法),最佳匹配法(optimum matching method,OM 法)(许高建,2007)。若将上述方法相互混合,即可形成新的方法,如双向匹配法。因为汉语有单字成词的特点,一般情况下,逆向匹配的切分精度要略高于正向匹配,遇到的歧义现象也较少。统计结果表明,单纯使用正向最大匹配的错误率为 1/169,单纯使用逆向最大匹配的错误率为 1/245。该方法的不足是,无法解决分词阶段的两大问题:歧义切分和未登录词识别。为了弥补机械匹配分词法的不足,很多学者都提出了改进算法。赵曾贻(2002)等改进了最大匹配法,采用了一种新的分词词典机制,支持首字 Hash 查找和标准的不限词条长度的二分查找算法,既改进了歧义处理,又提高了分词速度。马玉春(2004)等以 MM 法为基础,采用机械匹配与上下文内容分析相结合的方法来解决歧义字段,研究结果表明,准确率比 MM 法和 RM 法高很多。邓曙光(2005)等提出一种改进的逐词匹配算法,该算法通过对非歧义字段的切分,并对人名地名进行判别,以及对伪歧义字段进行处理,研究结果表明,该方法对交集型歧义字段的处理切分正确率高达98%以上。吴建胜(2005)等将词典的词尾以自动机形式存储,提出了一种基于自动机的分词方法,也能够提高分词效率。杨建林(2000)等把词库进行索引,分词时优先处理两字词,而不考虑词典中的最大词长,将传统的最短匹配法改进成在全局或者局部范围内均不依赖最大词长的最短匹配法,进一步提高了分词速度和精度。张李义(2006)等在改进传统的反序词典、优化逆向最大匹配算法的基础上,设计并实现了基于逆向最大匹配的中文分词系统。张海营(2007)等提出一种新型分词词典,通过对分词词典建立首字 Hash 表和词索引表两级索引,使得该词典支持全二分最大匹配分词算法。张科(2007)提出一种新的词典结构,该结构不仅对首字进行 Hash 查找,并且对于余下的字仍然采用 Hash 的方式进行查找,使分词速度有很大提高。研究表明,虽然机械匹配算法可以完成文本分词的任务,但是这种分词方法的精度远远满足不了实际需要,只能作为一种初分手段,还需要用其他方法来进一步提高切分的准确率。

(2)基于统计分析的分词方法 基于统计分析的分词方法又称为无词典分词,其主要思想是按照相邻字同时出现的概率来进行分词。相邻字同时出现的次数越多,成词的可能性就越大。因此可以对训练文本中相邻出现字的组合频率进行统计,并计算它们之间的互信息概率。该方法应用的主要统计模型有:N 元文法模型、隐马尔科夫模型(Markov)(Roberto,2010)和最大熵模型等。刘丹(2010)等提出一种基于贝叶斯网络的二元语法中文分词模型,使用性能更好的平滑算法,可同时实现交叉、组合歧义消解以及人名地名识别。应用 Viterbi 算法在保证精度和召回率的前提下,有效提高了分词效率。丁洁(2010)等提出一种基于最大概率的分词方法,根据大规模真实语料库的对比测试表明,分词运行效率有较大提高。赵秦怡(2010)等提出一种基于互信息的串扫描中文文本分词方法,该方法对经过预处理之后每一个串中的任意可能长度串均判断其成词的可能性,结果表明该算法简单且具有良好的精度及查全率。高军(1998)改进了 n-gram 方法,提出变长汉语语料自动分词方法,以信息理论中极限熵的概念为基础,运用汉字字串间最大似然度的概念进行自动分词。李家福(2002)等提出一种根据词的出现概率、基于极大似然原则构建的汉语自动分词的零阶马尔可夫模型,采用 EM 算法训练模型,使分词的准确率和召回率都有所提高。王伟(2007)等提出了一种基于 EM 非监督训练的分词歧义解决方案和一种分词算法,对于每个句子至少带有一个歧义的测试集的正确切分精度达到85.36%。

在实际应用中一般是将该方法与基于词典匹配的分词方法结合起来使用,既发挥了匹配分词切分速度快、效率高的特点,又利用了统计分词自动消除歧义和识别未登录词的优点。刘春辉(2009)等提出一种基于优化最大匹配与统计相结合的汉语分词方法,通过动态设定 MAX 和词末尾字的查询,有效地提高了分词的速度。黄魏(2010)等提出一种基于词条组合的中文文本分词方法,该方法首先采用逆向最大匹配法对文本进行切分,后对切分结果进行停用词消除,再根据互信息概率的方法计算相邻共现频次,根据计算结果判定相应的词条组合成词串。实验结果表明,词条组合后的词串的语义信息更丰富,有助于文本特征效果的改善和文本分词性能的提高。何国斌(2010)等提出一种基于最大匹配的中文分词概率算法,主要采用哈希法和二分法进行分词匹配,并对机械分词算法的特点引入随机数,实验结果表明该算法具有较高的分词效率和准确率,对消除歧义也有很好的性能。

(3)基于语义理解的分词方法 基于语义理解的分词方法又称为基于知识的分词方法,通过让计算机模拟人对句子的理解达到识别词的效果。它的基本思想是在分词的同时进行句法、语义分析,利用句法信息和语义信息来处理歧义现象(Jordi,2012)。这种方法需要使用大量的语言知识和信息。目前常用的分词方法有:神经网络分词法、专家系统分词法、扩充转移网络法、知识分词语义分析法、邻接约束法、综合匹配法、矩阵约束法等。专家系统分词法是把分词过程看成是自动推理过程,不论对歧义切分字段还是非歧义字段都采用同样的推理,所需的知识全部在知识库中。王彩荣(2004)提出了一种汉语自动分词专家系统的设计与实现方法。而神经网络分词法(Francesc,2011)是模拟人脑分布处理和建立数值计算模型工作的。它将分词知识所分散隐式的方法存入神经网络内部,通过自学习和训练修改内部权值,以达到正确的分词结果。尹锋(1998)以BP算法为基础,设计了基于神经网络的汉语自动分词系统。何嘉(2006)等针对BP算法易陷于局部极小和收敛速度慢等难题,提出利用Levenbery Marquart算法优化神经网络分词模型,进一步提高了该模型在分词领域中的实用性和分词效率。陈琳(2007)等提出一种基于遗传神经算法优化的汉语分词模型,此模型结合了遗传算法和BP算法的优点,结果表明在分词速度上明显优于传统的BP神经网络,具有较高精确性,收敛速度快等特点。张利(2007)等提出一种基于改进BP网络的中文歧义字段分词方法,对典型歧义中所蕴含的语法现象进行了归纳总结,建立了供词性编码使用的词性代码库,在通过改进的BP神经网络进行训练,结果表明在歧义字段切分上有较大提高。扩充转移网络法以有限状态机概念为基础,使分词处理和语言理解的句法处理阶段交互成为可能,并且有效地解决了汉语分词的歧义问题。张素智(2007)等提出矩阵约束的分词方法,研究表明,基于该方法的系统能够把分词的准确率提高10%左右。

3.语音合成技术的应用现状

随着网络和多媒体技术的发展,语音合成技术也有了飞速发展,应用前景也更加广阔。目前,语音合成技术在各个领域都有着广泛的应用。如人机对话、电话查询业务、语音留言、自动报时、报站、报警、语音教学、助讲助读、电话翻译等。正是因为有了语音合成效果的保证,以及计算机硬件技术的支持,使语音合成技术得以在当前社会的各个应用领域大显神通。目前,语音合成在各个领域的应用非常广泛,按照终端用户群的不同,可以归纳为以下3个方面:

(1)在网络信息服务中的应用 语音合成技术在网络信息服务中的应用主要表现在呼叫中心和各种计算机与电信集成系统(CTI)应用中。比如中国电信领域中的各类160/168信息服务平台,由于使用了文语转换技术,使其从以前有限量的人工录制信息到现在的可以无限量的提供信息服务。又如政府领域,该技术为政府的电子政务建设带来了方便,可以让老百姓通过电话就可以查到政府的各类最新政策。还有金融领域的电话银行、证券客服中心等等,由于文语转换技术的使用,为这些领域注入了新的活力,带来了更多的增值服务,同样也为人们的生活带来了更大的便利(张广行,2004)。

(2)在PC机中的应用 现在人们的日常生活、办公以及娱乐过程中都离不开个人电脑,而桌面系统上的语音应用可以给用户更人性化的用户体验。由于计算机中存有大量文本文件,语音合成技术可以提供声音输出,弥补只有屏幕显示的不足。比如 Windows 操作系统提供了语音识别与合成的组件,并免费向应用程序开发人员提供语音开发包,开发者可以利用开发包实现具有语音日程提醒、网页朗读、时间播报等功能的应用软件。

(3)在嵌入式设备和移动终端上的应用 面对文语转换系统在 PC 上所取得的重大成果,在嵌入式领域同样对文语转换技术有着大量需求(张广行,2004)。嵌入式设备如 PDA、手机、MP3 播放器、智能玩具和家电、车载电子系统等,这些系统与用户的交互往往需要多样性。比如在车载电子系统中,需要用语音来播报 GPS 的导航信息,让司机安全驾驶;在旅游景点,给每位游客配备一个随身的语音导游,可以为游客带来很大的方便和自由;在玩具中应用文语转换技术可以为儿童带来更多的乐趣;而一本电子书籍如果能把文本内容用语音的形式播放出来,更能让读者从看书变成"听书",提高学习的兴趣和效率。正是由于嵌入式领域对文语转换技术的大量需求,近些年不少企业开始对嵌入式文语转换系统进行商业化研发,并且很多产品已经问世。这使得嵌入式系统的性能有很大提升,嵌入式上的语音应用越来越广泛,也将是今后语音应用的发展趋势。

比较 3 个平台上的语音合成技术应用,其中网络语音服务应用最为成熟,商业化的语音服务系统纷纷在市场上出现;在 PC 机应用方面,由于计算机已经配备了清晰的显示器,为用户提供了良好的交互条件,因此,对于语音合成应用的市场需求可能相对会少些(申金女,2006)。而在嵌入式设备上的应用前景颇为看好,特别是现在移动终端正向着智能化方向发展,在未来将成为人们随身携带的个人秘书。语音合成作为终端设备上人机交互的最重要技术,是当今终端智能技术的研究热点。

1.2.5 专家系统发展现状

作为一门综合性学科,人工智能研究在计算机和其他现代化工具的辅助下,如何设计出能够模仿人类智能行为的系统,而其最活跃、最富成果的分支就是专家系统,专家系统也和人工智能一起在近半个世纪以来有了长足的发展(Lijie Shah,2007;Gunjan Mansingh,2007;V. Lopez-Morales,2008;毕小明,2006;刘谨,1993;张静双,2003),在医疗、图像处理、语言识别、工业工程、模式识别等领域,都得到广泛应用,专家系统也成为推广农业知识的最主要手段。

专家系统研究的奠基人,斯坦福大学的 Edward Feigenbaum(1982)将其定义为"一种智能的计算机程序,它运用知识和推理来解决只有专家才能解决的复杂问题"。专家系统应用研究者 Nurminen(2003)将其分为窄系统和宽系统:窄系统,顾名思义,其应用范围较小,但在其应用领域内可超出人类专家解决问题的能力;宽系统的应用范围相当广泛,但其技术难度一般不能超越人类专家。吴和斌认为(2009)专家系统通常具备 3 个特征:①是一套智能的计算机程序系统;②包含大量特定领域的专家知识;③可模拟类似人类专家的思维推理过程,接近甚至达到专家解决实际问题的能力。

专家系统包含图 1-5 所示的 6 个部分:数据库、知识库、推理机构、知识获取机构、解释机构、人机交互接口(胡亮,2005;王靖飞,2002)。

● 数据库 又称"综合数据库",用以存储用户的初始问题,以及根据初始问题在求解过程中产生的中间数据和处理结果;

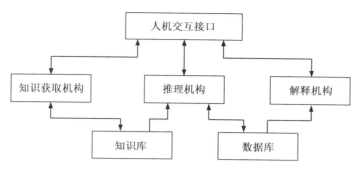

图 1-5 专家系统结构
资料来源:胡亮,2005。

● 知识库:顾名思义,是专家领域知识的存储机构,其存储的知识包括书本知识、专家经验、推理规则等;

● 推理机构:就是通常所说的推理机,是专家系统的"大脑",模拟专家思维过程,根据求解需要调用知识库和数据库,利用知识和数据推导出结论;

● 知识获取机构:一组能实现知识获取的程序,从知识源中提取所需知识、转换成恰当的计算机表示,并将知识存入知识库;

● 解释机构:跟踪专家系统推理过程,向用户解释推理行为和推理结论,可以帮助发现系统错误,实现对系统的实时维护;

● 人机交互接口:专家系统与用户交互的界面,用户通过人机接口输入其想求解的问题,专家系统通过人机接口反馈推理结果。

对于专家系统的研究大致可以分成 3 个不同时期(王靖飞,2002):萌芽期(1956—1965年)、产生期(1965—1980 年)、发展期(1980 年至今)。

1. 萌芽期

专家系统的产生,伴随着 1956 年人工智能概念的诞生,人们认为人工智能的定律也可以和数学、物理学一样,只要掌握其定律,就可以用机器模拟人脑思维、模拟人类行为,从而解决实际问题。

这一时期的研究都是从模拟人类行为开始的,其中具有代表性的是 A. Newell 等设计了可以模仿人脑证明定理的 LT 系统;A. L. samuel 等设计开发了模仿人类跳棋游戏的CHECKERS 程序(Newell A,1960)。

到了 20 世纪 60 年代,研究集中于开发通用的方法和技术,寻求从领域知识中可建立专用程序、解决特殊问题的方法。如 J. McCarthy(1960)设计出表处理语言 LISP,可使计算机方便地对符号进行处理,它也成为奠定专家系统理论基础的重要工具。

2. 产生期

1968 年,斯坦福大学的 Edward Feigenbaum 教授研制出世界第一个专家系统,可根据分子式推断化合物的结构(王靖飞,2002),这也成为专家系统研究的里程碑。此时的专家系统结构非常简单(图 1-6),最注重的是提取某一领域的具体知识,用计算机模拟专家解决实际问题。比如麻省理工学院教授 C. Engleman 等研制出数学专家系统 MACSYMA(Genesereth,M. R,

1979),通过启发式化简复杂的符号表达式,该系统运用算法求解问题的能力据称超过当时许多数学家。

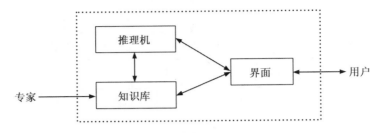

图 1-6　传统专家系统
资料来源:王靖飞,2002。

3.发展期

进入 20 世纪 80 年代,伴随着互联网技术的迅速发展,专家系统研究进入到蓬勃发展时期,此时的专家系统在各个领域都有了很广泛应用,所需解决问题的深度和难度日益加大,这也要求进行更深入的研究,其中最典型的是知识获取功能的研究(图 1-7)。

由于问题的复杂程度加深,在专家系统设计之初所构建的知识库往往不能满足实际需求,因此在专家系统的运行过程中必须不断扩充知识库内容,这就要为专家系统增设知识获取机,可以动态的从知识源(网络已经成为最重要的知识源之一)自动获取知识,这也成为现代专家系统与传统专家系统最大的差别。

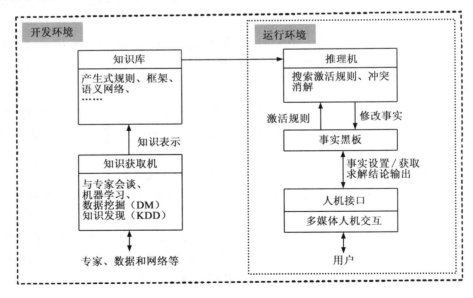

图 1-7　现代专家系统
资料来源:王靖飞,2002。

现阶段,学者对于专家系统的研究大多侧重于推理算法(推理机构)和知识库,因为随着时间的推移,人们越来越深刻地意识到这两者的质量直接决定了专家系统的应用效果(唐胜,

2003;邢斌,2008)。如 Swezey 等(1998)设计的生态农业专家系统,提供了大量相关领域知识;张殿波等(2003)设计的农业宏观决策专家系统应用了常识推理模型,从定性和半定性的角度,可以很好地处理农业专家知识;谭宗琨等(2008)将关系矩阵和基于产生式推理相结合的推理模型应用于玉米的气象实时决策。

专家系统在农业领域中的应用一般用于解决定性问题,如预测与管理、防御低温冷害、病虫害诊断等等,但在解决这些问题时,所需的知识通常都要带有经验性。我国对于专家系统的研究起步较晚,但发展很快,特别是在生产管理、新品种培育、作物栽培等领域取得较多成果(刘冰,2009)。

1.2.6 呼叫中心技术及其应用

呼叫中心(call center)是一套综合的智能信息服务系统,它基于计算机电话集成技术、利用互联网和通信网的硬件功能,与企业服务融为一体,因此又被称为"客户联系中心"(赵溪,2002)。

呼叫中心的发展经历了 4 个不同时期(史宝虹,2008;Robert C. Hampshire,2009;Sung Min Baea,2005;Achal Bassamboo,2006;Zhang Peng,2007):雏形期(20 世纪 70 年代)、发展期(20 世纪 80 年代)、成熟期(20 世纪 90 年代)、繁荣期(进入 21 世纪后)。

1. 雏形期

此时的呼叫中心更多充当热线电话的功能,响应用户通过公共电话网络呼入的语音信号,为用户提供不同服务,如火警(119)、报警(110)、电话查询(114)等,由于当时的呼叫中心还没有采用计算机电话集成技术,所以只能提供人工服务是其最大的特点,这也极大地增加了呼叫中心的运营成本,对座席人员的要求也过高,这些从技术层面限制了呼叫中心的推广普及。

2. 发展期

到了 20 世纪 80 年代,得益于互联网的发展,呼叫中心开始采用局域网、计算机电话集成、数据库等技术,"自助语音服务"成为这一时期呼叫中心的关键词,它可同时接入多个呼叫请求,利用局域网共享资源。此时的研究大多关注交互式语音应答、自动呼叫分配等技术问题,这也极大地推动了呼叫中心在各行各业的应用。

3. 成熟期

"智能服务"是该时期呼叫中心的关键词,智能网技术使得呼叫中心实现控制和交互相分离、同步传输语音和数据,这也使得呼叫中心可完成银行转账、业务定制等复杂工作,呼叫中心开始进入平民百姓的日常生活。

4. 繁荣期

进入 21 世纪后,随着语音处理、VOIP、数据挖掘等技术的深入发展,呼叫中心实现了支持固定电话、手机、e-mail、IP 电话等多样化的接入方式,可实现文本与语音的相互转换,更可为用户提供个性化服务,这也促进了呼叫中心的繁荣发展。

经过数十年的演进,现代的呼叫中心包含图 1-8 所示的组成部分:计算机电话集成(computer telephony integration ，CTI）服务器、自动呼叫分配器（automatic call distribution，ACD）排队机、程控交换机（private branch exchange，PBX）、人工座席（agent）、交互式语音应答（interactive voice response，IVR）服务器、原有系统主机（宋曙光，2000；耿玉亮，2003；郝中伟，2002；孙俊杰，2001；袁晓华，2000，张杰，2007）。

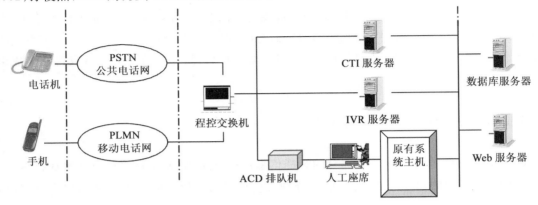

图 1-8　呼叫中心结构

● CTI 服务器：交换机的话路交换功能经由 CTI 服务器，可与计算机的数据处理功能有机结合，利用计算机对交换机的呼入、呼出、暂停、转移进行智能控制，因此 CTI 服务器是整个呼叫中心的核心；

● ACD 排队机：ACD 掌控呼叫中心的排队机制，可将呼入的信号平均分配给座席队列；

● PBX：与电信部门的中继接口相连，负责将信号转接给呼叫中心内部的应答设备（座席、话机等）；

● 人工座席：负责接听电话为用户服务，同时还可完成用户资料维护、运行终端程序等工作；

● IVR 服务器：控制呼入信号在呼叫中心内的服务流程，引导用户根据语音提示按键选择相应服务，可极大地减少座席的工作量。

目前，呼叫中心技术已经在医疗卫生、金融、咨询、旅游等领域得到广泛应用，在电信方面尤为突出。Achal Bassamboo 等（2009）为降低大型呼叫中心的人事费用开销，引入了数据驱动方法，成功实现了人员编制最优化；Farzad Peyravi 等（2009）将知识管理模型应用于基于 Agent 的呼叫中心，使得企业各层面均能共享知识；张利军等（2009）将 IPCC 应用于呼叫中心平台，为浙江省提出了建设电力呼叫中心通信平台的方案；钮志勇等（2007）设计出基于语音解决方案的专家系统，有效提高了奶牛疾病诊断领域的信息化程度；刘文林（2009）设计的金融行业呼叫中心基于 VOIP 技术，大大降低了传统模式产生的巨额话费。林少勇等（2009）设计的农村乡镇医疗呼叫中心系统，提高了当地农村医疗信息化水平。

1.2.7　3G 视频获取方法

3G（3rd-generation）是第三代移动通信技术的简称，它支持高速数据传输，能同时传送声音及数据信息,高速是 3G 的最大特征,通常可达到几百 kbit/s,可同时传输声音、图像、视频流等多种媒体形式。在 3G 时代,传统的语音通话功能将被大大弱化,视频通话将成为主流业务。2003 年,中国也开始开发自己的 3G,不同电信运营商也纷纷推出各自的网络标准协议,3G 主网络的下行速度可达 3.6 Mbit/s,上行速度一般也能达到 384 kbit/s,瞬间下载一部电影已不再是梦想(baike. baidu. com/view/11232. htm)。

3G 网络的发展为通过手机获取视频奠定了良好基础,国内外也有许多学者对 3G 视频获取方法进行了相关研究。Oudom Keo(2010)等在 3G 网络环境下,设计出应用 DCCP(datagram congestion control protocol)协议的在线实时视频系统;S. E. Davies(2008)等在 3G 网络环境下,分析对比了不同移动定位方案对于 M2M(Mobile-to-Mobile)视频流产生的影响;A. T. Connie(2008)等基于 H. 264 标准设计了一种 3G 网络环境下的视频打包技术,可增强视频传输效果;李颖(2010)等探讨了 2G 语音业务与 3G 视频业务的融合问题;鲁泽钧(2009)从可用性的角度,探讨了 3G 视频传输过程中的容错技术;杨猛(2006)等基于 3GPP 协议,设计了包传输和控制系统,可有效改进视频传输过程中的差错控制机制;林都平(2004)等研究了抗误码技术在 3G 视频传输中的应用,并提供了应用方案和仿真结果;任维政(2010)等设计了一种无线网络视频传输模型,可有效抑制比特错误并提高数据包的接收率。

1.2.8　文献评述

从对国内外研究现状的分析可以看出,学者们在信息采纳行为、视频分割、视频标注和文语转换等方面做了大量的基础及应用型研究。专家学者因切入点、面向对象和研究角度的不同,衍生了大量的研究方法,并取得了丰厚的研究成果,为本书提供了借鉴和依据。结合本领域,可以在如下方面深入研究:

(1)国内研究农村信息化的文章可概括为 3 个方面　宏观上讨论信息化的意义、现状、问题及发展对策等;研究国家或地区农村信息服务的战略模式等;研究农村信息化某一特定问题,例如信息服务渠道、信息服务内容等。从文献可知,从农户角度研究我国农村信息化的文章较少,而在对农户行为的研究中,对农户信息的需求研究比较多,从需求动机转化、感知风险及支付意愿等方面的研究较少。

(2)信息技术采纳模型目前已经成为信息系统研究领域中最优秀的技术接受理论之一,被广泛地应用于用户对各种信息技术的接受研究　在国外,许多学者根据不同的研究领域,扩展了技术接受模型,研究对象以企业中的信息系统用户为主,同时出现了对其他类型用户行为的研究,例如警察、公务员及医生等。近年来,国内关于技术接受模型的文章逐渐增多,但理论分析的比较多,在应用方面,主要集中在电子商务及网站的使用上,在对农户信息采纳行为的应用研究比较少见。

(3)国内外对视频分割算法的研究成果显著,面向视频底层特征的镜头边缘检测精度也有所提高　面向专业领域的视频镜头分割算法获得了学术界的广泛关注,视频中的音频信号和文字特征也逐渐被纳入视频分割的考虑范围,视频语义级的场景检测是视频分割走向实际应用的途径之一。针对农业领域视频的分析方法目前还很少。如何将视频场景检测方法应用于农业领域,寻找适合农业知识视频特点的视频语义级的分割与场景检测算法值得进一步研究。

(4)现有视频标注方法的研究基本面向专业领域,针对领域知识和拍摄对象不同,语义标注模型也有所不同 综合运用多种模态对视频进行语义标注是目前较普遍也是行之有效的方法。然而针对农业视频数据的语义标注的文献少有发表,因此如何结合农业知识,研究适合农业知识视频的多模态自动语义标注模型,是十分必要的。

(5)专家系统在我国农村的推广受到限制 专家系统蕴含丰富的知识,并且可以解决实际问题,但其推广应用必须借助信息化设施,而我国农村地区计算机和互联网的普及率还不够高,即使对于已经购买了计算机的农民而言,学习、使用计算机和专家系统仍然要付出较多时间和精力,因此专家系统在我国农村地区的推广应用受到了限制。

(6)呼叫中心缺乏知识库自动调用方法 现存呼叫中心大多通过人工(座席或专家)作答的方式提供知识,这也极大增加了呼叫中心运营的人工成本,特别是专家很难做到实时在线,难以满足用户实时获取知识的需求。造成这种情况的原因,一方面是由于缺乏专业的知识库,更主要的是缺乏可以自动、实时调用知识库的机制方法。因此,如能构建专业的农业知识库,特别是设计出可自动、实时调用知识库的方法,将可以更好地借助呼叫中心推广农业知识。

(7)缺乏适用于移动终端的视频知识源 3G 通信网的发展,为通过移动终端获取视频奠定了良好基础,但毕竟无线视频传输仍处于起步阶段,而视频制作需要高水平的专业技术和人员,目前适用移动终端的视频源缺乏,特别是农业知识视频源则非常紧缺,如能制作出适合移动终端接收的专业农业知识视频,将可以很好地借助 3G 视频传输技术获取农业知识。

1.3　农业视音频信息转换与获取概念模型

近年来,农业信息的快速增长为农村生产和农民生活带来了巨大变化,但面对多种多样的信息,农民真正接受和使用的并不多,其根本原因在于未能真正了解农民需求。通过分析农民对于农业知识个性化的需求,从知识的内容;高校和科研院所的科研成果、知识表现形式;视音频形式以及知识获取方式——借助移动终端,3 个方面提出进行农业知识转换与获取研究的必要性;进而根据研究所涉及的五项关键技术:文语转换、视频分割、视频标注、音频获取和视频获取,从技术的角度分析进行农业知识转换与获取研究的可行性,并提出需要解决的问题;最终针对这些问题,构建出农业知识视音频转换与获取概念模型。

1.3.1　农业知识转换与获取的技术路径分析

21 世纪是信息时代,信息化浪潮席卷全球,信息成为推动社会经济发展的核心推动力。我国自改革开放以来,一直在加强信息社会建设,信息经济、知识经济初见端倪,但在信息化建设中,农村受众在信息资源的享受和利用、接受工具拥有量、媒介消费时间、接受及处理信息的能力等方面,均处于明显的弱势地位。

造成我国"三农"在信息化建设中被边缘化的原因是多方面的,但未能真正辨析农民的信息需求是重要原因之一。农民是指居住于农村、直接从事农业生产劳动的人口;需求是指由需要产生的要求。由于受到几千年来传统农业耕作模式和封建思想的影响,形成小富即安的小农思想、较低的文化程度、狭窄的知识面、单一的生活阅历、不足的经济实力等,使得农民对于信息的需求具有其个性化的特点(李红艳,2007)。农业知识是本研究为农民提供的信息中最重要的组成部分,这里以农业知识为切入点分析农民的信息需求。

而在研究知识的获取方式之前,需要考虑接受者的知识结构,因为接受者在接受知识的过程中及其在此之前对于事物的认识,已经构成了接受主体的知识结构,这知识结构既是接受新知识的基础,又会使接受者对知识形成选择,接受者与知识间的关系可用布鲁克斯方程描述(李红艳,2007):

$$K[S]+\Delta I=K[S+\Delta S] \tag{1-2}$$

式中:$K[S]$ 为接受者原有的知识结构;ΔI 为接受者获得的知识,$\Delta I=(I-S)\times K_1 \times K_2$,其中 I 为知识源所能提供的最大知识量,S 为接受者的先验知识量,可表示为 $S=\sum \Delta S, \Delta S=[\Delta S]$,$K_1$ 为接受者接受知识的能力系数,在 $0\sim1$ 之间,K_2 为接受与知识传播的相关系数,在 $0\sim1$ 之间;$K[S+\Delta S]$ 为新的知识结构。

在恩格尔系数高居不下的农村,"终端购买力"相对较低,加之农村长期形成的封闭性文化特征和相对落后的文化水平,使得农民的先验知识量 S 较低,这也直接影响了其对于知识获取方式的选择,会更多地强调媒介的"易受性",会更倾向于"声画并茂"的电视,而疏远抽象的纸质媒介。

调查显示电视已经成为农民获取知识的首选,但"当问及各类媒体对农民的主要帮助有哪些时,78%的被访者认为电视的主要帮助是'消遣娱乐、打发时间',居各项首位"(谭世平,2006),造成这种情况的原因与农民节目缺乏有直接联系,"在我国 2 200 多套电视节目中,开办专业对农频道的只有山东、吉林两家;省级电视台中,只有 16 家开办了农民频道,与注册的368 家电视媒介相比,开办率仅为 4%"(余军,2006)。农民喜好"声画并茂"的获取方式,与对农专业电视节目缺乏之间的矛盾就从知识的内容、知识表现形式、知识获取方式 3 个方面,提出了农民对于农业知识个性化的需求。

1. 知识内容的需求

就知识的内容而言,电视的目标受众往往是城市人群,针对农民的节目在总量上不能满足农民的需求,特别是电视媒体采用市场化运作方式,收视率、广告收入成为其追求的最高目标,农民作为弱势群体和低端消费者,对于电视媒体的贡献显然不如高端消费者,因此电视媒体自然而然会更多反映高端消费者的需求,而忽视农民的需求,缺乏、甚至"不想"为农民提供其所需的知识成为问题的关键,央视经营多年、备受农民欢迎的《金土地》被无情地停播,就是最好的例证(李红艳,2007)。

高校和科研院所对于农业知识与农业技能做了大量专业研究,也积累了大量的理论和实践成果(图 1-9、表 1-5)。这些成果经过实践证明,可以为农民的生产生活提供指导并产生实际价值,是农民值得信赖的知识源。但由于缺乏有效的途径,这些知识很难实际送达到农民手中,这也从知识内容的角度提出了进行农业知识转换与获取研究的必要性。

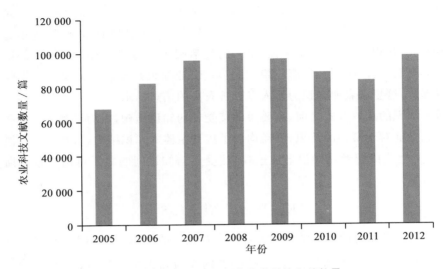

图 1-9　2005—2012 年农业类科技文献数量

资料来源：中国农业科学院农业知识产权研究中心（CCIPA）。

表 1-5　农业发明和实用新型专利排名（教学科研单位）

排名	申请		授权		有效		其中:有效发明专利	
	申请人	数量	专利权人	数量	专利权人	数量	专利权人	数量
1	中国科学院	3 865.17	中国科学院	1 701.83	中国科学院	941.08	中国科学院	857.58
2	中国农业科学院	1 405.18	中国农业科学院	558.15	中国农业科学院	371.78	浙江大学	285.17
3	浙江大学	1 360.50	浙江大学	507.67	浙江大学	345.08	中国农业科学院	271.58
4	中国农业大学	1 014.67	中国农业大学	474.00	中国农业大学	330.50	中国农业大学	244.50
5	江南大学	722.00	中国水产科学研究院	251.67	中国水产科学研究院	197.00	上海交通大学	155.00

资料来源：中国农业科学院农业知识产权研究中心（CCIPA）。

　　农业知识转换，就是将高校和科研院所的科研成果作为知识源，将其转换为农民容易接受的形式，并经由恰当的途径送达到农民手中。

2. 知识表现形式的需求

　　就知识的表现形式而言，相关农业知识成果主要以专著、科普、期刊、文献、专利等作为表现形式，这些概念化的农业知识对于平均受教育年限偏低的农民，不但难于理解，更加难以获得。因此需要将固化的、主要以文字为表现形式的农业知识转换为农民容易接受和理解的形式，才能通过合理方式进行传播，这就从知识表现形式的角度提出了进行农业知识转换与获取研究的必要性。

　　上文指明，农民更喜欢通过"声画并茂"的电视获取知识，说明农民更愿意通过声音、图像等感性方式获取信息。而人类在接受信息时，视觉的接受率为 83%，听觉的接受率只有 13%，远远低于视觉,所以视频沟通更有效率。因此,农业知识转换问题是研究将农业知识转换成视音频形式,可以"声画并茂"地为农民讲解农业知识,这既符合我国农民获取知识的习惯,又避免了因其受教育年限偏低等原因造成的知识理解困难。

3.知识获取方式的需求

有了恰当表现形式的知识,还需有合理的获取方式,才能有效地将知识送达到农民手中,而获取方式既要适应我国农村基础设施要求,又要让农民方便获得,这就从知识获取方式的角度提出了进行农业知识转换与获取研究的必要性。

长期以来,专家系统(包括决策支持系统)是用于提供农业知识的主要技术手段,但专家系统的推广应用需要以互联网为传输媒介、以计算机为接收终端,而且对于平均受教育年限偏低的农民而言,购买、学习以及使用计算机和专家系统必须付出较多的资金、时间和精力。相对于计算机,以手机为代表的移动终端价格要低廉得多,且呈现出逐年下降的趋势,随着 3G 通信网的逐渐推广普及,手机将有越来越大的应用前景。而且学习使用手机的"门槛"对于广大农民而言,比学习使用计算机和专家系统也要低得多,同时,手机还具备灵活方便等特点,因此农业知识获取就是通过将移动终端作为知识获取终端,进行农业知识获取。

上文从知识的内容、知识表现形式、知识获取方式 3 个方面对农民个性化的农业知识需求进行了分析,进而提出了进行农业知识转换与获取研究的必要性,进而需对研究涉及的相关概念进行界定。

本书将农业知识转换定义为:从农民知识需求出发,通过一定的手段和途径,将概念化的农业知识转换为农民愿意接受的、方便获得的、并能够对其生产生活产生实际价值的知识。需要指出的是,使用"转换",而并未使用"转化"一词,是因为本文认为"转化"含有变化的意思,存在着某些"化学变化"的意味,而本书是将高校和科研院所的农业知识转换为某种形式,仅仅是物理表现形式上的变换,而使用"转换"一词更体现始终忠于知识原始内容,并不添加任何主观理解的思想。

而农业知识获取是指从知识源头到达知识最终用户(农民)手中的知识获取路径(图1-10),它是可以有效地将农业知识送达到农民手中的信息通信渠道,共包含 3 个结点:知识

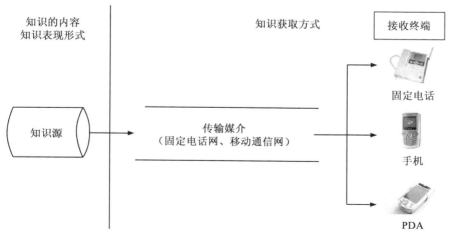

图 1-10 知识获取路径

源、传输媒介、接收终端。其中,知识源满足农民对于知识内容及知识表现形式的需求,传输媒介和接收终端满足农民对于知识获取方式的需求,而信息技术,特别是移动通信技术,凭借其高效、快捷、方便的特点,将成为农业知识获取的核心技术。

(1)**知识源**　知识获取路径的起始部分,是由高校和科研院所的科研成果转化而来的视音频形式,是农民最终所能获得的农业知识。同时,它也是信息通信渠道的源头,因此,构建知识源时,在考虑通俗易懂、农民易接受的同时,也必须兼顾信息获取和传输的高效与便捷。

(2)**传输媒介**　连接知识源与接收终端的桥梁,即通信渠道所需的各种网络媒介、硬件设施、传输设备等。

(3)**接收终端**　农民获得农业知识所需的信息终端,如固定电话、手机、PDA,甚至还有将来可能的平板电脑等。

1.3.2　农业知识转换与获取的技术可行性分析

在进行农业知识转换与获取的过程中,为满足农民个性化的知识需求,必然会涉及许多关键技术,如农业知识的视音频转换方法涉及将文本知识转换为音频形式的文语转换技术、将视频知识分割为语义段落的视频分割技术;在进行农业知识获取时,分别涉及音频和视频的获取技术,本节从技术的角度对农业知识转换与获取进行可行性分析,指明需要解决的问题。

1.文语转换技术

作为表达情感、交流思想的载体,语言是人类相互交流最自然的方式。文字和语音作为语言最重要的两个属性,密不可分。前者是语言的符号描述,后者是语言的声音特征,如何实现文字与语音的自然转换,也成为语言信息处理领域的研究热点。其中,语音识别指的是语音向文字的转换,而将文字转换为语音的过程,则被称为文语转换(周开来,2010;王仕华,2002)。如何将大量专著、科普、文献、专利等以文字为表现形式的农业知识转换为语音形式,需要研究文语转换方法。

而文语转换 TTS(text to speech)技术,顾名思义,是一种能将文字转换成语音的合成技术,因为通常需要借助计算机等智能工具,也属于人工智能领域,在文字信息处理、人机交流等领域,有着广泛的应用。特别是与语音识别技术的结合,可提供丰富的人机交互方式,Bill Gates 预测,人机交互方式的改观甚至可能为计算机操作系统带来革命性的变革。除了人机交互,文语转换技术在教育、通讯、军事等领域的应用前景同样广阔,也已经成为国内外学界关注的焦点(袁嵩,2004;郭锋,2007)。

只有能够输出流畅、自然语音的文语转换方法才能称的上好方法,而声调在很大程度上决定了语音的自然度。在一段语流当中,声调与每个字的发音密切相关,因为字的发音和语气受到相邻字的影响,所以欲实现文语转换,需先进行文本分析,结合上下文语境,确定出每个字应该发什么音(郭锋,2007)。同时在把每个字串联成词句时,必须考虑停顿、语气等韵律相关参数,因此,文语转换过程应包含文本分析、语音合成、韵律处理3个部分,而这其中,文本分析是最核心的部分。

但是,现有的文语转换方法,无论是汉语文语转换还是其他语言的文语转换,输出的语音还都无法达到自然语音效果,究其原因在于,现有技术在进行文本分析时所使用的分词方法,虽然简洁、易于实现,但切分精度不高。它们大多借助于词典,根据字符串匹配原理,把待处理语句流中的字序列和词典库中的词语序列逐个进行比较匹配,从而把词语逐步从文本中分离出来。而本文研究的农业知识专有名词较多,一词多义和一义多词的现象也非常普遍,使用现有方法会造成许多无法切分的歧义字段(图 1-11),因此,设计一种适合于农业知识特点的文本切分方法,成为本书需要解决的问题。

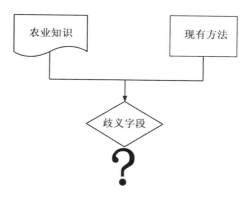

图 1-11 现有文语转换方法存在的问题

2. 视频分割技术

将高校和科研院所录制的农业知识视频,分割为适合于移动终端接收的"小"的视频段落,而视频分割是指遵循某一特定标准,将视频分割成若干区域,以便区分出能表达特定含义的实体,而这实体就称为视频对象(季白杨等,2001)。

如图 1-12 所示,视频的结构包含幕、场景、镜头、帧等(马永波,2007;屈有政,2011)。

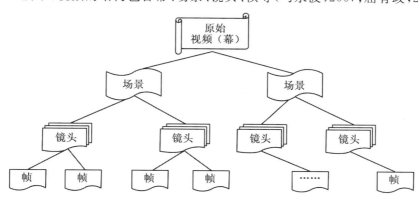

图 1-12 视频结构图

资料来源:马永波,2007。

- 视频都是由一幅幅单独图像构成的,而这些图像称为帧,因为视频的视觉信息都通过每一帧表达,因此它是构成视频的基础单元;
- 一组连续拍摄的帧构成镜头,它可以表现一组运动、描绘一个场景,因为镜头是一组连续的摄像机动作,因此镜头是编辑视频的基础单元;
- 场景通常由多个镜头组成,但由于拍摄角度、表达含义等的不同,一般只有语义相关的镜头才构成同一场景,场景则是视频语义的基础单元;
- 幕是由一组场景构成的完整视频,通常表达一个独立的故事情节。

镜头是视频编辑的基本单位,而场景是视频语义单元,视频分割虽然将视频分割为小的段落,但每个段落必须要表达完整的故事情节,不然分割结果没有任何意义,因此视频分割实际上要将视频分割成一个个场景。现有的场景分割方法通常分为两步:① 依据视频低层特征(颜色、纹理等)检测出镜头边缘;②通过聚类算法将视频特征相似的多个镜头合并为一个场景(李松斌等,2010)。其中,镜头边缘检测方法的领域通用性较强,技术成熟度也较高,本文在研究视频分割时,可选择一种适合本文研究对象的方法;而镜头聚类算法的针对性较强,例如有学者分别针对影视作品、新闻类视频、体育类视频设计出不同的聚类算法,但是目前针对农业知识讲座类视频的研究很少,本文须设计出一种符合其特点的镜头聚类算法。

镜头边缘检测是指检测出不同镜头发生变换的位置,而镜头变换又分为两种情况:①突变(hard cut),相邻镜头间的直接转换,不出现任何编辑效果,因此又被称为直接切割,突变一般发生在两帧之间;②渐变(gradual transition),相邻镜头间出现时空变换效果,才从前一镜头逐渐过渡到下镜头,一般要延续多帧(马永波,2007;屈有政,2010;彭德华等,2003)。本书仅涉及农业知识的讲座类视频,不同于一般的影视作品,很少使用渐变等特殊处理效果,因此着重对突变镜头的切分方法进行分析。

现有突变镜头边缘检测方法在获知镜头的切变换时,一般根据视频低层特征,如颜色、形状、亮度等,计算像素、直方图等指标,进而获得帧间差值,并通过设定差值的阈值实现镜头切分。本文的研究对象是高校和科研院所录制的讲座类视频,都是经过专业编辑的,无论是拍摄视角、光线明暗、还是颜色搭配都十分规范,对于这类视频最适合借助颜色特征,因此通过计算颜色直方图,对镜头边缘进行切分。

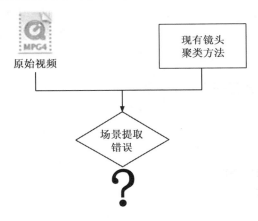

图 1-13　现有视频分割方法存在的问题

但是,镜头是根据视频的低层特征切分的,并不能表达完整的语义,因此这些单独的镜头没有实际价值,只有将若干表达相同语义的镜头合并在一起,构成场景,才能真正完成视频分割。现有方法主要是通过聚类算法对切分后的镜头进行聚类,即通过提取每个镜头的关键帧,比较帧与帧的低层特征(如比较颜色直方图等),如果两帧具有相似性(差值在一定范围内),就将这些镜头聚合在一起。但农业知识的讲座类视频经常使用特写镜头,如使用现有方法通常会将表达相同语义的原镜头和特写镜头分为两个场景,由此造成语义场景提取错误的问题(图 1-13),因此,设计一种适合讲座类视频特点的语义场景提取方法,成为本书视频分割的重点。

3.音频获取技术

音频获取是指通过一定的传输媒介和恰当的获取技术,将音频信号由信号源发送到指定终端的过程,而现存的音频获取技术主要包含以下 3 种:

(1)以太网获取　近年来,通过以太网技术获取音频已经成为行业热点问题,其中,Cobra-Net 和 EtherSound 的技术最为成熟。PeakAudio 公司开发的 CobraNet 可传输非压缩音频信号,在 100M 以太网下,CobraNet 可同时传输 64 个音频信号;Digigram 公司开发的 Ether-Sound,传输速率虽不及 CobraNet,但极低的延时使 EtherSound 广泛应用于现场演出(兆翦,2008)。但以太网传输必须以网络的普及为基础,虽然近年来我国农村地区的互联网普及率不断上升,但农民学习使用计算机和信息系统必须投入比较多的时间和精力,因此以太网音频获取技术并不适合于本书的音频获取方法。

(2)**电话线路获取** 电话线路获取是以点对点的方式,通过有线电话网络传输音频信号(梁健壮,2011)。我国农村地区的有线电话普及率较高,在 20 户以上自然村中,通电话的比例超过 90%,这已为通过电话线路传输音频奠定了良好基础,而且通过电话线路传输音频具有信号稳定、经济、高效的特点,这也符合本书音频获取的要求。

(3)**移动通信网络获取** 移动通信网络获取音频,是利用数字多媒体广播技术、以点到多点的方式,在移动通信网络中,实现音频信号的传输(梁健壮,2011)。截至 2011 年 8 月底,中国的手机用户数量已达到 9.3 亿,同时还在以 1.01% 每月和 17.51% 每年的速度增长,其中有近一半的用户就分布在农村,这已为通过移动通信网络获取音频奠定了硬件基础。移动通信网络音频获取除具备电话线路音频获取的所有优点外,更加灵活方便,农民可以在田间劳作时随时获取农业知识。

通过以上分析,固定电话网和移动通信网从技术角度讲,都适合作为本书音频获取的传输媒介,而呼叫中心就是通过这两种网络获取音频最成熟的硬件技术,它基于 CTI 技术、利用互联网和通信网的硬件功能(赵溪,2002),可以自动接通固定电话和手机呼入的语音信号,确定语音信号的通话流程,根据用户需要提供各种不同的服务,目前在电信、金融、旅游、医疗卫生等领域已经得到广泛应用,国家"12316"三农服务热线,就应用呼叫中心技术,为农民提供农业知识和各项服务。

但目前现有的,特别是用于提供知识的呼叫中心,大多采用人工座席或专家在线咨询的方式提供服务,这也极大地增加了人工成本。究其原因,不仅因为现行呼叫中心系统缺乏专业的音频知识库,更主要的是缺乏自动分析用户需求并调用相关音频知识的机制和方法(图1-14),因此,欲借助呼叫中心推广农业知识,必须设计出合理的知识库自动调用方法。

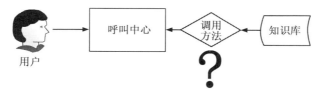

图 1-14 呼叫中心存在的问题

4.视频获取技术

视频获取方法与音频获取方法存在很大的差别,因为在使用文语转换技术录制音频时,已经实现了"知识点"的分离,即在音频录制过程中,每一个知识点都录制成独立的语音文件且具有唯一标识,在进行音频获取时,只需解析用户需求就可准确定位检索目标音频文件,因此在本书音频获取方法中,最关键的是引入专家系统推理算法,对用户需求进行智能解析;在研究视频获取时,也可使用同样方法解析用户需求,但问题是如何根据用户需求从一段完整的原始视频中定位检索出所需的视频段落,因此在视频获取过程中,最关键的是视频的检索方法。

随着互联网的迅速发展,网络上的多媒体资源越来越多,如何根据用户需求,从众多视频数据中准确定位检索用户所需的资源,已成为信息检索领域最引人关注的课题。现有的视频检索方法包括:①基于元信息的检索,在对视频内容理解的基础上,人工对视频进行文本标注,进而通过文本检索方法实现视频检索;②基于内容的视频检索(content-based image retrieval,CBIR),基于视频的视觉信息,利用颜色、纹理等视频低级特征进行视频相似性匹配,实现视频的检索(Baeza-Yates 等,1999;周志伟,2011)。

但是,以上两种方法都有各自缺陷,也并不符合本书视频获取的要求。基于视频元信息的检索,不能利用视频的内容信息,使得用户很难在海量视频中,准确定位所需片段,因而检索的精度不高。另外,不同背景的人对同样的视频,也可能产生不同感受,对于视频的描述也可能大相径庭,特别是本书涉及大量的农业知识视频,对视频进行人工标注的工作量巨大,甚至难以实现;基于内容的视频检索方法优点在于精度较高,但它无法体现视频的语义信息,不能像人一样从语义的角度理解视频,只是从技术角度,对视频进行机械性匹配,虽然精度较高但效率不高(周志伟,2011),并不能满足本文视频检索的要求,因此进行研究时,需设计出一种支持语义的、高效准确的视频检索方法(图 1-15)。

要么效率高、精度不高
要么精度高、效率不高

现有检索方法

原始视频

图 1-15　现有视频检索方法存在的问题

1.3.3　农业知识视音频信息转换与获取概念模型构建

上文详细分析了农民对于农业知识的个性化需求,分别从知识的内容——高校和科研院所的科研成果、知识表现形式——视音频形式以及知识获取方式——借助移动终端 3 个方面提出了进行农业知识转换与获取研究的必要性,进而从技术角度分析了进行农业知识转换与获取研究的可行性,并提出了本书需解决的问题。本节基于以上分析,构建出面向移动终端的农业知识视音频转换与获取概念模型(图 1-16),为全书梳理出清晰的研究路线,后续章节将沿着概念模型的脉络,对本书所涉及的理论方法进行详细研究。

概念模型共涉及 4 个关键研究点:文语转换方法、视频分割方法、音频获取模型、视频获取模型。

1. 文语转换方法

在进行文本切分时遇到的歧义字段,与基于语义的文本检索领域中的关键词十分相似,如能借鉴文本检索中对于关键词的语义处理方法,则可为歧义字段切分提供帮助,因此研究将基于本体的语义检索方法引入文语转换领域,设计基于语义检索的文本切分方法,对专家系统知

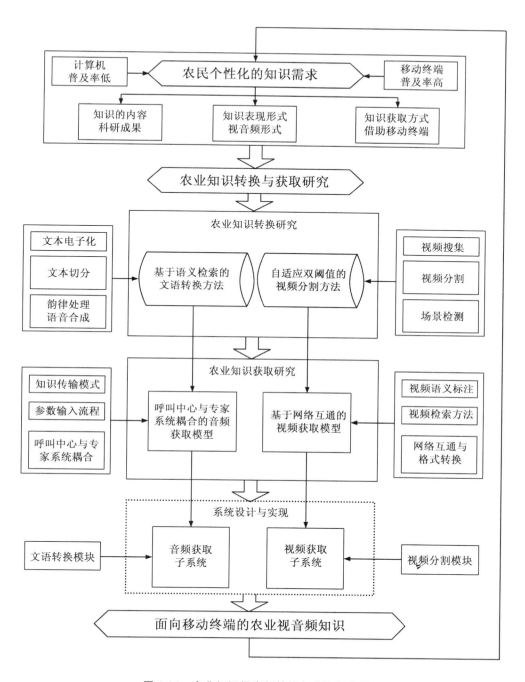

图 1-16 农业知识视音频转换与获取概念模型

识库中的文本(已经实现了文本电子化)进行文本切分,再通过音频拼接、语音合成等技术,生成所需的音频文件。而对于语音合成、韵律处理,现有技术相对成熟,且各领域间的通用性较强,因此着重研究文本切分方法,系统开发过程中采用现有技术,实现语音合成和韵律处理功能(图 1-17)。

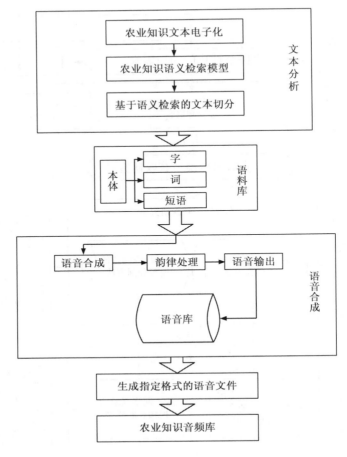

图 1-17 文语转换流程图

2.视频分割方法

讲座类视频通常具有"音频为主,视频为辅"的特点,即音频讲解的知识才是视频重点,而视频通常作为讲解内容的辅助演示。例如在特写镜头与原镜头中,音频通常讲述相互衔接的知识内容,甚至是同一句话,因此如果在声音和文字的辅助下,实现视频的分割,对于讲座类视频将会有很好的效果。设计一种音频辅助的视频分割方法,通过对视频的音频镜头进行切分,以其结果来辅助对视频镜头的聚类及重构,进而提取出能够表达完整知识内容的视频语义段落,将视频分割为适合移动终端接收的形式(图 1-18)。

3.音频获取模型

设计农业文语转换方法,可将大量农业知识转换为音频形式,这也可以为呼叫中心提供专业的农业音频知识库。专家系统的推理算法和知识库,则可以很好地解析用户需求,并准确定位检索用户所需的音频文件。因此,在对呼叫中心知识传输模式进行详细的基础上,通过改进专家系统推理算法参数的输入流程,将专家系统推理算法和知识库嵌入呼叫中心平台,并研究数据库触发、事件监听等方法实现呼叫中心与专家系统的耦合(图 1-19)。进而构建呼叫中心

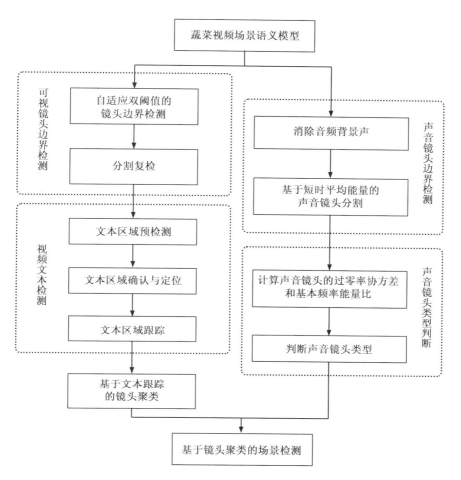

图 1-18　视频分割流程图

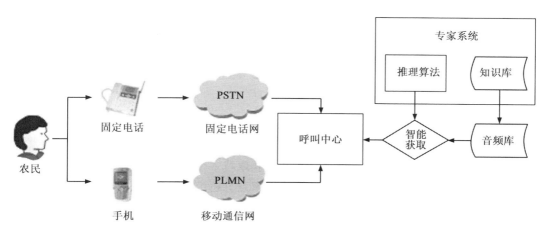

图 1-19　基于呼叫中心的音频知识获取

与专家系统耦合的音频获取模型,使得呼叫中心可以自动、实时地调用音频知识库,也实现面向移动终端的音频获取。

4.视频获取模型

关于视频检索方法,结合基于视频元信息的检索和基于视频内容的检索两种方法的优势(图 1-20),采用多模态融合方法,提取出视频的语义信息,并将语义信息以文本的形式对视频进行标注,进而对视频标注内容进行支持语义的文本检索,从而将视频检索问题转化为支持语义的文本检索问题,设计出基于多模态的视频语义标注及检索方法,并通过研究移动通信网与 IP 网络的互通以及视频格式转换等方法,构建基于网络互通的视频获取模型,使得手机等移动终端可自动调用存储于计算机的视频,实现面向移动终端的视频获取。

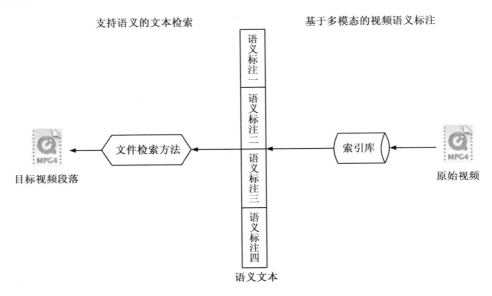

图 1-20　基于本体的视频语义标注及检索

1.4　本 书 特 色

《面向移动终端的农业信息智能获取》一书正是基于当前国内农业信息获取现状以及农业信息化对信息智能获取技术迫切需求,结合我国农村信息化程度不高及农民个性化信息需求的现状,探索适合我国农村地区的农业信息智能获取技术体系构建的新思路和新方法,为农村信息化提供一条全新、有效的方法与途径。本书重点分析了农民信息采纳行为,从农民个性化的知识需求出发,研究文语转换、视频分割、音频获取、视频获取等与农业知识转换与获取相关的技术和方法,将高校和科研院所概念化的农业知识,通过计算机智能转换为音频和视频等形式,特别是结合语音电话和视频电话的特点,将其转换为适合移动终端接收的格式,最终送达到农民手中,实现面向移动终端的农业知识转换与获取,从而为农民提供有效的知识获取途径。

1.面向移动终端的农业信息智能获取方法,可以有效地解决农民信息接收终端问题

农业信息化不仅需要农业信息获取方式的高效、快捷和方便,而且更需要准确、可靠信息源及其信息内容。在我国,高校和科研院所是农业知识成果主要来源地。由于受到农业专家数量及其精力的限制,当前农业信息系统(包括信息管理系统、决策支持系统、专家系统等)是高校和科研院所为农民提供农业知识服务的主要技术手段。但农业信息系统必须借助互联网和计算机等基础设施,这也极大地制约了其普及和应用,最终导致了处于农业知识供应链源头的高校和科研院所,尽管拥有大量关于农业知识的科研成果,却无法通过有效的途径,将知识送达到处于知识供应链下游、真正从事农业生产的农民手中。

本书构建的呼叫中心与专家系统耦合的音频获取模型,在详细分析呼叫中心知识提供模式的基础上,通过研究基于 ECA 的数据库触发模型、基于 RMI 的通信方法、基于 ID3 算法的参数提取方法,将专家系统推理算法和知识库嵌入呼叫中心平台,构建出呼叫中心与专家系统耦合的音频获取模型,使得呼叫中心可以自动、实时地调用知识库,实现了面向移动终端的音频获取;构建的基于本体语义标注及网络互通的视频获取模型。基于本体理论对视频进行语义标注、对标注的文本内容进行支持语义的文本检索,从而将视频检索问题转化为支持语义的文本检索问题,并通过研究移动通信网与 IP 网络的互通方法,实现了面向移动终端的视频获取。在理论方法研究的基础上,按照软件工程学的方法,设计并开发的面向移动终端的农业信息智能获取系统,可以借助移动终端、将视音频形式的农业知识送达农民手中,从而避免了农业知识的棚架现象。

2.农业文语转换方法,可以满足农民对于语音信息的个性化需求

农业知识多以文字作为表现形式,而相关调查显示,目前农民获取信息最主要的是通过电视、广播等途径,这就说明平均受教育年限偏低的农民更喜欢通过声音、图像等更加感性的方式获取知识。农业部主推的"12316"新农村服务热线等呼叫中心平台也需要大量高校和科研院所的农业知识为农民服务,由此导致了呼叫中心人工录制语音质量和效率问题,致使呼叫中心的运营成本增加。

本书提出的基于词典匹配和统计模型相结合的棉花领域文本自动分词方法,通过对大量棉花文本的统计学习,并用统计的方法对文本进行消歧处理,可增加农业词典的专业性,提高文语转换系统的分词精度,有效地解决农业知识文语转换中大量未登录词的识别问题;通过研究基于字符串匹配的歧义字段提取、本体实例扩充、歧义字段语义推理及本体匹配等方法,提出基于语义检索的文语转换方法,将以文本为表现形式的农业知识自动转换为音频形式,从而降低了呼叫中心的运营成本。

3.农业视频分割、标注和重构方法,可以有效地解决农业信息接收时受到的信息流量、带宽,尤其是信息服务资费的限制问题

近年来农业视频数据飞速增长,如何对已有农业视频数据分析处理,使其能够针对农民的个性化需求提供专业的农业知识视频检索服务,已经成为一个世界性问题;随着3G通信技术的发展,手机网络共享互联网视频成为必然趋势。移动网络下载视频质量与流量费用的矛盾日益显著,如果不对原始视频进行分析处理,很难做到视频的精确匹配,如何在海量视频中精确找到所需视频片段成为目前急需解决的问题(梅玉平,2005)。长期以来,国

内外学者针对视频分析处理问题,包括视频镜头分割算法、视频场景聚类模型和自动标注方法进行了广大而深入的研究(Bursuc,2012;Escalante,2012;Villa,2012)。特别是随着视频处理技术在专业领域内的广泛应用,特定领域(如体育比赛和新闻等)的视频分析方法是基于特定应用模型,较通用的视频分割与标注方法具有更高的准确度(Merlino,1997;Xie,2004)。目前的视频处理技术在农业视频数据的分析应用方面存在3方面的不足:第一,传统的视频镜头分割方法是根据镜头转换处视频底层特征(如颜色、轮廓、纹理、梯度等)的变化,从不同的角度抓住视频镜头边缘的特征达到准确分割镜头的目的(马永波,2007),而忽略了视频中语音信息及文本音频数据对视频分割的重要性,将现有视频分割算法直接应用到农业视频的镜头分割上不能达到镜头语义完整的效果;第二,视频标注方法因其针对性强,在特定领域有不同的模型算法,对农业视频的自动标注目前还没有一个行之有效方法能够达到较好的效果;第三,基于图像识别的农业病虫害预警模式虽然有较高的检索精度,但对于我国农村基础设施不足、农民文化学习能力有限的现状很难进行推广应用,以文字交流为主的专家系统模式在目前及未来很长一段时间内仍是我国农民知识获取的主要模式(董俊武,2004)。因此,研究针对农业领域的视频分割算法、语义标注模型和视频重构方法,有望克服农业视频分析领域专业性差、个性化不足的缺陷,同时解决手机观看视频的带宽与流量问题。

本书首次对视频分割领域3种核心技术:帧间差异度量技术、自适应双阈值镜头边界检测技术、基于镜头相似度的分割复检技术进行整合运用,并且在每个技术实施环节完全结合的农业知识视频的特点设置分割各项参数。采用权重不同的优化分块策略度量帧间差异,利用双阈值自适应变化逼近视频镜头分割最佳阈值,通过高、低阈值与帧间差异值的对比确定突变与渐变镜头边界,解决了固定阈值检测产生的局限性和不准确性问题。通过对比镜头相似度确定因阈值偏差产生的误检镜头进而修正分割结果,农业知识视频镜头查全率大于95%,查准率大于98%,使最终镜头片段真正符合农民信息检索的现实需求;通过分析多模态视频镜头边界检测技术,提出了多模态融合的农业知识视频场景检测方法,检测农业知识视频语义场景的准确率达到92.3%,解决了现有场景检测算法对农业知识视频分割有效性差,语义单元不完整的问题;通过分析多模态目标识别技术,结合农业知识中文词典,提出了融合多模态的农业知识视频场景语义标注模型,对农业知识视频语义概念达到了70%以上的平均识别准确率,解决了现有视频标注方法标注农业知识视频产生歧义字段的问题,实现了视频语义标注方法在农业上的应用。

第2章 我国农业信息需求及农户信息采纳行为

本章从农村信息服务的终端——农户出发,以基层点的调查、示范为研究依托,对现阶段我国农户信息需求动机、感知风险、支付意愿等进行分析,进而系统、动态地研究我国农户的信息采纳行为,为政府、企业等农村信息服务者提供理论和现实依据。

2.1 农户信息采纳行为系统分析

2.1.1 农业信息需求主体分析

1.农户界定

农户是人类进入农业社会以来最基本的经济组织。从国内外已有的关于农户的研究与论述来看,大致有以下结论:农户是以家庭为基础的。有些研究中以家庭经营代替农户。学者们很少将"农户"与"家庭农场"混用,一般在谈到亚洲国家时使用"农户",在谈到欧美国家时使用"家庭农场"。其中潜在的含义是,家庭农场是社会化大生产的组织形式;个体农户是小生产,规模小,专业化、社会化与市场化程度低,收益最大化动机弱,经营比较封闭,自给自足程度高。有关学者将新中国成立前的小农户也称作家庭农场。少数学者明确指出,就广义而言,农户既包括发展中国家的个体农户,也包括发达国家的家庭农场。还有学者从发展的角度指出,家庭农场就是种田大户(尤小文,2005)。

本章讨论的是农村信息服务中农户对信息的使用动机、支付意愿及其中的风险问题,在此界定的农户主要是指家庭主要成员共同居住和生活在农村的,主要从事农业生产和经营活动的,以家庭为单位拥有剩余控制权的,经营文化生活和家庭关系紧密结合的多功能的社会经济组织单位或个人。

2.农户类型

不同类型农户因其生产生活活动的不同,决定了他们对信息需求的差异。目前,学者对我国农户的分类有很多种。朱明芬等(2001)将农户分为纯农户、农业兼业户、非农业兼业户三大类。其中,纯农户指农业劳动力占家庭劳动力总数的100%,农业兼业户为农业劳动力占家庭劳动力总数的60%,非农兼业户主要指农业劳动力占家庭劳动力总数的60%以下。简小鹰等(2007)将农户分为自给自足型、种养殖专业型、兼业型等三大类。自给自足型农户主要从事传统农业,尤其是粮食生产,其产品主要用于家庭消费,很少参与市场流通,而且几乎没有其他的收入来源。种养殖专业型农户除了粮食生产外,有一定规模的种植或养殖活动,除了一部分农产品供家庭消费外,其余几乎全部进入市场流通。一般情况下,收入的 50% 以上源于非农业生产活动的农户属于兼业型农户。

以上农户分类主要是基于生产、收入现状的,本文将农户视为特殊的信息消费者,从消费者行为学角度分析农户对信息的采纳问题,根据风险偏好理论,将农户分为风险规避型、风险中立型和风险偏好型三大类。开始阶段,这三类农户与传统的农户分类基本上是分别对应的。但是,农户属于哪个类别,是处于不断的动态的变化过程中的。自给自足型的农户,由于经济等原因,面对风险时可能比较保守,但是当农业生产量多于自己所消耗时,多余的产品自然会到市场上去流通,因此这类农户转变成了种养殖专业型农户,由于生产、生活发生了改观,思想也可能发生转变,因此,可能从风险规避型过渡到风险中立型农户。当农户生产力过剩,或者由于某些原因提高了生产率时,家庭的一些成员可能会选择外出打工、做生意等,因此,这类农户变成了兼业型农户。当面对大量新鲜事物后,风险中立的兼业型农户可能转变为风险偏好型农户。三类农户在面对信息时的行为特征如表 2-1 所示。

表 2-1 不同农户信息需求特征

农户类型	信息搜寻态度	活动参与程度
风险规避型	不积极	低度
风险中立型	视具体需求而定	视情况而定
风险偏好型	主动、积极	持续

基于风险偏好理论,对三类农户信息需求特征进行分析可知,风险规避型农户信息搜寻和获得的态度通常表现为被动、不积极,参与相关信息服务活动的程度是比较低的。风险偏好型农户搜寻与获得信息的行为表现为比较积极、主动的,其参与信息服务活动具有一定的持续性。而风险中立型农户信息需求的特征则一般根据具体信息需求情况而定。

3. 农户信息采纳的外部环境

近年来,为了加强和推动农村信息化的发展,国家无论在政策、技术还是其他方面都给予了高度的重视和扶持。

2013 年中央一号文件提出,加快用信息化手段推进现代农业建设,启动"金农工程"二期,推动国家农村信息化试点省建设;发展农业信息服务,重点开发信息采集、精准作业、农村远程数字化和可视化、气象预测预报、灾害预警等技术;加快宽带网络等农村信息基础设施建设,为农民和企业提供及时有效的信息服务。

目前,中国已拥有世界第一大通讯网、第一大有线电视网、第一大互联网用户规模的地位。为了有效营造农业信息化的信息技术环境,国家"十一五"信息技术应用推广计划提出,信息产业部将健全农业信息技术推广应用工作机制,选择有条件、有基础的地区开展试点,带动农业信息技术应用的普及与推广,并培养一批为农业服务的 IT 企业。目前,除了政府外,一大批 IT 企业加入到农业信息化建设中,许多公司以捐赠、销售的形式,将信息产品推向农村。同时,一些科研院所,如中国农业科学院、中国农业大学等研发了许多农业信息网络平台、专家系统等。

我国将信息技术应用于农业始于 20 世纪 80 年代初。经过 30 多年的发展,目前多数县级农业部门都设立了信息化管理和服务机构,覆盖省、地、县、乡的农业信息网络平台初具规模,初步建立起以中国农业信息网为核心、集 20 多个专业网为一体的国家农业门户网站。全国约一半的乡镇农村信息服务站有计算机,并可以上网。全国农业网站信息联播系统已建立了较完善的信息采集指标体系,推行统一的数据标准,采用公用模块的方式,实现了一站式发布、全系统共享,全面提升了农业系统资源开发和共享水平(郑小平,2008)。

为保证我国信息化健康发展,国家制定并发布了《2006—2020 年国家信息化发展战略》,《国民经济和社会发展信息化"十一五"规划》等一系列政策,信息化正在成为促进科学发展的重要手段。农村信息化建设成为其中的重要部分,也逐渐成为农业和农村基础设施建设的重要内容。为了让信息技术与服务惠及亿万农民群众,落实 2010 年基本实现全国"村村通电话,乡乡能上网"目标,政府主管部门和电信运营企业正在积极推进自然村通电话和行政村通宽带工程(《中国互联网网络发展状况统计报告》,2009)。

近年来,我国农村互联网正在快速发展。据第 32 次《中国互联网网络发展状况统计报告》(2013 年 6 月)相关资料,截至 2013 年 6 月底,我国农村网民规模达到 1.65 亿,较 2012 年底增长 608 万,增长率 5.8%,增速高于城镇,农村网民规模的大幅提升,城乡差距有望逐步缩小。图 2-1 和图 2-2 表明,网民中乡村人口所占比重不断提升,互联网正在不断向农村地区渗透。

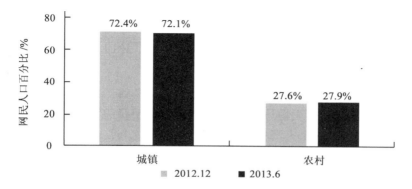

图 2-1　2012—2013 年中国网民城乡结构

资料来源:中国互联网网络发展状况统计报告(2013 年 6 月)

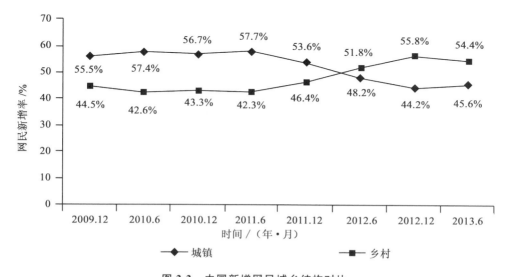

图 2-2　中国新增网民城乡结构对比

资料来源:中国互联网网络发展状况统计报告(2013 年 6 月)

2.1.2 农业信息需求客体分析

1. 农业信息内容

农业信息需求客体主要指在一定外部环境和内在条件下提出的需求内容。作为信息服务的终端受众,农户是农业信息的直接需求与应用者,因此更加重视信息的实用性和简单性。根据与农业生产和生活的密切程度,我国农户主要接触的农业信息包括 4 个部分:

①与农业生产直接相关的信息,主要包括农业实用技术信息、农业气象信息、农业生产资料信息、农业市场供求信息、农产品价格信息、农业新品种信息、市场行情分析报告、特种养殖信息等。

②为农业生产提供辅助决策的信息,主要包括:农业政策法规信息、职业技术培训信息、劳务人才信息、财经金融信息。

③与农业生产和生活密切相关的信息,主要包括:医疗保健与社会保障、子女教育、致富经验等。

④丰富农户生活的信息,主要包括社会新闻、乡村文化、休闲娱乐信息等。

2. 农业信息属性

物品分类理论认为,根据消费的竞争性和排他性两个特征,可以对物品和服务作以下的分类,即 4 种理想类型的物品:个人物品(拥有排他性和个人消费的特征)、可收费物品(排他和共同消费)、公共资源(非排他和个人消费)和集体物品(非排他和共同消费)。

根据准公共产品理论,本文将农业信息进行了分类。本研究用 3 个级别来分别表示非排他性和非竞争性的程度。例如,农业气象信息和农业政策法规信息可以看成是完全非排他和非竞争的,更加符合公共产品的特征,因此归类为公共产品(表 2-2)。

表 2-2 农业信息的公共产品属性

信息类别	属性	
	非排他性	非竞争性
农业实用技术信息	★★	★★★
农业气象信息	★★★	★★★
农业生产资料信息	★★	★★
农业市场供求信息	★★	★★
农产品价格信息	★★	★★
农业新品种信息	★★	★★
市场行情分析报告	★	★★
特种养殖信息	★	★★
病虫害等防治信息	★★	★★
农业政策法规信息	★★★	★★★
职业技术培训信息	★★	★★

续表 2-2

信息类别	属性	
	非排他性	非竞争性
劳务人才信息	★★	★★
医疗保健与社会保障	★	★★
子女教育	★★	★★★
致富经验	★★	★★
文化娱乐信息	★	★★

通过分析得出,农业气象信息和农业政策法规信息具有完全公共产品的属性;而市场行情分析报告、特种养殖信息、医疗保健与社会保障等具有较强的准公共产品的特征。同时,在不同的环境中,针对不同的农户类别,农业信息的公共产品属性也会发生一定的变化。农业信息的准公共产品属性为农户信息支付意愿研究提供了一定的理论基础。

2.1.3　农户信息采纳决策过程分析

1. 信息采纳理论

(1)理性行为理论　Fishbein 和 Ajzen 于 20 世纪 70 年代提出了理性行为理论(theory of reasoned action,TRA),所谓理性行为理论是指人们的行为是有理性的,各种行为发生前要进行信息加工、分析和合理的思考,一系列的理由决定了人们实施行为的动机。该理论针对人们的认知系统,阐明了行为信念、行为态度和主体规范之间的因果关系。如图 2-3 所示,对行为的态度与主观规范相结合所产生的行为意向,进而直接作用于行为本身,构成了理性行为理论的基本思想。理性行为理论已经在饮食行业,艾滋病预防行为,吸烟、饮酒等健康相关行为和卫生保健研究中得到了广泛的应用(杨廷忠等,2002)。但是,理性行为理论只考虑了态度和主观规范对行为意向的影响,忽略了客体认知的作用。

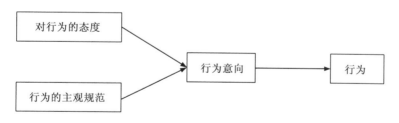

图 2-3　理性行为理论

(2)计划行为理论　随着对理性行为理论的研究深入,相关学者逐渐发现当人们的行为涉及机会、能力与资源等个体无法控制的情形时,TRA 的解释力不强。1989 年,Ajzen 在 TRA 模型中引入了行为控制变量,提出了计划行为理论(theory of planned behavior,TPB)(何仲,2006)。根据图 2-4 所示,Ajzen 认为对行为的态度、行为的主观规范和个体认知对行为的控制(perceived behavioral control,PBC)是直接影响行为意向的 3 个重要的内部心理因素,外部因素通过内部因素间接影响行为意向。在理性行为理论的基础上,计划行为理论秉承了行为控制认知对行为意向的影响,同时也提出了行为控制认知对指导行为的间接影响,一定程度上完善了行为理论的构成。

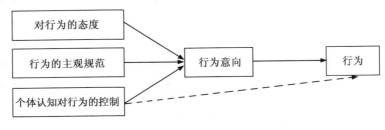

图 2-4　计划行为理论

(3)技术接受模型　为了有效解释与预测信息使用者的行为意向,在 TRA 的基础上,Davis(1989)提出了技术接受模型(technology acceptance model,TAM)。TAM 认为,要让使用者愿意使用,必须让使用者认知到信息技术能够给使用者带来好处,而且这些好处不用使用者费太多精力或时间就可以获得。技术接受模型分析了外部因素与感知因素的逻辑关系,融入了态度分析,综合确立了对行为意向的影响,最后构成实际使用的行动,逻辑上更严谨,结构上更理性。技术接受模型在学术界引起了广泛的关注,国外对 TAM 模型的应用及扩展研究相对较多。

(4)其他理论模型　从目前文献来看,存在着大量的用于解释信息技术采用行为的理论与模型。大部分学者们主要从采用者的背景、心理、经验等出发角度,研究影响信息技术采用的因素,包括促进因素和障碍因素等。Venkatesh,Morris 等(2003)在对历年 TAM 相关研究总结基础上,针对探讨"影响使用者认知因素"的问题,曾提出所谓"权威模式"的整合性结构(unified theory of acceptance and use of technology,UTAUT)。UTAUT 中的 4 个核心维度为绩效期望、付出期望、社群影响、配合情况。该模型还指出有 4 个对以上核心维度影响显著的控制变量,即性别、年龄、经验和自愿等。此外,还有任务—技术匹配模型(TTF),工作特征模型(JCM),自我效能(CSE),创新决策过程(IDP)等许多信息技术采用理论。

通过各模型的分析,可以看出,目前对信息和技术的采纳有研究组织层面采纳和个人层面采纳。农户信息采纳基本属于个人层面。信息个体接纳行为研究涉及信息技术和行为科学两个方面,使得这项研究具有跨学科性,需要从有关的学科吸取知识和研究方法。本研究结合动机理论、理性行为理论、计划行为理论、结构方程模型等多个领域的理论及研究方法,通过理论分析和实证研究,对我国农户信息行为进行研究。

2.农户信息采纳过程

农户信息采纳过程主要分为 5 个部分,即需求产生、动机形成、信息选择、理解应用和效果评价。这 5 个阶段是相互联系、相互作用的有机整体,如图 2-5 所示。

(1)需求产生　农户信息需求的产生可以分为两种情况,一种为主动自发的显性需求,另一种为被动的隐性需求。当农户在生产或生活中遇到难题或抉择时,产生对该问题相关

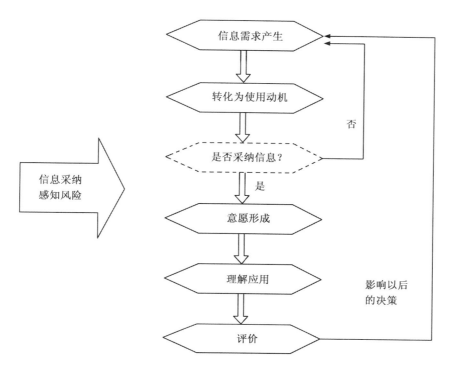

图 2-5　农户信息采纳决策过程

信息的需求,在这种情况下,农户的信息搜集是主动的;在第二种情况下,农户可能还没有意识到对某些信息的需求,但是需求也是客观存在的,这时需要外界来唤醒农户的信息意识。例如,信息服务来到当地宣传,通过电视、报纸等媒介看到范例等。第二种的需求意识虽然是隐性的,而且可能需要一段比较长的过程才能转化成显性的、被农户自身所感知的需求,但是这种需求一旦被转化,往往更持久。而且目前我国农户对信息的需求中,隐性需求占了绝大部分。因此,如何挖掘和转化农户隐性的信息需求意识,对于信息服务者来说,往往更为关键。

(2)**动机形成**　在信息需求产生后,如果农户想要满足该需求,则形成了信息使用动机。不同情况下,农户信息使用动机程度也有所差异。一般情况下,由农户自身需求进而产生的动机相对由外界环境作用产生的动机来说比较主动和强烈。

(3)**信息选择**　农户通过报纸、书刊、电视、互联网、亲朋好友等渠道了解相关情况,然后再根据信息内容可能产生的效果以及自身的生产条件和市场条件决定是否选用。同时,在信息选择及决策的过程中,始终伴随着农户对信息采纳的感知风险的考虑。

(4)**理解应用**　农户选择了某种技术信息后,则要对所用信息进一步了解、学习和应用。这一阶段能否顺利进行,信息的载体形式是否容易被农民应用,其内容是否简便易行等至关重要。另外,环境条件、农户自身文化水平、经济条件等也对信息应用的效果产生重要的影响。

(5)**效果评价**　虽然效果评价发生在农户信息采纳之后,但却是农户行为的重要组成部分。农户要依据技术信息应用所取得的效益,对其效果进行评价。效果评价将对农户今后的行为产生重大的影响。

3.数据来源与基本特征

(1)抽样方法 问卷调研数据的获取方法通常有邮寄、电话访问、公众场合直接调查、邀请受访者进行试验、入户调研等方法。在选择调查方式时考虑到,由于调研在我国农村展开,邮寄的方法回收率比较低,可操作性比较差。由于是随机调研,一些低收入农户家庭没有电话,同时随着移动电话的普及,许多有经济条件的农户家庭成员都配备了移动电话,固定电话比较少,无法获得有效的电话号码资源。在全国多个省份的农村展开调研,邀请受访者试验的方式也不现实。因此,我们选择由调查员入户调查的调研方法。

从调研过程中出现的问题来看,入户调查法也具有一定的优势:①农户大多知识水平不高,虽然多数还是识字的,但阅读能力不高,阅读速度很慢,所以问答形式使调研更加顺畅;②问卷有的措辞对农户来说还是比较书面化,不易理解,调查员可以用自己的语言进行阐述,以便农户更好地理解问题;③入户调查法能在一定程度上避免某些受访人完成任务式的填写问卷,甚至连问题都不看就随意填入,影响调研的准确度。而问答形式能保证受访人是在理解了问题后经过思考再作答的,问卷的准确度得到一定的保证。

(2)量表选择 从国内外普遍研究来看,态度量表一般采用李克特式量表法(Likert-type scale),这是一种测量态度的自陈量表,由美国学者 Rensis Likert 于 1932 年首创,主要用于问卷调查中。量表由一些陈述句组成,每一陈述句都与个体对某一事件的态度相关联,在每一陈述句之后为被试者提供了可选择的表示不同态度层次的一系列回答。

量表的填答方式以四点量表至七点量表采用者最多。对于量表应该采用几点式,学者 Berdie 根据研究经验,提出以下看法:三点量表限制了温和意见与强烈意见的表达,而五点量表则正好可以表示温和意见与强烈意见之间的区别;由于人口变量的异质性关系,对于没有足够辨别力的人而言,量表超过五点,一般人难有足够的辨别力,使用七点量表会导致信度的丧失。因此大多数情况下,五点量表是最可靠的,具有较好的内部一致性(冯建英,2007)。

本章对关键变量相关问题的设计选用五点式李克特量表法,设计 5 分制,在表述上为了使农户易于理解和接受,设置①~⑤5 个选项,每个选项对应一个分值。

(3)问卷结构 根据研究设计阶段确定的变量指标设计调查问卷。问卷由 5 部分组成,第一部分是关于被访者的基本背景信息;第二部分是关于被访者对信息、信息服务的了解和使用状况;第三部分是关于被访者信息使用动机情况;第四部分是关于被访者信息采纳过程中感知风险的问项;第五部分是信息支付意愿部分。

(4)样本分布 本次问卷调查共发放问卷 275 份,回收 241 份。将全部问题都选择同一答案的和有关键数据遗漏的问卷视为无效问卷,经过对回收问卷的逐份筛选和检查,将无效的 10 份问卷删除,最终有效问卷为 231 份,问卷的有效回收率较高,达到 95.85%。通过调研之前对调研员进行必要培训,保证了调研的质量;同时每个调查员负责调研的是自己家乡及周边地区,这样的入户调查容易获得被调查者的配合。问卷样本分布在重庆、云南、天津、四川、陕西、安徽、福建、甘肃、贵州、河南、湖南、江苏、山东 13 个省(自治区、直辖市)(表 2-3)。

表 2-3　问卷调查样本分布

省（自治区、直辖市）	样本个数/个	百分比/%	累计百分比/%
安徽	14	6.1	6.1
福建	9	3.9	10.0
甘肃	24	10.4	20.3
贵州	10	4.3	24.7
河南	21	9.1	33.8
湖南	12	5.2	39.0
江苏	2	0.9	39.8
山东	16	6.9	46.8
陕西	24	10.4	57.1
四川	30	13.0	70.1
天津	33	14.3	84.4
云南	22	9.5	93.9
重庆	14	6.1	100.0
合计	231	100.0	

（5）样本总体概况　首先对农户的基本情况进行调查以反映消费者个体特征，这些基本情况包括性别、年龄、受教育水平、家庭年均收入、家庭劳动力人数、家庭耕地面积，样本特征分布见表 2-4。

表 2-4　调查样本的特征分布

变量	人数	百分比/%
性别		
男	161	69.7
女	70	30.3
年龄		
18～30 岁	44	19.0
31～40 岁	77	33.3
41～50 岁	69	29.9
51～60 岁	34	14.7
60 岁以上	7	3.03
教育水平		
小学以下	22	9.52
小学	50	21.6
初中	105	45.5
高中	42	18.2
大专及以上	12	5.19

①性别。从性别看,样本中男性占多数,达到 69.7％,女性有 30.3％。说明一般农户以男性劳动力为主,在考虑信息需求采纳的主体分析时,应充分考虑家庭劳动力的需求并进行分析。

②年龄。在 5 个年龄段中,样本人群最多的是 31～40 岁,占总调查者的 33.3％,其次是 41～50 岁和 18～30 岁,分别占到样本总数的 29.9％和 19.0％,而 51～60 岁和 60 岁以上的人群最少。可见,信息和技术主要受到中年和青年农户的关注,这是由于接受和使用信息需要一定的知识和技能,而老年农户在这方面比较占劣势。

③教育水平。样本人群的受教育水平以初中居多,呈现正态分布特征。受教育水平特别突出地集中在初中水平,比例为 45.5％;小学水平 21.6％,高中水平 18.2％,学历较高的大专及其以上和较低的小学以下的人数比较少;这和目前我国农村居民的实际教育水平是相符合的,农户的劳动力大多集中在初中以下水平。由于受教育水平在信息需求方面占有重要的影响地位,在分析农户行为时,应根据教育水平有针对地进行分析。

不同年龄学历构成如图 2-6 所示。

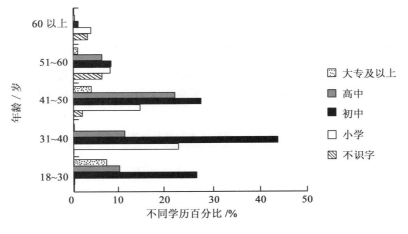

图 2-6　不同年龄学历构成

④家庭劳动力人数。样本人群的家庭劳动力人数偏低。在家庭劳动力人数调研中以 3 人以下居多,占 53.7％,3 人和 4 人劳动力分别占 17.7％和 16.9％,5 人和 5 人以上则很少。由于现在农村家庭一般在儿女成家之后都会分家导致家庭规模减小,加之一些农民常年在外打工,因而从调查总体来看家庭劳动力人数偏低,从信息及技术对劳动力的辅助作用来看,这种情况会促进农户信息的支付意愿。

⑤家庭收入。样本群体的收入水平以中等收入者居多。被调研农户的家庭年均收入最集中的是 5 000～10 000 元,占 25.1％;收入 2 000～5 000 元和 10 000～15 000 元分别居第二(22.7％)和第三(19.3％);其次是 15 000～20 000 元收入者占 15.1％;20 000 元以上者较少,占 10.2％;最少的是 2 000 元以下者,占 7.6％。中等收入者农户最多,这和所选调研省份的经济状况有关。样本对各个收入水平的农户都有所涉及,具有较好的代表性。

⑥家庭耕地面积。由于我国不同省份的地理情况差异较大,人均耕地面积差异也很大,因

而对家庭耕地面积这一项所获得的数据非常离散,从 0 亩到 800 亩均有。换算为国际标准单位,拥有最多耕地的农户家庭耕地面积达到 53.33 公顷,而最少的农户则没有耕地。

(6)样本农户信息采用现状概述　在 231 个有效样本中,115 名农户表示非常了解和接触农业信息,占 49.8%,100 名农户比较想了解,占 43.3%,只有 6.9% 的农户表示根本不想了解和接触农业信息,可见,农户信息需求程度是比较高的。从这点上来讲,我国农村信息服务市场存在着很大的潜在市场需求量,如图 2-7 所示。

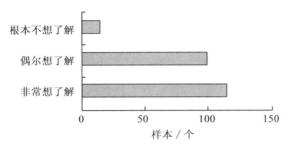

图 2-7　农户信息需求程度

40.4% 的被访农户表示曾经接受过信息服务和信息产品,其中,43.7% 的农户表示信息和信息服务能够满足他们的需求。农户对信息需求的欲望强烈。研究偶尔想了解的农户对信息需求的获取处于中间状态,这是因为有些农户对信息的认知与收益的认知并不十分明确。

信息采纳经历与文化水平交叉分布表见表 2-5。

表 2-5　信息采纳经历与文化水平交叉分布表

| 文化水平 | 是否曾经从信息服务机构获得信息? | | | | | |
| | 有 | | | 没有 | | |
	行比例/%	数量	列比例/%	行比例/%	数量	列比例/%
不识字	36.4	4	4.4	63.6	7	5.2
小学	29.2	14	15.6	70.8	34	25.2
初中	39.8	43	47.8	60.2	65	48.1
高中	45.7	21	23.3	54.3	25	18.5
大专及以上	66.7	8	8.9	33.3	4	3.0

农户对信息采纳满意者的人数比不满意者略低(图 2-8),说明农户现阶段所获取的信息并没有为其带来显著的效果或收益。该调查结果对农户采纳信息的收益研究提供了前提与依据。在面对新技术时,约 30% 的农户表示想马上了解并使用,6% 的农户不太关心,而多数农户表示要看到别人使用效果以后再做决定,这在一定程度上说明了农户具有从众心理的特征(图 2-9)。

根据对该问题的回答对样本农户进行分类分析。即"想马上了解并使用"的农户归为风险偏好型,"看到别人使用效果再决定"的农户为风险中立型,"不关心"的农户为风险规

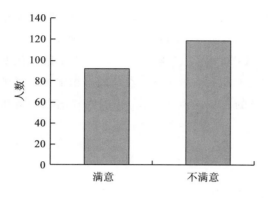

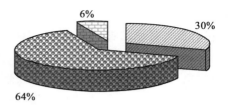

☒ 马上了解并使用的人数占比
☒ 看到别人使用效果再决定的人数占比
□ 不关心的人数占比

图 2-8　农户信息采纳满意比例　　　　　图 2-9　农户面对新技术的态度

避型。

农户最关注的信息排在前 5 位的依次为：农业实用技术信息、致富经验信息、农产品价格信息、农业新品种信息、市场行情分析报告。而农户获得信息的途径依次为：电视、亲朋好友、科技报纸、广播电台。目前，对农户来说，还是比较信任传统的信息传播途径。农户更愿意从别人的使用中看到实实在在的效果后才做决定。

调查中发现，从信息服务机构和电子互联网获得信息的农户还是比较少的。这两种信息渠道没有被充分利用，此外，企业对于信息宣传的作用也没有发挥出来。用户一般不只通过一种渠道获得信息，但我国农户获得信息的渠道还是比较有限，主要依靠传统的信息获取渠道。其中，农户通过电视获取的信息高达 80% 以上。而表 2-6 中其他信息获取方式相对于传统的媒体获取途径所占的比例存在着较大差距，而这种差距的改进，即改善这些信息获取途径对加强信息传递的有效性，也正是企业重点可以发展或改善的重要途径。

要解决这一问题，一方面需要农户自身提高素质，多接触报纸杂志、电视广播和网络媒体等现代的传媒方式，以便获得更新更快的信息；另一方面也需要管理部门努力做好宣传工作，拓展农户的信息来源渠道；企业也应该改进企业的宣传方式，探索便于农户接触和接受的信息传播途径，比如有条件的企业可以直接进入到农村进行产品宣传，这样比在报纸、杂志上登广告更加有效。

表 2-6　信息获取途径

获取信息方式	人数	占比/%
电视	186	81.6
电话	37	16.2
广播电台	83	36.4
电子互联网(网络浏览、电子邮件)	28	12.3
科技报纸	89	39.0
邻居亲戚朋友	91	39.9
信息服务机构和人员	45	19.7

2.2　农户信息需求动机分析

2.2.1　农户信息需求动机理论框架

1.农户信息需求类型

需求是人们使自己从不满意达到满意的愿望,是对满足的感受。当人们觉得不满足时,需求就产生了。需求的分类有很多种。目前流行的观点是将需求分为显性需求和隐性需求。卢政营(2007)认为,消费者隐性需求是不能够准确清楚的表达并开发的内在要求;尚未自觉意识到的、朦胧的、没有明确偏好的内在要求;社会总体发展水平没有达到或体验不充分的内在要求;是没有购买能力以及需求情景错位的内在要求,是人们的一种感觉缺失状态。显性需求和隐性需求的界定标准主要表现为 4 个方面:①消费者能够明确清楚表达出来,以常规的方式获得;②尚未自觉意识到的、朦胧的,属于潜意识下的需求;③暂时没有得到社会普遍认识,体现社会发展的一种需求趋势;④没有明确抽象满足物的内在要求。但是,显性与隐性的划分并没有解决对隐性需求演化的认识问题,还要受到内生需求和外生需求因素的影响。显性需求为需求的使用者提供了公平开发的市场机会,便于企业识别和开发;而处于中间状态的隐性需求,则是企业原始性创新和隐性机会识别的基础,能够抓住隐性创业机会的企业将获得新的利润。

隐性需求的显性化过程可以分为认知、情感、意志以及行动 4 个阶段(卢政营,2007),如图 2-10 所示。在从认识到需求到实现了的需求这一过程中,首先要对需求进行充分的认识,在认识的基础上,情感肯定了获得需求的必要性和合理性,需求的合理性和必要性又激发了人实现需求的愿望,树立了坚定不移地实现需求的意志,但意志最终要通过行动来表现,需求也只能通过实践来实现。

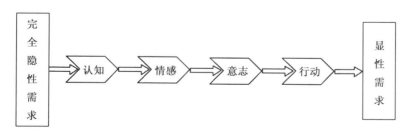

图 2-10　隐性需求显性化过程

资料来源:卢政营,2007。

农户信息使用动机的形成可以看为农户信息需求的产生和唤醒的过程。通过上文的分析得出,农户可以分为风险规避型、风险中立型和风险偏好型等三大类别。在此将农户信息需求分为两种,即显性信息需求和隐性信息需求。无论对于哪种农户,显性需求和隐性需求是同时存在的。

信息的显性需求是农户清楚自己需要什么信息,是充满期望的。显性信息需求是农户通过遇到的问题或情况可以直接感受到的,一旦农户想要满足这种需求,获取信息的动机就产生了。由于此时的动机是农户为了解决生活或生产中的问题而产生的,因而具有较强的主动性和自发性,动机程度也比较强烈。隐性信息需求虽然客观存在,但由于自身文化水平、社会经验、信息能力等原因,能够被农户感知到的往往是很少一部分。因此,了解我国农户的信息需求,更应该重视隐性需求。

从农户需求表达的角度,对信息需求过程进行细分,构建农户信息需求满足的阶段模型,如图 2-11 所示。

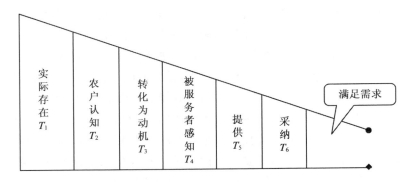

图 2-11 农户信息需求实现过程模型

第一阶段,隐性需求和显性需求客观存在,此时需求量最大。第二阶段,农户能感知到的需求则是其中的一部分。第三阶段,在各种因素作用下,转化成动机的那部分需求则更加少。第四阶段,在农户需求表达的过程中,由于表达能力、沟通能力的限制,真正被服务者感知到的需求进一步减少。在随后的阶段中,信息服务者当感知到农户信息需要时,提供给农户的部分与农户需要的存在一定的差距,而其中农户信息采用又受到多个因素的影响。最终农户真正采用并且满足需求的信息量只是农户实际存在的信息需求的一小部分。

因此,满足农户需求,并不仅仅是了解农户需要什么信息的问题,关注和挖掘农户的隐性需求显得更为重要。

隐性需求的存在也是信息滞后的一个原因。信息及时性差直接导致了信息的可用性差。信息的及时性与农户需求感知速度有关。这里从隐性需求方面对信息滞后的问题进行解释。

设正常情况下农户需求某信息的时间点为 T_1。

设所需信息已经客观存在,且适合 M 天,如果农户被动接受,若 $T_6 \sim T_1 > M$,则信息及时性下降。其中 $T_3 \sim T_1$ 是农户信息需求被唤醒的时间。如果农户主动搜寻,$T_6 \sim T_1$ 可能减少,但是 $T_3 \sim T_1$ 很可能仍然影响信息的及时效果。

如果所需信息尚未整理存在,信息需求的期限为 M,过期则没有效果。若 $T_6 \sim T_2 > M$,则过期,从满足需求的角度来说,信息不及时。其中 $T_4 \sim T_2$ 为农户需求唤醒时间对信息及时性的影响的期间。

2.农户信息需求转化为动机的诱因

动机是为实现一定目的而行动的原因,是促使行为发生的过程,是在目标或对象的引导下,激发和维持个体活动的内部动力。动机是一种内部心理过程,虽然不能直接获得,但是可以通过观察人的言语、爱好、行为等进行推断。

当农户希望得到一种满足的需要被唤醒,动机就产生了。不论是显性需求还是隐性需求,农户的需求只有在一定的条件作用下才能转化成为动机,进而指导农户的行为。我们将信息动机产生的诱因归纳为内因和外因两大类。

内因:生产生活中,农户意识到某种信息的缺乏所带来的不便时,便产生了信息需求。当需求达到一定程度,农户想要满足这种需求时,便形成了动机。由于此时的动机是农户为了解决生活或生产中的问题而产生的,因而具有较强的主动性和自发性,动机程度也比较强烈。

外因:对农户信息需求的刺激主要来自外界环境。政策、法规、地理环境以及社会环境等因素对动机的产生具有推动作用。例如,电视广播等媒介的宣传、相关成功实例等对唤醒农户隐性信息需求具有显著的影响。

表 2-7 将风险划分为偏好型、中立型与规避型,并按照动机诱因、动机特征、行为特征对显性需求与隐性需求进行分析,对不同风险进行内因与外因的归纳。其中,风险偏好型的农户在动机与行为特征方面,不仅表现出强烈需求,而且受环境影响比较显著。

表 2-7　不同类型农户动机特征

类型	动机诱因		动机特征		行为特征	
	显性需求→动机	隐性需求→动机	显性需求→动机	隐性需求→动机	显性需求→动机	隐性需求→动机
风险偏好型	内因为主	外因为主,内因参与	非常强烈	比较强烈、持久	主动积极	主动积极
风险中立型	内因为主	外因	比较强烈	一般	比较主动积极	一般,视具体情况而定
风险规避型	外因为主	外因	一般	很弱	比较被动	被动

在显性信息需求到动机的转化中,风险偏好型农户和风险中立型农户主要靠内因作用,而风险规避型农户则同时需要外因的推动。在隐性信息需求到动机的转化中,农户信息需求动机的产生一般都需要外因的作用,其中内因对风险偏好型农户具有一定的影响。

一般内因的作用越大,其动机则越强。内因在显性信息需求转化为动机过程中的影响比较大,此时农户的动机普遍比较强烈。在隐性信息需求到动机的转化中,风险偏好型农户的动机比较强烈,风险中立型农户的动机程度一般,而风险规避型农户的动机则比较弱。

3.农户信息使用动机作用

(1)动机对行为的作用分析　通过对动机相关文献分析,我们构建了农户信息使用动机作用流程图,如图 2-12 所示。

在内因和外因的作用下,农户对信息的需求转化为动机。作为行为的起因,动机—行为转化过程中受到很多因素的影响。本节从动机转化速度和动机转化程度两个方面分析影响农户

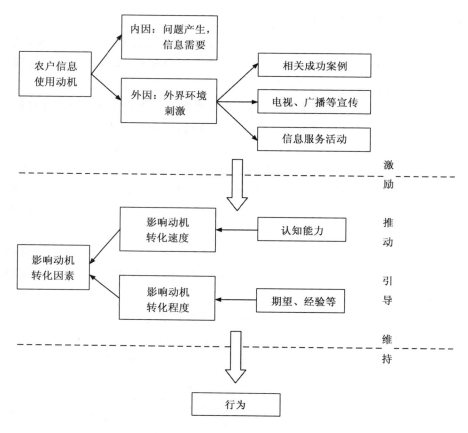

图 2-12　农户信息使用动机正向作用

信息动机转化的因素。

动机转化速度：认知能力的强弱决定了动机转化的速度。农户的观察力、注意力等越强，动机转化为行为的速度应该会越快，而计算机应用能力越强，信息搜寻能力越强，动机转化速度也会更快。

动机转化程度：个人的成就动机、自己和他人的期望、过去成败经验等对农户动机的转化程度具有重要的影响。农户对成就的期望越高，动机转化的程度会越深。而他人的期望可以增加农户的信息使用动机，进而增强动机转化程度。如果有成功的经验，农户对信息的认知会加强，进而加深动机转化程度。

动机对行为具有激活、发动、指向、维持和调整的功能，能推动个体产生某种活动，使个体从静止状态转向活动状态。当个体活动由于动机激发而产生后，能否坚持活动同样受到动机的调节和分配。

（2）动机对农户信息隐性需求的作用分析　信息需求是不断变化的，动机不仅对农户信息采纳行为具有导向和推动，同时对于农户隐性信息需求的挖掘具有一定的推动作用。通过对农户信息使用动机因素的分析，采用逆向思维的方法，反向挖掘农户的隐性需求，如图 2-13 所示。

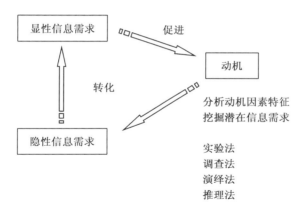

图 2-13　农户信息使用动机反向作用

2.2.2　农户信息需求动机研究假设

1.农户信息需求隐性程度假设

信息需求是农户信息采纳的起点,是由社会先导变量、内部构造变量、演化调节变量以及人口统计变量等因素综合作用的结果,是农户内生型需求和外生型需求的统一体。通常,农户隐性需求的强弱与其对需求提供物的信息和情感涉入程度密切相关。结合农户信息需求的重要性和紧迫性、自身的信息能力、社会群体规范以及需求满足的成本等方面,对信息需求特别是隐性需求的转化与调节程度进行探讨,提出本文的研究假设。本节从农户现状出发,分析性别、年龄、收入、文化水平等方面对信息需求隐性程度的影响(图 2-14)。

图 2-14　农户信息需求隐性影响因素

(1)**年龄与农户信息需求内隐性**　年龄是最早被引入用来研究消费需求细分市场的变量,早期相关研究中都把年龄作为一个重要的变量来分析消费者的特征。关于年龄与消费者行为的相关性研究结论,并不完全一致。大量的研究表明:年轻的消费者具有更强的消费倾向。但是该观点存在争论的焦点在于,不是所有的年轻人都具有强烈的需求倾向。

假设 1:年龄与农户信息需求具有负相关性,年龄越大,农户信息需求的内隐性程度越高。

(2)**性别与农户信息需求内隐性**　性别是第二个被用来测量消费者细分市场的人口统计变量。大部分学者认为,女性比男性具有更强的隐性需求倾向。

假设2：男性比女性的信息需求程度高，女性农户的隐性信息需求倾向明显。

（3）教育程度与农户信息需求内隐性 假设3：教育程度与农户信息需求内隐性具有负相关关系，教育程度越高，信息需求的内隐性越低。

（4）收入水平与农户信息需求内隐性 假设4：收入水平与农户信息需求的表达具有负相关关系，即收入水平越高，信息需求的表达意愿越强，内隐性越低。

2.农户信息使用动机程度测评

从消费动机角度分析农户信息采纳行为，农户信息使用动机属于消费者心理范畴。消费者的购买动机主要包括理智动机、情感动机和信任动机，如图2-15所示。理智动机是消费者对某种商品有了比较清晰的认知后，基于理性决策后的行为；情感动机是由人的感情需要而引发的购买欲望；而信任动机是基于对某个企业、某个品牌或者某个产品的信任感所产生的重复性购买行为（冯建英，2007）。

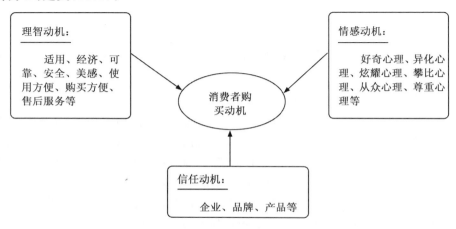

图2-15 消费者购买动机因素

基于理智动机、情感动机和信任动机的组成，考虑到农户的特征，通过对农户特征分析和试调研，删除了农户认为不合理的问项，建立了农户信息使用动机因素模型，如图2-16所示。

（1）理智动机

适用：信息服务部门提供的信息适合农户的需求，信息特性符合农户的要求。

经济：信息产品的价格在农户可以承担和接受的范围内。

使用方便：信息产品对农户来说理解简单，应用方便。

获得方便：农户能够比较容易、方便地获得自己需要的信息。

（2）情感动机

好奇心理：对新鲜事物比较感兴趣，进而推动农户对信息产品的好奇和渴望。

从众心理：研究表明，当某一消费品的拥有率达到一定的比例时，会产生购买热潮。同理，当其他农户应用某一信息产品时，会促进农户自身信息使用动机的产生。

尊重心理：由于尊重信息提供部门、信息服务人员进而产生的信息使用动机。

（3）信任动机

可靠：信息准确，来源可靠。

服务：信息产品的应用和服务具有一定的保障。

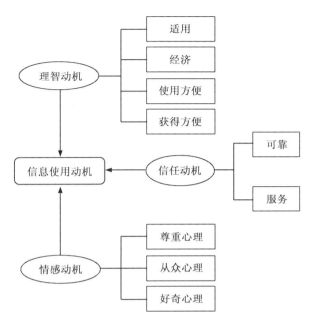

图 2-16　农户信息动机组成

2.2.3　农户信息需求动机假设结果分析

1.农户信息需求隐性假设检验

采用回归分析的方法对年龄、性别、教育水平和收入与需求隐性程度的相关性进行分析,结果如表 2-8 和表 2-9 所示。

表 2-8　农户信息需求内隐性回归检验

项目	β	t 值	显著性水平(Sig[*])
年龄→需求内隐性	0.132	6.54	0.067
性别→需求内隐性	0.175	8.45	0.046
教育水平→需求内隐性	−0.437[**]	32.35	0.002
收入→需求内隐性	−0.386[**]	27.56	0.005

* 0.01<Sig≤0.05,显著;Sig≤0.01,极显著;Sig>0.05,无显著差异。

表 2-9　假设检验结果

假设	结果	假设	结果
假设 1:年龄	不成立	假设 3:教育水平	成立
假设 2:性别	不成立	假设 4:收入	成立

回归结果表明,教育水平与农户信息需求的内隐性的相关性最大,其次为收入水平。教育水平越高,收入水平越高,需求的内隐性越低。而年龄和性别对农户信息需求的内隐性则没有

表现出单独的显著影响。

2.农户信息使用动机程度比较

(1)农户信息使用动机因素均值比较 按照被访者对每项动机的同意程度,平均值越大,表示其程度越高,即该项动机程度越高。

$$\overline{X} = \frac{1}{n}\sum_{i=1}^{n} X_i \tag{2-1}$$

式中:$\overline{X}$ 表示平均数。

我们采用简单平均法来计算用户使用动机同意程度的标准差。将每个变量的算术平均数的离差平方求和,除以变量值个数后再开方。其计算公式为:

$$\sigma^2 = \frac{\sum (X_i - \overline{X})^2}{n} \tag{2-2}$$

式中:σ^2 表示方差。

从表 2-10 可以看出,信息准确可靠和信任信息提供方是影响农户行为的最重要的动机因素,但是多个因素之间的平均数差别并不大,因此,本文对动机因素进行了因子分析。

表 2-10 农户信息使用动机程度

项目	平均数	标准差	排名
信息可靠	4.67	0.49	1
尊重信息人员,信任信息提供方	4.33	0.77	2
信息适用	3.94	1.43	3
信息服务保障	3.78	0.73	4
信息容易理解	3.72	0.67	5
信息获得方便	3.61	1.24	6
从众心理	3.44	1.29	7
经济	3.28	1.32	8
好奇心理	3.28	1.27	9

为得到真正的动机因素,提高解释力,我们将此测量表进行因子分析。因子分析的出发点是用较少的相互独立的因子变量来代替原来变量的大部分信息,建立下面的数学模型来表示:

$$\begin{cases} x_1 = a_{11}F_1 + a_{12}F_2 + \cdots + a_{1m}F_m + a_1\varepsilon_1 \\ x_2 = a_{21}F_1 + a_{22}F_2 + \cdots + a_{2m}F_m + a_2\varepsilon_2 \\ \cdots \\ x_p = a_{p1}F_1 + a_{p2}F_2 + \cdots + a_{pm}F_m + a_p\varepsilon_p \end{cases} \tag{2-3}$$

式中:x_1、x_2、x_3、$\cdots$、x_p 为 p 个原有变量,是均值为零,标准差为 1 的标准化变量,F_1、F_2、F_3、$\cdots$、F_m 为 m 个因子变量,m 小于 p,表示成矩阵形式为:

$$X = \boldsymbol{A}F + a_{ij}\varepsilon \tag{2-4}$$

其中,F 为因子变量或公共因子,可以理解为在高维度空间中互相垂直的 m 个坐标轴。A 为因子载荷矩阵,a_{ij} 为因子载荷,是第 i 个原有变量在第 j 个因子变量上的负荷。如果把变量 x_i 看成是 m 维因子空间的一个向量,则 a_{ij} 为 x_i 在坐标轴 F_j 上的投影,相当于多元回归中的标准回归系数。ε 为特殊因子,表示原有变量不能被因子变量所解释的部分,相当于多元回归分析中的残差部分。

这里使用 SPSS 因子分析模块,以主成分分析法(principal component analysis)提出公共因素,并以特征值(eigenvalue)大于 1.0 作为取决因素的标准,且以 Varimax 最大法作为转轴方式。

表 2-11 显示了 KMO 及球形检验(Bartlett')检验结果。KMO 是检验统计量的取样适当性量数,当 KMO 值越大时,表示变量间的共同因素越多,越适合进行因素分析,此处的 KMO 值为 0.725,比较适合因素分析。此外,从 Bartlett's 球形检验的值为 179.878,自由度为 231,达到显著,代表母群体的相关矩阵间有共同因素存在,适合进行因素分析。

表 2-11　KMO 及 Bartlett'检验值

充足采样情况下检验的统计量		0.725
球形检验	附.卡方(检验)	179.878
	自由度	231
	显著性	0.000

(2)农户信息使用动机因素因子分析　单纯从平均数的方法,无法判断出哪些因素对农户的影响更大,因此采用因素分析法对障碍因素进行归类。

因素一:包括 4 个项目,依照因素负荷量多少,依次为:信息可靠、信息获得方便、信息适用、信息容易理解。

因素二:包括 5 个项目,依照因素负荷量多少,依次为:信任信息提供方、信息服务有保障、从众心理、经济、好奇心理(表 2-12)。

如表 2-12 所示,因素分析将农户信息使用动机影响因素分为两个部分。为了更好地阐述两者之间的关系,这里从双因素激励理论方面对结果进行解释。

表 2-12　农户信息使用动机因素分析结果

项目	因素 1	因素 2	项目	因素 1	因素 2
信息可靠	0.721		信任信息提供方	0.251	0.707
信息获得方便	0.635		信息服务保障	−0.299	0.677
信息适用	0.615	0.283	从众心理	0.555	0.580
信息容易理解	0.526	0.341	经济	0.435	0.514
			好奇心理	0.357	0.464

双因素理论(two factor theory)又叫激励保健理论(motivator-hygiene theory),是美国的行为科学家弗雷德里克·赫茨伯格(Fredrick Herzberg)提出来的,也叫"双因素激励理论"(苏列英等,2009)。

传统理论认为,满意的对立面是不满意,而据双因素理论,满意的对立面是没有满意,不满意的对立面是没有不满意。双因素激励理论认为,影响职工工作积极性的因素可分为两类:保健因素和激励因素,这两种因素是彼此独立的并且以不同的方式影响人们的工作行为。

保健因素是那些造成职工不满的因素,它们的改善能够解除职工的不满,但不能使职工感到满意并激发起职工的积极性。它们主要有企业的政策、行政管理、工资发放、劳动保护、工作监督以及各种人事关系处理等。由于它们只带有预防性,只起维持工作现状的作用,也被称为"维持因素"。

激励因素是那些使职工感到满意的因素,唯有它们的改善才能让职工感到满意,给职工以较高的激励,调动积极性,提高劳动生产效率。它们主要有工作表现机会、工作本身的乐趣、工作上的成就感、对未来发展的期望、职务上的责任感等等。

信息产品的质量,信息获得方便,信息适用以及信息容易理解等可以看成是农户信息动机的激励因素,只有解决了这些问题,才能使农户达到满意。而其他因素可以看成是避免农户不满意的因素,即保健因素(表 2-13)。

表 2-13　农户信息使用动机双因素激励理论分类

双因素类型	动机因素	双因素类型	动机因素
激励因素	信息可靠	保健因素	信任信息提供方
	信息获得方便		信息服务保障
	信息适用		从众心理
	信息容易理解		经济
			好奇心理

2.3　农户信息采纳感知风险分析

在行为学的研究中,往往是从诱发行为发生的角度——动机角度出发。动机是行为发生的促进因素。但同时存在与动机相反的作用力,即障碍因素。障碍因素的存在,构成了用户对行为发生的风险考虑。农户信息采纳的过程,从另一角度来讲就是减少感知风险直至可接受的过程。本节将从理论与实证两个方面对农户信息采纳的感知风险进行分析。

2.3.1　农户信息采纳感知风险理论框架

1.感知风险理论

1960 年,哈佛大学的鲍尔(Raymond Bauer)从心理学延伸出了感知风险的概念(perceived risk)(张太海等,2008)。鲍尔认为,在购买过程中,消费者无法预料其购买结果的优劣以及由此导致的后果因而会产生一种不确定性的感觉。感知风险有两个方面,一是对购买结果优劣的不确定性,二是对购买失败后果的不确定性。感知风险与实际风险可能并不一致,只有被感知到的风险才会影响消费者的决策。

感知风险是消费者行为学的重要内容。不同类型消费者的感知风险不尽相同,进而风险减少的方法也不同。目前,感知风险在国外的研究比较成熟,涉及的行业类别也比较多,而国内对感知风险的研究尚处于起步阶段,主要集中在电子商务、房地产、购车等产品。感知风险的研究主要集中在概念、构成及影响因素等方面。

自从 1960 年以来,众多学者先后提出了感知风险的构成,从最初的 2 个方面到现在的 6 个方面。Jacoby 和 Kaplan 在 1972 年的研究中,对 12 种不同消费品的感知风险进行了测量,结果他们发现财务风险、绩效风险、身体风险、心理风险和社会风险这 5 个维度解释了总体风险 61.5% 的变异量。1993 年 Stone 和 Gronhaug 在研究中验证了财务风险、绩效风险、身体风险、心理风险、社会风险和时间风险这 6 个风险维度的存在,它们对总体感知风险解释能力达 88.8%,但同时两位学者也指出,如果没有被解释的不是因为测量误差导致的话,那么对总体风险的认识还是不全面的。

2. 农户信息采纳感知风险过程

农户信息的需求与应用的过程中仍存在许多障碍因素。这些因素主要来源于农户本身、经济及社会环境以及国家政策等各方面。要使技术信息和新技术真正进入到农户的日常生产和生活中去,必须逐步解决和消除这些障碍。其中,有一个往往被研究人员忽略的因素是农户的农业信息使用的感知风险性。

动机是行为的原因和先导,许多研究从消费者行为的正向作用出发,农户由于需要产生对农业信息的需求,在一定条件下转化为想要满足该需求的动机,进而产生意向和行为,这是需求动机对行为的正向作用。需求动机是促进行为的因素,感知风险则可以理解为阻碍行为发生的因素。在一定程度上,感知风险可以视为是动机作用下的行为的逆过程。当消费者的感知风险高于他可接受的风险水平时,他将采取减少风险的行为,直到感知风险低于可接受的水平为止(井森等,2005)。

农户在产生需求动机的同时,由于所处的经济、社会环境以及自身条件等原因,伴随着产生对未来结果和后果的不确定性,即对信息采纳的感知风险。农户在决策过程中,都会感知到一些风险,当农户认为目前的风险可以承担时,产生行为意向。如果农户认为风险无法承受时,一部分农户会终止行为,一部分农户则寻求风险减少的途径,直至达到自身可接受的水平。因此,从感知风险角度来讲,农户信息采纳过程可以看作是感知风险不断减少直至可接受的过程,如图 2-17 所示。

米切尔(Mitchell,1994)研究表明,在购买过程的各个阶段,消费者的感知风险水平是不同的。在信息采纳决策过程中,在不同的阶段,农户的感知风险的水平是不同的,如图 2-18 所示。

在确认需要阶段,由于没有立即解决问题的手段或不存在可以使用的信息和服务,感知风险不断增加;开始收集信息后,由于对相关内容有了一些了解,因此风险开始逐渐减少;在方案评价阶段,感知风险继续降低至最小;在决策前,由于决策结果的不确定性,风险轻微上升;由于本节探讨的是感知风险,即对未来结果的不确定性,因而不论信息采纳结果是否令农户满意,随着结果的不断显现和确定,农户的信息采纳感知风险在应用评价的过程中会逐渐降低。

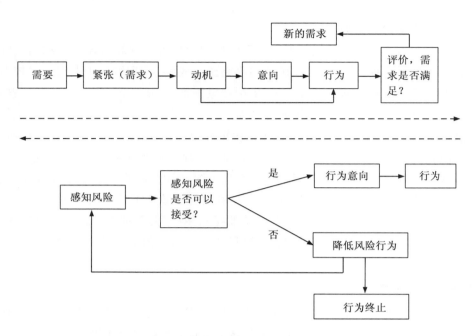

图 2-17　信息动机-感知风险作用对比

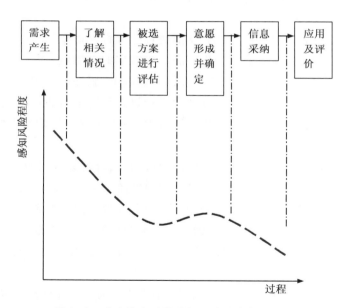

图 2-18　农户信息采纳感知风险程度变化

2.3.2　农户信息采纳感知风险研究假设

1.农户信息采纳感知风险构成量表

在参考国内外文献的基础上,从农户自身、农业信息属性及服务主体等方面出发,结合农户在农村信息服务中的实际情况,提出了 21 个关于感知风险的问项。为了保障问卷的有效性和准确性,在正式调研之前,首先进行了小范围试验调查。通过 Cranach α 系数对数据可靠性进行检验,删除了 α 值在 0.6 以下的问项,同时考虑试调研过程中农户反应的问题等,修正了一些不恰当的问项,最后保留了 16 个因素,得出了农户信息感知风险测量表(表 2-14)。在此问卷题目设计采用李克特式五点式量表法,1~5 分,分数越高表示赞同的程度越高。

表 2-14　农户信息感知风险测量表

问题序号	测量表
Q1	担心信息不及时
Q2	担心信息不符合我的需求
Q3	身边人曾经接触过信息产品,效果不大
Q4	担心不会使用信息产品
Q5	担心和信息服务者沟通有困难
Q6	担心信息产品对生产和生活没有预期的作用和帮助
Q7	担心信息产品没有持续、便捷的技术支持和服务
Q8	担心不能理解信息的含义
Q9	身边人接受信息的人不多,我看看再说
Q10	担心假信息太多
Q11	担心信息服务者宣传不属实
Q12	信息产品使用过程产生焦虑情绪
Q13	如果信息产品作用不大,打击自信心
Q14	一般不冒风险,否则别人会认为我出风头
Q15	经济所限,无法承担
Q16	信息搜寻和获得成本较高

2. 感知风险对农户信息采纳的影响假设

感知风险会影响农户信息采纳决策的决定,其如何作用于农户的行为是值得关注的问题。通过文献分析表明,以往的研究大都把感知风险作为行为意向的先行因素,主要分析了感知风险如何直接对行为意向产生影响。一个重要的问题是感知风险是直接影响感知有用、感知易用及行为意向,或者通过影响感知有用性及易用性来对行为意向产生作用。我们结合技术接受模型中两个重要的因子,提出以下 4 个假设,对感知风险对行为意向的影响进行分析。

假设 1:感知风险对农户信息采纳意向具有直接负相关关系。农户认为风险越大,则其信息采纳的意向越小(图 2-19)。

假设 2:感知风险对农户感知易用性对有用性的影响具有调节作用。本文假设当农户的信息感知风险增加时,感知风险会削弱感知易用性对感知有用性的影响。即感知风险越大,感知易用性对感知有用性的影响越小(图 2-20)。

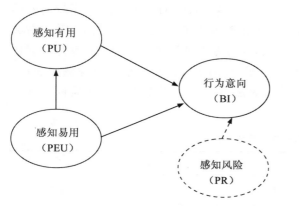

图 2-19　感知风险对农户信息采纳
行为意向的直接作用

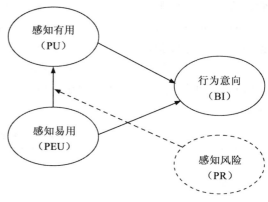

图 2-20　感知风险对农户信息感知
有用和易用性的间接作用

　　假设 3:感知风险对农户信息感知有用性对行为意向的影响具有调节作用。这里假设当感知风险增加时,感知风险会削弱感知有用性对行为意向的影响。即感知风险越大,感知有用性对行为意向的影响越小(图 2-21)。

　　假设 4:感知风险对农户信息感知易用性对行为意向的影响具有调节作用。这里假设,当感知风险增加时,感知风险会削弱感知易用性对行为意向的影响。即感知风险越大,感知易用性对行为意向的影响越小(图 2-22)。

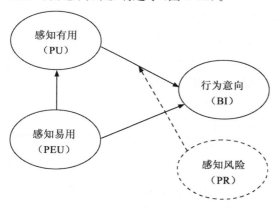

图 2-21　感知风险对农户信息感知有用性
和行为意向的间接作用

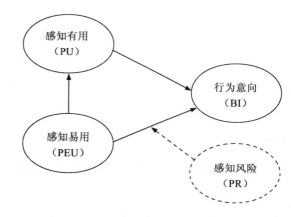

图 2-22　感知风险对农户信息感知易用性
和行为意向的间接作用

2.3.3　农户信息采纳感知风险假设结果分析

1.农户信息采纳感知风险现状分析

　　对不同年龄段的风险感知程度统计表明,在 50 岁以上农户中,认为风险比较大的农户占的比例较大,其中,在 51～60 岁农户中,55.3%的农户认为是比较大的,只有 11.7%觉得比较小,可以接受。在 60 岁以上农户中,约 57% 认为风险比较大,约 14% 的农户表示比较小。认为风险较小的比例最大的为 18～30 岁农户,占到 34.1%,18.2% 的农户认为风险较大,如图 2-23 所示。

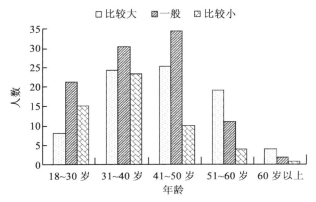

图 2-23　不同年龄农户感知风险程度比较

对不同学历的风险感知程度统计表明,在小学及以下的农户中,认为风险比较大的农户较多,其中,在小学学历的农户中,37.3% 认为比较大,只有 17.4% 觉得比较小。而在高中及以上学历样本中,约 24% 的农户表示信息产品有较大的风险,如图 2-24 所示。

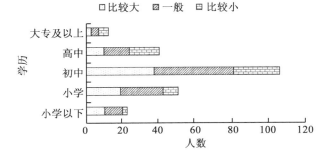

图 2-24　不同学历农户感知风险程度比较

在问到农户认为接受信息产品的感知风险时,33.4% 的农户表示风险比较大,45.6% 的农户认为风险一般,21% 的农户则认为风险比较小,可以接受。为了对农户信息感知风险有个大概的了解,把风险分为比较大、一般和比较小 3 个层次,请农户直接回答。约 35% 的农户认为感知风险是比较大的,25% 的农户认为比较小,几乎 40% 的农户认为风险一般,视具体情况而定。统计结果表明,年龄越小、文化水平越高,总体感知风险越小。可以理解为,文化水平较高的农户其信息分析、理解等能力加强,而年龄偏低的农户,除了文化水平整体较高外,他们对新鲜事物的兴趣可能也比较大。

统计显示,农户对信息的感知风险主要还是来自对信息及信息服务部门的担忧。因此可以认为,对信息风险的认知是影响农户信息行为的重要因素。统计结果表明,经济因素并不是农户决策时主要考虑的因素,一方面说明了目前信息产品还并未完全具有商品的属性,另一方面也说明了农户对信息的需求是比较强烈的。在风险承担的问题上,约 30% 的农户选择向政府求助,27%的农户认为自己是有能力承担的,同时也有许多农户认为会事先去保险公司投保或者由服务部门承担。从数据中可以看出,目前,农户不再是单纯的等待政府来提供帮助,自身经济实力和思想意识的增强让农户在面对风险时有了更多的选择。农户风险承担程度见图2-25。

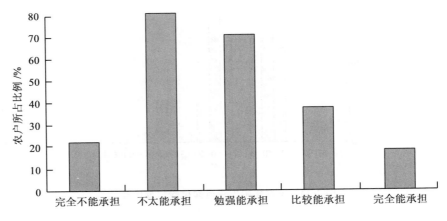

图 2-25 农户风险承担程度

2.农户信息感知风险构成识别

本节对农户信息采纳的感知风险量表进行了信度和效度的检验。量表的 Cronbach 系数为 0.78,具有比较好的信度,为了进一步验证量表是否适合做因子分析,进行了巴特利特球形检验和 KMO 检验(表2-15)。结果表明,KMO 值为 0.783,一般认为 KMO 值在 0.7 以上适合做因子分析。Bartlett 球度检验相伴概率 $P=0.000$,小于 0.01 的显著性水平,因此巴特利球形检验和 KMO 检验都证明可以对农户信息感知风险进行因子分析。农户信息采纳感知风险方差贡献率见表2-16。

表 2-15 农户信息采纳感知风险问卷 KMO 和 Bartlett's 检验

充足采样情况下的统计量		0.783
球形检验	附.卡方(检验)	344.344
	自由度	28
	显著性	0.000

表 2-16 农户信息采纳感知风险问卷方差贡献率   %

公因子	方差贡献率	累计贡献率
1	23.871	23.871
2	18.756	42.627
3	15.010	55.637
4	10.332	67.969
5	8.801	75.770
6	6.546	82.316

通过因子分析,将 16 个农户信息感知风险指标提取了 6 个公因子,如表 2-17 所示,解释了总方差 82.316%,表明 6 个公因子能够比较好地概括各指标。

表 2-17　农户信息采纳感知风险构成

问题序号		因子					
		因子 1	因子 2	因子 3	因子 4	因子 5	因子 6
第 1 部分	Q2	0.802					
	Q7	0.723					
	Q11	0.652					
第 2 部分	Q10		0.765				
	Q1		0.638				
	Q6		0.547				
第 3 部分	Q4			0.754			
	Q8			0.632			
	Q5			0.552			
第 4 部分	Q16				0.694		
	Q15				0.488		
第 5 部分	Q12					0.611	
	Q13					0.493	
第 6 部分	Q14						0.578
	Q3						0.472
	Q9						0.337

第一部分,包括第 2 个问项"担心提供的信息不符合需求"、第 7 个问项"担心没有持续、便捷的支持和服务"和第 11 个问项"担心信息服务者宣传不属实",这 3 个问项主要是和信息服务部门相关,可以概括为服务风险。第二部分,包括第 10 个问项"担心信息虚假"、第 1 个问项"担心信息不及时"和第 6 个问项"担心信息没有预期的作用和帮助",反映了农户对信息产品本身功能的担心,可以概括为功能风险。第三部分,包含的 3 个问项与农户自身信息理解、使用等能力有关,因此可以总结为个体风险。第四部分,两个因素都与经济条件有关,概括为成本风险。这里的搜寻和获得成本较高并不是购买信息商品的成本,而是指农户为了提高自身水平而参加的培训,或者是购买电脑进而可以方便使用某些计算机软件等类似方面,也包括搜寻过程中的时间成本等。第五部分因素反映了农户对信息使用及结果的担忧,可以概括为心理风险。第六部分,主要与农户的社会关系相关,反映了他人对自身态度的影响,概括为社会风险。我国农户信息感知风险构成如图 2-26 所示。

3. 感知风险对农户信息采纳意向影响的假设检验

我们采用多元回归分析的方法计算农户信息采纳感知风险各组成部分对总体感知风险的重要性程度,回归分析是用来确定因变量和自变量之间因果关系的一种统计分析方法,它要求变量的类型为等距变量或等比变量。

根据风险偏好理论,这里将样本农户分为三大类,即风险规避型农户、风险中立型农户和

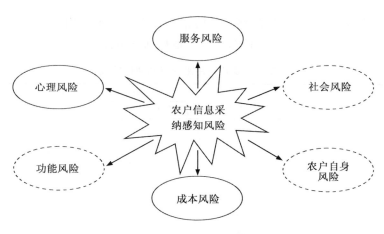

图 2-26   感知风险构成

风险偏好型农户。按照农户的类别,将问卷分成 3 部分,风险规避型农户对应的是感知风险高的农户样本,风险中立型农户对应的是平均水平感知风险的农户样本,而风险偏好型农户对应的是感知风险低的农户样本。

将农户信息采纳总体感知风险设为因变量,以上研究得出的 6 个组成部分社会自变量,进行多元回归分析的结果如表 2-18 所示。

表 2-18   农户信息采纳感知风险构成部分权重

社会自变量	构成	回归系数	T 检验	显著性水平
X_1	服务风险	0.287	9.544	0.000
X_2	功能风险	0.256	5.476	0.001
X_3	自身风险	0.214	3.246	0.003
X_4	成本风险	0.125	2.674	0.006
X_5	心理风险	0.076	1.235	0.008
X_6	社会风险	0.042	0.348	0.033

通过分析,农户信息采纳感知风险可以表达为:

$$PR = 0.287\,X_1 + 0.256\,X_2 + 0.214\,X_3 + 0.125\,X_4 +$$
$$0.076\,X_5 + 0.042\,X_6 \tag{2-5}$$

(1)感知风险对行为意图的直接影响分析   一般认为,消费者感知到的风险越大,其行为意愿越小,二者之间具有比较显著的相关性。本文统计结果显示,农户信息采纳的感知风险与其行为意愿之间的相关性并没有之前预期的显著。回归结果如表 2-19 所示。

表 2-19   感知风险对农户信息采纳意愿的直接作用的回归检验

检验	β	t 值	显著性
感知风险→行为意图	0.137	6.57	0.014

注:β 为标准化后的回归系数。

(2)**感知风险对行为意图的间接影响分析**　设定三个感知风险水平,分别测量感知易用性和感知有用性对行为意向的影响的变化。结果如表 2-20 所示。

表 2-20　影响系数变化

β	感知风险水平		
	平均	低	高
感知易用→感知有用	0.206	0.168	0.291
感知有用→行为意向	0.686*	0.771*	0.486*
感知易用→行为意向	0.224	0.163	0.395*

注:β 为标准化后的回归系数,* 表示 $p<0.01$。

结果表明,感知风险对农户信息采纳意向的直接影响不是很显著(表 2-21)。当农户认为风险较大时,感知易用性对感知有用性的作用加强,证明假设 2 不成立。当农户认为风险比较大时,感知有用性对行为意向的影响为 0.486,小于 0.771,证明假设 3 成立。然而,当农户认为风险较大时,感知易用性对行为意向的影响反而更大,这与假设 4 是矛盾的。

表 2-21　农户信息采纳感知风险假设检验结果

假设	结果	假设	结果
假设 1	成立,但不显著	假设 3	成立
假设 2	拒绝	假设 4	拒绝

因此,在信息提供者认为风险很大时,要增加信息的易用性,及分析、使用、获得等方便。同时,对那些比较爱冒风险的农户来讲,提高信息的有用性,而对于保守派农户而言,可以提高信息技术的易用性。

2.4　农户信息支付意愿分析

相关研究表明,意愿是行为的先导因素,二者之间具有显著的关系。本节从消费者行为学角度出发,基于技术接受模型,构建农户信息支付意愿结构模型,并对因素之间的关系进行实证分析。

2.4.1　农户信息支付意愿理论框架

1.农户信息支付意愿模型理论依据

技术接受模型是 Davis 运用理性行为理论(theory of reasoned action)研究用户对信息系统接受时所提出的模型(Davis,1989),如图 2-27 所示。技术接受模型主要包括两个决定性因素:感知有用性(perceived usefulness)和感知易用性(perceived ease of use)。感知有用性是指用户认为使用一个具体的信息系统对他工作业绩提高的程度;感知的易用性指用户认为该系统容易使用的程度。技术接受模型认为行为意向(behavioral intention)直接决定了系统实际使用行为,而行为意向由态度(attitude)和感知有用性共同决定,态度由感知有用性和易用性共同决定,感知有用性由感知易用性和外部变量共同决定,感知易用性由外部变量决定。

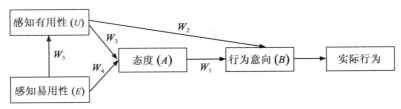

图 2-27　技术接受模型

选取态度三成分模型测量农户信息支付意愿的态度。态度的三成分模型主要包括认知成分、情感成分和行为成分(冯建英,2007)。

认知成分是指人们对客观事物的评价。消费者通过感觉、知觉、思维等认知活动,形成了对某些客观对象或者产品的认识、理解、评价等。认知成分是消费者态度的基础,它与产品的属性(包括内部属性和外部属性)联系在一起,是对产品的属性、功能、有用性等的评价认知。

情感成分是指在认知因素的基础上,对客观事物的情感体验。在消费者的购买过程中,消费者对某种商品的喜欢、厌恶、欣赏、反感、欢迎等各种情绪表现。态度形成的经典条件反射模型认为,态度客体与刺激引起的情感反应经常联系在一起,态度客体引起情感反应,这样一个态度就逐渐地形成了。行为所带来的情感体验越积极,个人越容易形成积极的正向的态度。

行为成分是指人们对客观事物做出的某种行为反应,态度是以行为反应为基础的。有学者认为,态度来源于过去的行为,在没有外界压力的情况下,人们更容易在过去行为的基础上形成态度,因此可以用行为习惯来表示态度中的行为成分。

在 TAM 模型中提出的感知有用性与感知易用性都是通过使用态度来决定技术使用者的行为意图,见公式(2-7)。行为意图除了受到使用态度的影响外,也受到感知有用性的影响,如公式(2-6)所示。即如果使用者觉得某项信息技术有助于未来的工作表现,这将影响到他对此技术的行为意图。同时,该理论将使用者的行为意图视为其使用行为最直接的体现,即行为意图直接导致使用行为,如公式(2-8)所示。

TAM 的数学模型的 3 个公式为:

$$B=BI=W_1A+W_2U \tag{2-6}$$
$$A=W_3U+W_4E \tag{2-7}$$
$$U=W_5E \tag{2-8}$$

式中:B 为行为意向;A 为态度;U 为感知有用性;E 为感知易用性;$W_1 \sim W_5$ 为标准化路径系数。

2.农户信息支付意愿模型构建

除了技术接受模型中的组成因素以外,基于农村信息服务和农户的特征,在模型中加入主观规范和政策因素两个变量。

(1)主观规范　主观规范是指个人在做出某种决策或行为时,受到他人影响的程度,即个人对于是否采取某项特定行为所感受到的社会压力。在预测行为时,那些对个人的行为决策具有影响力的个人或者团体对于个人是否采取该行为影响的大小就是主观规范的强弱。

人生活在社会集体中,具有社会性的特点。一般来说,个人在做决策时都会受到他人意见的影响。如果把消费者之外的人和环境视为一个群体,则该群体的意见会影响到消费者的购买意愿,进而影响到消费者的购买决策和购买行为。社会群体如果越支持个人的消费决策,则消费者的意愿就越强,将意愿变成实际行为的可能性就越大。

农村的地域特征更是决定了农民之间交流的方便。农户在决策时往往更大可能受周围人的影响。因此,本文引入计划行为理论中的主观规范概念,研究主观规范对农户信息支付意愿的影响。本文从亲朋邻居、信息服务部门和信息提供部门 3 个方面分析主观规范对农户信息支付意愿的影响。

(2)政策因素　农村信息化的发展离不开国家相关政策的支持,农户对信息的接受和认可程度与国家政策紧密相联系。因此在分析农户信息支付意愿影响因素时,国家政策是一个不可忽略的因素。

在我国,经济体制、国家政策与政府行为对农户技术信息需求与应用行为有特殊的影响。在市场经济条件下,农户可根据生产及市场中的各种信息主动地做出各种决策,可接受政府倡议推广的技术,也可根据生产拒绝采用。国家原则上只能在尊重农民自主决策的基础上进行必要的宏观指导和干预,但政府行为仍起到很重要的作用。

政府利用多种渠道鼓励农民采纳信息,会极大地调动相关企业、协会以及农民参与农村信息化建设的积极性。从国外农村信息化发展道路来看,政府政策因素的促进作用是非常有效的。这里从价格补贴和服务保障两个方面分析政策对农户信息支付意愿的影响。

①价格补贴。近年来,国家陆续推出了农业税减免的政策,并对部分农产品的价格进行了补贴,在一定程度上减轻了农民的负担,农民的负担减轻,会有更多的精力和财力投入到新的种养殖计划中去,种养殖规模扩大,对信息的需求会进一步加深(即信息的有无的差距比较大),进而会进一步促进农民对信息服务的需求。

②服务保障。服务保障包括完善农村信息服务法规以及相关奖励促进活动。农村信息服务成果离不开推广和宣传,农民只有实实在在看到信息的重要性,才会切身体会到对信息的需求。农村信息化建设是一个长远而巨大的工程,其中会出现各种各样的问题,农村信息服务法规的不断完善会坚定农民对信息服务机构的信心。农业要想发展,现代化的技术是必不可少的。相关组织可以发动开展一些诸如"创新科技奖"之类的活动,鼓励农民积极参与信息及技术的使用。

农户信息支付意愿结构模型如图 2-28 所示。

意愿是一个中间变量,对实际行为的发生起着重要的预测作用。农户对信息支付意愿对我国农村信息服务的建设具有预测意义。农户信息支付意愿是因变量,在问卷中用相关的问题来测量。鉴于意愿是比较主观的判断,可能会受到自身主观因素影响而形成误差,因此要分别询问农户"是否愿意花时间获取有关农业信息"、"是否愿意花时间学习分析农业信息"、"将来是否有可能花费一定费用采用信息",通过 3 个问题来衡量农户支付意愿,以此减小被调查者自身判断的偏差,得到尽可能真实的意愿。问题的选项用 1、2、3、4、5 来表示不同的意愿程度,分别对应非常不愿意、比较不愿意、中立、比较愿意、非常愿意 5 种情况。

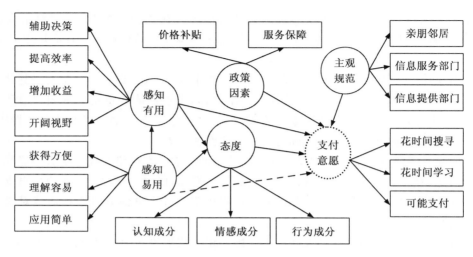

图 2-28 农户信息支付意愿结构模型

2.4.2 农户信息支付意愿研究假设

1.假设提出

在农户信息支付意愿结构方程模型的基础上,提出了以下假设,如表 2-22 所示。

表 2-22 各因素对支付意愿的影响假设

假设	影响因素	假设解释
假设 1	政策因素	相关政策越支持农村信息服务,农户的信息支付意愿越强
假设 2	主观规范	别人越支持自己的决策,农户的信息支付意愿越强
假设 3	感知有用性	信息越有用,农户的信息支付意愿越强
假设 4	感知易用性	信息越容易理解应用,农户的信息支付意愿越强
假设 5	认知成分	对信息的认知越充分,农户的信息支付意愿越强
假设 6	情感成分	如果对某一信息产品多次采用,农户的信息支付意愿越强
假设 7	行为成分	如果有过相关经验,则农户信息支付意愿越强

2.模型估计方法

(1)**结构方程模型** 结构方程模型经常被看作是不同统计技术与研究方法的综合体,它并非单指某一种特定的统计方法,而是一套分析共变结构的技术的整合。结构方程模型主要分为两部分:第一部分是测量方程,测量方程主要描述测量变量与潜变量之间的关系,其构成的数学模型是验证性因子分析(confirmatory factor analysis);第二部分是结构方程,主要描述潜变量之间的关系,通过对结构关系的假设检验,使潜变量之间的关系以路径分析的概念来讨论。

在实证分析方法中,结构方程模型的应用较多,而且结构方程模型适合于基于坚实的理论基础上对模型的检验,用来说明潜变量之间的关系,因此这里的数据分析选用结构方程模型(structural equation modeling,SEM)。SEM 通常包括 3 个矩阵方程式:

$$X = A_x \xi + \delta \qquad (2\text{-}9)$$

$$Y = A_y \eta + \varepsilon \qquad (2\text{-}10)$$

$$\eta = B\eta + \Gamma\xi + \zeta \qquad (2\text{-}11)$$

其中,公式(2-9)和公式(2-10)为测量模型,公式(2-11)为结构模型。x 为外生测量变量向量;ξ 为外生潜变量向量;A_x 为外生测量变量与外生潜变量之间的关系,是外生测量变量在外生潜变量上的因子载荷矩阵;δ 为外生变量的误差项向量。Y 为内生测量变量向量;η 为内生潜变量向量;A_y 为内生测量变量与内生潜变量之间的关系,是内生测量变量在内生潜变量上的因子载荷矩阵;ε 是内生变量在内生潜变量上的因子载荷矩阵。B 和 Γ 都是路径系数,B 表示内生潜变量之间的关系,Γ 表示外生潜变量对于内生量值的影响,ζ 为结构方程的误差项。

与传统的统计建模分析方法相比较,结构方程模型主要有以下几个优点(郑小平,2008):

①可以同时处理多个因变量:在传统计量模型中,方程右边的因变量一般只有一个,但在管理学等社会学领域,因变量常常可以有多个。在结构方程中,允许统一模型中出现多个变量,在模型拟合时对所有变量的信息都予以考虑,可以增强模型的有效性。

②允许自变量和因变量含有测量误差:在传统计量方法中,自变量通常都是默认可直接观测,不存在观测误差,很多模型涉及的自变量常常是不可观测的,结构方程模型将这种测量误差纳入模型,能够加强模型对实际问题的解释性。

③可以在一个模型中同时处理因素的测量和因素之间的结构:传统的计量方法中,因素自身的测量和因素之间的关系往往是分开出的,对因素先进行测量,评估概念的信度和效度,通过评估后,才将测量资料用于进一步的分析。在结构方程模型中,则允许将因素测量和因素之间的结构关系纳入同一模型中同时予以拟合,不仅可以检验因素测量的信度和效度,还可以将测量信度的概念整合到路径分析等统计推论中。

④允许更大弹性的模型设定:在传统建模技术中,模型的设定通常限制较多,例如,单一指标只能从属于一个因子,模型自变量之间不能有多重共线性等。结构方程模型中则限制相对分析模型;在因素结构关系拟合上,也允许自变量之间可能存在共变方差关系。

⑤估计整个模型的拟合程度:在传统路径分析中,只估计每一路径(变量间关系)的强弱。在结果方程分析中,除了上述参数估计外,还可以计算不同模型对同一样本数据的整体拟合程度,从而判断哪一个模型更接近数据所呈现的关系。

(2)Amos 软件　在众多软件中,AMOS 凭借其图形接口,方程编写模式简单,无须编写程度等被广大社会科学研究者应用。AMOS 是 SmallWaters 公司开发的路径分析软件。AMOS 让 SEM 变得容易,它可以直接拖放绘图工具,快速地以掩饰形式绘制路径图来呈现模型而无须编程。同时,使用 AMOS 比单独使用因子分析或回归分析能获得更精确、丰富的综合分析结果。AMOS 在结构方程中每一步均能提供图形环境,只要在 AMOS 的调色板工具和模型评估中以鼠标轻点绘图工具便能指定或更换模型。通过快速的模型建立,所见即所得的结果呈现检验变量是如何互相影响的。

3.信度和效度分析

(1)问卷的信度 在李克特量表式问卷中,通常选用"Cronbach α"(信度系数 α)系数来检验问卷的内部信度。α 表示量表总变异中由于不同被试者导致的比例所占的多少,α 越大表示项目间的相关性越好。一般来说,总量表的信度系数最好在 0.80 以上,如果在 0.70~0.80 算可以接受的范围;分量表的信度系数最好在 0.7 以上,如果在 0.80 以上则表示内部一致性极好,0.60~0.80 是较好的信度范围,0.60 以下则信度偏低。

采用 SPSS 中的 Reliability Analysis 模块对问卷中农户对信息支付意愿的各个变量进行信度分析,结果如表 2-23 所示。

表 2-23　农户信息支付意愿问卷的信度检验

潜在变量	样本个数	观测变量数目	信度系数 α
政策因素	231	2	0.738 4
感知有用	231	4	0.761 1
感知易用	231	3	0.801 6
态　度	231	3	0.720 0
主观规范	231	3	0.715 6
支付意愿	231	3	0.785 6
问卷总体	231	18	0.816 7

各分量表的信度系数 α 都在 0.70 以上,问卷的总体信度在 0.80 以上,表示问卷总体和各分量表都具有良好的可靠性,问卷的内部一致性很好。

(2)问卷的效度 问卷的结构效度是指测验所能测量出概念特征的程度,即实际的测验分数能够解释某一特征的程度有多少。在统计学上,检验结构效度最常用的方法是因素分析。因素分析的目的是了解属于某二级量表的条目是否集中在一个因子里,作因素分析时,预测因子的数目需事先确定,然后再与因子分析的因子数目比较。一般而言,如果问卷量表的公因子能解释 50% 以上的变异,而且每个条目在相应因子上负荷强度大于等于 0.4,则认为该量表具有较好的结构效度。

采用 SPSS 中的 Factor Analysis 模块对问卷作因素分析,因素分析的结果整理如表 2-24 所示。

表 2-24　农户信息支付意愿问卷 KMO 和 Bartlett's 检验

充足采样情况下的统计量		0.825
球形检验	附.卡方(检验)	2 099.489
	自由度	351
	显著性	0.000

　　KMO 是 Kaiser-Meyer-Olkin 的取样适当性度量,当 KMO 值愈大时,表示变量间的共同因素愈多,愈适合做因素分析。根据学者 Kaiser 的观点(冯建英,2007),如果 KMO 的值小于 0.5,则不适宜进行因素分析。此处的 KMO 值为 0.825,表示适合进行因素分析。此外,Bartlett 球形检验的 χ^2 值为 2 099.489(自由度为 351),显著性水平为 0.000,小于 0.001,达到显著,代表群体的相关矩阵间有共同因素存在,适合进行因素分析。

　　用主成分分析法抽取公因子,如表 2-25 和表 2-26 所示,问卷主体的各问项共抽取 6 个公因子,这 6 个公因子能解释 64.297% 的变异,各个观测指标在相应变量上的因素载荷均在 0.4 以上,证明问卷具有较好的结构效度。

表 2-25　农户信息支付意愿因素分析结果

公因子	特征根	方差贡献率	累计贡献率
1	6.715	24.871	24.871
2	2.364	8.756	33.628
3	1.893	7.010	40.638
4	1.340	5.332	47.970
5	1.086	4.401	55.771
6	1.002	3.712	64.297

表 2-26　农户信息支付意愿问卷结构效度检验

政策因素	题目	价格补贴	服务保障		
	因素载荷	0.585	0.571		
感知有用	题目	辅助决策	提高效率	增加收益	开阔视野
	因素载荷	0.674	0.555	0.647	0.603
感知易用	题目	获得方便	理解容易	应用简便	
	因素载荷	0.579	0.770	0.788	
认知成分	题目	功能了解	渠道了解	政策关心	
	因素载荷	0.525	0.536	0.617	
情感成分	题目	有意义	明智	愉悦	
	因素载荷	0.497	0.573	0.774	
行为成分	题目	曾经采用			
	因素载荷	0.728			
主观规范	题目	亲朋邻居	服务部门人员	提供部门人员	
	因素载荷	0.770	0.732	0.570	
支付意愿	题目	花时间搜寻	花时间学习	可能支付	
	因素载荷	0.608	0.738	0.712	

2.4.3 农户信息支付意愿假设结果分析

1. 农户信息支付意愿模型检验

在完成第一阶段的模型发展以后，第二阶段则主要以统计数据来验证模型的优劣。统计数据由调研结果得出，通过 AMOS 的计算，得出图形的检测指标，选择最大似然法作为模型估计的方式，再配合拟合优度来评估模型是否能体现理论与实际数据的吻合。各拟合度指标以及可接受值理想取值详见表 2-27 所示。

表 2-27　结构方程模型各种拟合指标理想取值

拟合度指标	说明	理想取值
χ^2/df	卡方值除以自由度的比值	<2
goodness of fit index, GFI	拟合度指标	>0.9
comparative fit index, CFI	比较拟合度指标	>0.9
root mean square error of approximation, RMSEA	近似误差均方根	<0.05
root mean square residual, RMSR	残差均方根	<0.05

通过计算，本模型的拟合度指标如表 2-28 所示。从结果可以看出，农户信息支付意愿模型拟合度较好，各指标均在可接受范围内，说明本模型基本上成立。

表 2-28　农户信息支付意愿模型拟合结果

拟合度指标	χ^2/df	GFI	RMSR	RMSEA	CFI
模型指标	1.592	0.958	0.376	0.006	0.987

2. 农户信息支付意愿模型估计

(1) 结构变量之间的关系　结构方程模型中结构变量间的系数表示某一变量的变动引起其他变量变动的程度。农户信息支付意愿结构变量之间的关系如图 2-29 所示。感知有用和感知易用之间的系数为 0.46，表示感知易用性提高 1 个百分点将直接使感知有用性提高 0.46 个百分点。一般系数在 0.80 以上，说明两个变量之间具有较强的影响关系。态度对支付意愿、感知有用性对支付意愿系数都在 0.80 以上，说明每对关系中前者对后者有较强的影响作用。

感知有用性对态度和支付意愿的影响都非常大，说明目前增强农户对信息有用性的信心尤为重要。信息易用性强，增加农户的信心，其感知有用性。通常认为，易用性越强，表现出的态度则越明朗和积极。通过分析表明，感知易用性对农户态度的系数较低，信息易用性对农户的态度的作用没有预期的显著。可以理解为感知易用性通过感知有用对态度产生了较大的作用。

从统计结果来看，我国农户还是比较重视他人的看法和意见。政策因素对农户信息支付意愿具有显著的影响，正的回归系数表明国家的政策因素越支持农村信息化建设，农户的信息支付意愿越强烈。可见国家的政策导向作用非常重要，国家重视农村信息化的发展，加强信息

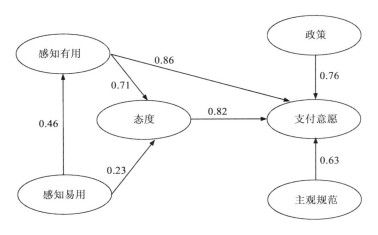

图 2-29　结构变量之间的关系

服务的保障；同时从政策上、经济上加以倾斜补贴，那么农户信息支付和使用的"进入壁垒"明显降低，积极性被调动起来，当然会产生积极的支付意愿，因此在我国农村信息服务建设中，国家政策支持是一个非常重要的因素。

（2）结构变量与观测变量之间的关系　　结构变量与观测变量之间关系表明哪些观测变量与结构变量的关系重大，并可进行观测变量间的比较（表 2-29）。

表 2-29　观测变量与潜变量系数表

潜变量	观测变量	系数
政策因素	价格补贴	0.45
	服务保障	0.97
感知有用	辅助决策	0.67
	提高生产效率	0.84
	增加收益	0.95
	开阔视野	0.46
感知易用	获得方便	0.89
	理解容易	0.78
	应用简便	0.56
态度	认知成分	0.44
	情感成分	0.65
	行为成分	0.92
主观规范	亲朋邻居	0.83
	信息服务部门人员	0.62
	信息提供方	0.61
支付意愿	愿意花时间搜寻	0.86
	愿意花时间学习	0.45
	可能支付	0.73

● 政策因素与其观测变量

模型估计结果表明,服务保障与政策因素具有显著的关系,系数为 0.97。经济补贴与政策的关系弱于服务保障与政策的关系,说明农户更加重视服务保障因素,这与目前社会注重产品售后服务的现象是一致的。

● 感知有用性与其观测变量

在感知有用性方面,增加收益和提高生产效率是农户主要考虑的因素,分别为 0.95 和 0.84。辅助决策和开阔视野虽然也具有一定的影响,但目前农户还是比较注重看得见、感受得到的信息。

● 感知易用性与其观测变量

在感知易用性方面,信息获得方便与感知易用性的关系最为密切(0.89),其次是信息理解容易和应用简便。表明目前农户对信息获取渠道的关注,也反映出目前我国农业信息可达性比较差的问题。

● 态度与其观测变量

在态度的三成分中,情感成分和认知成分的作用不显著,行为成分的作用则高度显著。从消费者行为学角度看,农户的决策行为趋于理性,不仅重视他人的意见和建议,同时常常根据以往的经验来做决策。

● 主观规范与其观测变量

在主观规范方面,亲朋邻居对农户的影响比较大,系数为 0.83。至于信息服务部门和信息提供方等未表现出显著影响。

● 支付意愿与其观测变量

在信息支付意愿的 3 个变量中,愿意花时间搜寻信息与支付意愿的关系系数最高,为 0.86。说明那些愿意花费一定时间搜寻信息的农户的信息采纳概率比较大。

2.5 农户信息采纳纵贯分析

农户信息采纳行为是一个动态的过程。通过以上对我国农户信息采纳行为的横剖分析,基于纵贯研究理论,对固定样本持续调研,比较分析一段时间内农户信息采纳行为的特征和变化趋势,本节对农户信息采纳行为进行动态分析。

2.5.1 农户信息采纳纵贯分析框架

1.纵贯分析理论

纵贯分析是指在一段时期的不同时间点上对所研究对象进行若干次观察和资料搜集,进而描述事物发展的过程、趋势和变化。纵贯研究主要包括 3 种类型(参考网络资料):

(1)趋势研究 趋势研究指对一般总体随时间推移而发生的变化的研究,其特点是在不同时间点上所研究的对象是不同的。例如,从中国四次人口普查结果的比较中,分析全国人口的增长趋势及其变化；或者从 1979 年、1983 年和 1987 年三次大学生基本状况抽样调查中，分析大学生思想状况的变化对象不尽相同。

（2）**同期群研究**　同期群研究也称作人口特征组研究，是针对某一特殊人群，每次研究随时间推移而发生的变化进行的。例如以 40 年代出生的人为一个特征组研究时，1960 年从20～29 岁的人中抽取样本，1970 年从 30～39 岁的人中抽取样本，1980 年从 40～49 岁的人中抽取样本。虽然每一样本由不同的人组成，但却都代表出生于 1940—1949 年的一代人，而研究的结果所涉及的就是这一代人的变化情况。

（3）**定组研究**　定组研究与前两者的唯一区别在于每次研究所用的都是同一个样本，所研究对象都是同一群被调查者。因为，定组研究也称作追踪研究或定群重访。

与横向研究相比，纵贯研究的最大特点是可以描述研究对象的发展过程和变化，进而分析其发展趋势。但由于一项纵贯研究往往需要在多个时间点搜集相同的资料，困难比较大。因此，纵贯研究的对象范围一般不能过宽，样本容量不宜太大。

2. 概念模型

农户信息采纳行为是一个动态的过程，由于影响因素随时间发生变化，导致结果也处在不断的变化中。为了更加准确了解农户信息采纳过程，本节采用纵贯研究中的同期群研究与定组研究相结合的方法，对固定样本进行了持续调研，分析了农户信息支付意愿和影响因素的变化过程。

在 2.4 节农户信息支付意愿分析的结构模型基础上，加入了个体特征、社会经济因素直接作为自变量（图 2-30）。为了方便对信息支付意愿的测算，在模型设定的时候，直接以支付意愿作为结果变量。据此构建农户信息支付意愿理论模型如下：

农户信息支付意愿＝f（个体特征、社会经济因素、政策因素、态度、主观规范、感知有用性、感知易用性）

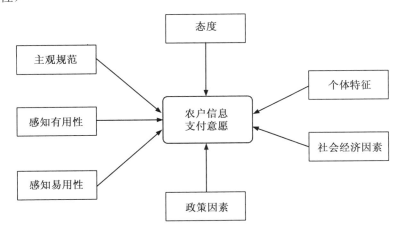

图 2-30　农户信息支付意愿模型

前文已经对感知有用性、感知易用性、主观规范、政策因素和态度等变量进行了解释，以下主要对个体特征和社会经济因素进行说明。

(1)个体特征

①性别。相关研究表明,男性消费者和女性消费者在消费心理、特征上具有明显的不同。本文将性别因素作为自变量,考察不同性别的农户对信息支付意愿的差异性。一般认为,男性农户比女性农户更加倾向于采纳农业信息。调研没有规定男性农户和女性农户的样本比例,遵循随机抽样的原则。

②年龄。消费者的年龄不同,消费习惯往往也不同。同一年龄阶段的消费者,由于生活阅历、社会环境等具有相似性,一般会表现出相似的消费习惯。因此,不同年龄段的农户,在面对农业信息时,可能会表现出不同的态度。我们将年龄因素列为农户信息支付意愿研究的因变量,选取了 5 个年龄区间,分别为 18～30 岁、31～40 岁、41～50 岁、51～60 岁、60 岁以上。

③教育水平。不同教育背景的消费者的消费行为会有一定的差别。农户的受教育水平会直接影响到农户的素质,而农户素质决定信息的鉴别及应用。这里用学历来表示农户的受教育水平。目前我国农户一般受教育水平比较低,部分农户的教育水平在小学以下,大专已属高学历。一般认为,农户的教育水平越高,其信息支付意愿越强。参考《中国农村统计年鉴》,我们选取了 5 个教育水平的区间,分别为小学以下、小学、初中、高中、大专及其以上。

(2)社会经济因素

①家庭收入。收入是现代消费者行为学中影响消费的重要因素,收入水平不仅影响消费者的实际购买能力和购买行为,还会影响到消费者的支付意愿。农户收入对信息支付意愿的影响主要表现在两方面:一是直接影响农户获得信息的支出;二是影响农民应用信息的支出,进而影响到农民对信息的需求。我们假设,家庭收入越高,农户的信息需求和支付意愿越强。家庭收入以农户家庭每年的平均收入作为衡量指标,考虑到目前我国农户的整体经济水平,确定了 6 个收入区间,分别为 2 000 元以下,2 000～5 000 元,5 001～10 000 元,10 001～15 000 元,15 001～20 000 元,20 000 元以上。

②耕地面积。土地是农户的主要收入来源。一般认为,耕地面积较大的农户,有无信息作用的差异比较明显,因此这部分农户的信息支付意愿往往比较大。研究中以调查对象家庭拥有的耕地面积作为衡量指标。鉴于我国各个省份和地区的土地资源情况差异很大,不同省份的农户家庭拥有的耕地面积差异也很大,问卷中不好设置耕地面积区间,因而将这一项设置为开放式问题,由被调查者自己填答家庭拥有的耕地面积。

2.5.2 农户信息采纳纵贯分析调研设计

1.纵贯分析样本概况

(1)样本地区介绍 选取天津市郊区的一个乡作为固定样本,该地区以水产养殖而闻名遐迩。通过调研分析发现,目前,主要的信息服务模式可以总结为"政府农业部门＋协会＋农户"的模式(图 2-31)。本节纵贯分析的对象选取的是当地淡水养殖协会中的会员。

协会即农民合作协会组织,是为适应市场经济的要求,政府相关部门组织起来的一种民间经济技术合作组织,农户在平等互利的基础上自愿参与。协会的主要特点为:政府发动和组织,农民参与。协会一般由从事同类产品生产、经营的农民、企业、组织和其他人员自愿组织合作,并在资金、技术、销售、运输等环节实行资助管理,以提高产品竞争力,增加成员收入。但随着国际经济一体化进程的推进和农业产业化的发展,协会的地位和作用日益提高。协会根据农民对农产品供求信息需求、技术咨询需求和就业需求,通过 Internet 网络、报纸、书刊等多种信息传播渠道,为当地农民收集、分析有价值的供求信息、技术信息、就业信息,并及时向他们免费供给和询问。

在该地区淡水养殖信息服务协会里,会员类型主要分为 3 类。虽然该协会门槛比较低,但是农户从二类会员到三类会员的过渡还是要经历一段时期的。目前,该协会已经成立 2 年时间,虽然发展中存在很多问题,但还是比较受当地农户欢迎。总体来讲,在该地区,农村信息服务初具一定成效,农户信息使用动机和支付意愿是比较强烈的。

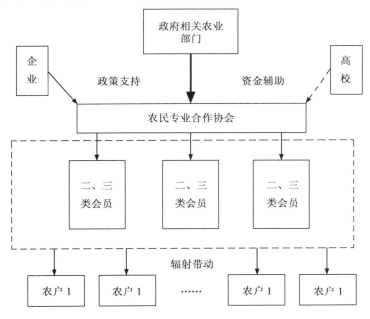

图 2-31　样本地区信息服务模式

这种信息服务模式主要依托政府农技推广部门支持,牵头组建农民专业合作组织,吸纳会员,围绕技术和市场为会员提供各种信息服务。首先引导会员增收致富,再由会员辐射带动其他农户共同发展。该协会主要还是依靠政府相关部门发动和投资,与企业及高校的合作还比较少。目前,和当地一家渔业公司和移动通信公司有一些合作,高校在资金、技术和信息方面的优势作用还没有完全发挥。

(2)样本特征　在上文的横向研究中,风险规避型、风险中立型和风险偏好型农户的比例大概为 1 : 11 : 5,为了更加准确分析农户信息支付意愿的变化趋势,纵贯样本的选取在风险偏好上尽量符合该比例,同时基于纵贯分析的特点及时间等限制,这里重新选取了和第一轮样本情况基本相同的固定样本 34 位农户,对上述信息分别进行了支付意愿的采访和计算。调研时间分别为:2008 年 1 月、2008 年 4 月、2008 年 7 月、2008 年 10 月、2009 年 1 月。样本基本情况如表 2-30 所示。

2. 纵贯分析方法

为了方便分析比较农户不同阶段信息支付意愿的程度和变化趋势,对因变量支付意愿进行量化。一般的回归分析要求直接预测因变量的数值,要求因变量呈正态分布,并且各组中数据具有相同的方差-协方差矩阵(冯建英,2007)。而 Logistic 回归方法对因变量的数据要求不高,而且可以预测因变量的概率,因此本章选择 Logistic 回归模型对农户信息支付意愿进行量化分析。

Logistic 回归分析是对定性变量的回归分析,根据因变量取值的不同可以分为二分类逻辑回归(binary logistic)和多分类逻辑回归(multinomial logistic)。Binary logistic 回归模型中因变量只能取两个值,用虚拟因变量 1 和 0 来表示,一般将"事件发生"定义为 1,而将"事件未发生"定义为 0。

农户信息支付意愿虽然受多个因素的影响,但是最终的结果只可能有两个,"愿意采纳"和"不愿意采纳"。符合二分类定性因变量的特点。因此,我们选择二分类逻辑回归模型进行分析。因此有如下定义:

表 2-30　样本特征

变量	人数	百分比/%
性别		
男	23	67.6
女	11	32.4
年龄		
18~30	6	17.6
31~40	12	35.3
41~50	10	29.4
51~60	5	14.8
60 岁以上	1	2.96
教育水平		
小学以下	3	8.82
小学	8	23.5
初中	16	47.2
高中	6	17.6
大专及以上	1	2.95

$Y=1$ 时,表示愿意;

$Y=0$ 时,表示不愿意。

在 Binary Logistic 回归中,因变量 Y 是 $0-1$ 型的伯努利随机变量,因此有如下概率分布:

$P(Y=1)=p$ 和 $P(Y=0)=1-p$,p 代表在自变量 $x_i(i=1,2,\cdots,k)$ 条件下 $Y=1$ 的概论,因此可以用它来代替 Y 本身作为因变量,其 Logistic 函数形式为:

$$p=\frac{e^{b_0+b_1x_1+\cdots+b_kx_k}}{1+e^{b_0+b_1x_1+\cdots+b_kx_k}} \tag{2-12}$$

式中:p 为因变量为 1(也就是事件发生)的概率,$b_0,b_1,\cdots,$ 为自变量的 x 的系数。

从数学上看,p 对 x_i 变化在 0 或 1 附近是不敏感、缓慢的,于是对公式(2-12)做 Logit 变换,得:

$$\mathrm{Logit}(p)=\ln\left(\frac{p}{1-p}\right) \tag{2-13}$$

$\mathrm{Logit}(p)$ 为事件发生的概率的对数。在变换之后,$\mathrm{Logit}(p)$ 在 $p=0$ 和 $p=1$ 的附近变换

幅度很大,而且在 p 对 $x_i(i=1,2,\cdots,k)$ 不是线性关系的情况下,通过 Logit 变换可以使得 Logit(p)对 $x_i(i=1,2,\cdots,k)$ 是线性的关系,即:

$$\text{Logit}(p)=\ln\left(\frac{p}{1-p}\right)=b_0+b_1x_1+\cdots+b_kx_k \tag{2-14}$$

式中:p 为因变量为 1(也就是事件发生)的概率,$b_0,b_1,\cdots$,为自变量的 x 的系数。

公式(2-14)为 Logistic 方程。

Logistic 方程的回归系数可以解释为一个单位的自变量变化所引起的概率对数的改变值。自变量的系数为正,意味着事件发生的概率会增加;如果自变量的系数为负值,则意味着事件发生的概率将会减少。

最大似然法和最小二乘法是统计分析中两种重要的参数估计方法,在线性模型中两者能得到一致的结果。但是最小二乘法一般用于线性模型,而最大似然法还可以用于更为复杂的非线性估计。这里选择最大似然法(maximum likelihood estimation)对回归参数进行估计。从本质上讲,最大似然法是一种迭代算法,以一个预测估计值作为参数的初始值,估计了该初始函数后,对残差进行检验并用改进的函数进行重新估计,直到收敛为止,即直到对数似然值不再显著变化。

检验 Logistic 回归模型的统计量主要有沃尔德统计量(Wald),−2 对数似然值(−2LL),Cox 和 Snell 的卡方,Nagelkerke 的卡方等。Wald 值越大或者其 Sig 值(Wald 检验的系数为零的显著性相伴概率)越小,因素的显著性越高,在模型中也越重要。

2.5.3　农户信息采纳纵贯分析结果

1.支付意愿率变化分析

为了进行二元逻辑回归,通过对支付意愿的描述性统计,将问卷中的五点式按照得分区间转化为两点式,以便使因变量就具有二分逻辑回归因变量的特性。

我们将农户的回答情况进行了整理。农户对 3 个问题的回答都对应 1～5 这 5 个分值,分别表示意愿的 5 个不同程度。然后对 3 个问题的答案得分进行加总,这样每个农户的意愿都对应了一个分值(3～15),分值越高表示农户的支付意愿越强烈。按照不同的分值划分区间,从而得到每次调研农户信息支付意愿的统计描述,如表 2-31 至表 2-35 所示。

表 2-31　第一次调研被访农户信息支付意愿率统计

支付意愿			样本数/人	占总体比例/%
区间	统计值	含义		
3～9	0	不愿意	12	35.3
10～15	1	愿意	22	64.7
	总计		34	100.0

表 2-32　第二次被访农户信息支付意愿率统计

支付意愿			样本数/人	占总体比例/%
区间	统计值	含义		
3～9	0	不愿意	8	23.5
10～15	1	愿意	26	76.5
总计			34	100.0

2008 年 1 月第一次调研结果显示,该 34 位农户的信息支付意愿率为 64.7%,而 2008 年 4 月的数据显示,样本农户的信息支付意愿率为 76.5%。表明在第一季度,农户对信息的支付意愿是呈上升的趋势。2008 年 7 月,农户信息支付意愿率减少到 67.6%,说明 2008 年上半年,农户样本总体呈现先上升后降低的特点。

表 2-33　第三次被访农户信息支付意愿率统计

支付意愿			样本数/人	占总体比例/%
区间	统计值	含义		
3～9	0	不愿意	11	32.4
10～15	1	愿意	23	67.6
总计			34	100.0

2008 年 10 月和 2009 年 1 月,农户信息支付意愿率分别为 73.5% 和 67.6%。农户信息支付意愿比较稳定的维持在比较高的水平,说明该地区农户对农业信息的需求是非常强烈的。

表 2-34　第四次被访农户信息支付意愿率统计

支付意愿			样本数/人	占总体比例/%
区间	统计值	含义		
3～9	0	不愿意	9	26.5
10～15	1	愿意	25	73.5
总计			34	100.0

表 2-35　第五次被访农户信息支付意愿统计

支付意愿			样本数/人	占总体比例/%
区间	统计值	含义		
3～9	0	不愿意	11	31.4
10～15	1	愿意	23	67.6
总计			34	100.0

由表 2-31 至表 2-35 可知,对被访农户信息支付意愿的描述性统计来看,总体来讲需求比较强烈,支付意愿率比较高,同时农户信息支付意愿具有一定的季节性。上述结果可以解释

为,在 2008 年 1 月,是农闲时期,由于对下个时期农业耕种的不确定,对致富经验、农业新品种等农业信息比较感兴趣,此时农户的信息支付意愿较高,农业信息需求相对比较强烈。2008 年 4 月期间,正是农活刚开始的时候,此时农户对本年度的耕种有了一定的确定性,可能对新品种信息的需求下降,但是由于农业生产中会出现种种问题,对农业实用技术信息等需求提高,信息支付意愿继续增加。到了 7 月左右,农业生产趋于平稳,因此对信息的需求程度有所降低,表现为信息支付意愿稍微下降。2008 年 9—10 月是丰收的季节,此时农户对市场行情信息等比较关注,信息支付意愿增加。2008 年 1 月与 2009 年 1 月具有相似的特征。

2. 影响因素变化分析

通过二元 Logistic 回归模型来估计理论模型中的参数,阐释农户信息支付意愿影响因素,以及这些因素在何种程度上影响农户的支付意愿。

我们利用 SPSS 统计软件中的 Regression 模块对农户信息支付意愿进行二元逻辑回归(binary logistic regression)分析,采用 Forward (conditional)方法即向前逐步回归方法对农户信息支付意愿进行二元 Logistic 回归,并根据似然比概率检验的结果剔除变量,得到支付意愿的逻辑回归模型估计结果。

(1)第一次调研统计分析结果　在 Logistic 回归中,如果 Wald 值越大,对应的显著性概率 Sig. 越小,则该变量的影响越显著。一般来说,显著性概率 Sig. <0.1 认为变量显著。态度的行为成分的 Wald 统计值最大为 16.163,显著性概率为 0.000;其次是教育水平的 Wald 值为 11.946,显著性概率是 0.001;感知有用性的 Wald 值为 9.001,显著性概率为 0.003;政策因素的 Wald 值为 4.323,显著性概率为 0.038;家庭收入的 Wald 统计值为 3.498,显著性概率为 0.031;主观规范的 Wald 值为 4.534,显著性概率为 0.033。在 0.1 的显著性水平上,这 6 个变量的影响是显著的。具体如表 2-36 所示。

表 2-36　第一次调研农户信息支付意愿模型估计

自变量 X	回归系数 B	标准差 S. E.	沃尔德统计量 Wald	自由度 df	显著性概率 Sig.	B 指数 Exp(B)
教育水平(X_3)	0.653	0.189	11.946	1	0.001	1.922
家庭收入(X_5)	0.233	0.124	3.498	1	0.031	1.262
政策因素(X_7)	0.499	0.240	4.323	1	0.038	1.674
行为成分(X_8)	0.936	0.233	16.163	1	0.000	2.551
主观规范(X_{11})	0.416	0.196	4.534	1	0.033	1.517
感知有用(X_{12})	0.514	0.171	9.001	1	0.003	1.672
常量	−5.102	1.622	34.314	1	0.000	0.000

根据模型估计给出 Logistic 回归的数学表达式:

$$g_1 = \text{Logit}\left[\frac{P(\text{yes})}{P(\text{no})}\right] = -5.102 + 0.653X_3 + 0.233X_5 + 0.499X_7 + 0.936X_8 + 0.416X_{11} + 0.514X_{12}$$

$$\tag{2-15}$$

因此,农户信息支付意愿(概率)表达式为:

$$Y(\text{yes}) = \frac{e^{g_1}}{1 + e^{g_1}} \tag{2-16}$$

$$Y(\text{no}) = \frac{1}{1 + e_{g_1}} \tag{2-17}$$

通过相同分析统计,分别得到了第二次调研至第五次调研回归结果。

(2)第二次调研统计分析结果 第二次调研至第五次调研数据的分析方法与第一次调研数据分析方法一致。结果表明,2008 年 4 月期间,家庭收入、政策因素、行为成分、主观规范以及感知有用性是影响农户信息支付意愿比较显著的因素(表 2-37)。

(3)第三次调研统计分析结果 2008 年 7 月期间,农户信息支付意愿的显著影响分别为家庭收入、政策因素、行为成分和感知有用性。影响因素较上一次比较减少了主观规范这一因素,可以理解为他人对农户的影响随着农户参与程度的增加会有所降低(表 2-38)。

表 2-37 第二次调研农户信息支付意愿模型估计

自变量 X	回归系数 B
家庭收入(X_5)	0.275
政策因素(X_7)	0.349
行为成分(X_8)	0.833
主观规范(X_{11})	0.322
感知有用(X_{12})	0.613

表 2-38 第三次农户信息支付意愿模型估计

自变量 X	回归系数 B
家庭收入(X_5)	0.436
政策因素(X_7)	0.445
行为成分(X_8)	0.813
感知有用(X_{12})	0.536

(4)第四次调研统计分析结果 2008 年 10 期间,对农户信息支付意愿有显著影响的因素主要为家庭收入、政策因素、行为成分、感知有用性和感知易用性。前 4 个因素对农户的影响总体来说比较平稳,但是家庭收入的作用呈下滑的趋势,政策因素的影响则有所增加,同时感知易用性的作用逐渐表现出来。可以解释为当农户对信息的有用性有了一定了解后,农户会更加关注农业信息采纳的易用性(表 2-39)。

表 2-39 第四次农户信息支付意愿模型估计

自变量 X	回归系数 B
家庭收入(X_5)	0.233
政策因素(X_7)	0.499
行为成分(X_8)	0.826
感知有用(X_{12})	0.523
感知易用(X_{13})	0.427

(5)第五次调研统计分析结果 农户信息支付意愿影响因素在第五次调研分析后只保留了政策因素和感知易用性。综合以上 5 次影响因素的分析结果,本文认为,在最初阶段,行为成分和感知有用性对农户的行为意向影响比较显著,随着涉入度的加深,二者的影响逐渐下降,而感知易用性对行为意向的作用逐渐表现出来(表 2-40)。

表 2-40 第五次农户信息支付意愿模型估计

自变量 X	回归系数 B
政策因素(X_7)	0.572
感知易用(X_{13})	0.553

目前我国农户信息需求已经呈现广泛化、深入化的特点。当农户对信息的功能、属性和作

用有了一定了解后,信息的理解和应用显得更为重要,因此,信息是否简单、易于理解和应用是那些已经参与一些信息服务的农户来讲主要考虑的因素。通过五次回归分析可以看出,农户信息支付意愿影响因素呈现逐渐减少的趋势,而政策因素一直是比较显著的影响因素,说明农户对信息具有一定的感知和经验以后,政策因素尤其是其中的信息服务保障是农户更重视的因素。这与消费者行为学理论是相似的(图 2-32)。

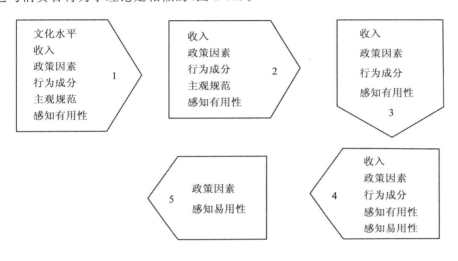

图 2-32　影响因素变化过程

3.不同信息支付意愿变化分析

通过前面的分析,得出了支付意愿较高的前 5 位信息。分别为致富经验、养殖技术信息、淡水鱼市场行情分析报告、市场价格信息和新品种信息。作者对五类农业信息进行了跟踪访问,得出了在 5 次调研中,每位农户对该 5 类信息的平均需求程度。图 2-33 至图 2-37 分别表示 34 位农户对五类农业信息的平均支付意愿。横坐标表示每位农户,其中前 2 位农户属于风险规避型,中间 22 位为风险中立型农户,后面 10 位农户属于风险偏好型农户。

图 2-33 表明,风险规避型农户相对其他类农户来说对实用技术信息的需求程度比较低,风险偏好型农户对实用技术信息的需求则比较强烈。对于风险中立型农户来说,其对实用技术信息的支付意愿有高有低。因此需要根据农户个体情况具体分析。在致富经验信息方面,风险规避型农户的支付意愿比较其他农户未表现出显著的特征,如图 2-34 所示。

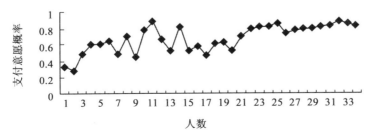

图 2-33　实用技术需求变化

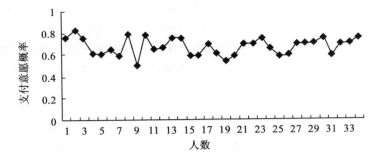

图 2-34　致富经验需求变化

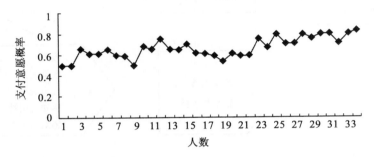

图 2-35　市场行情分析报告需求变化

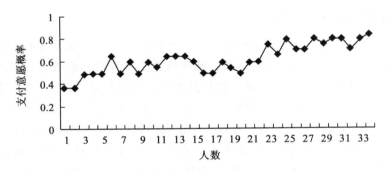

图 2-36　农业新品种信息需求变化

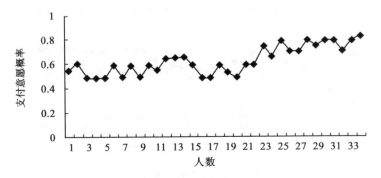

图 2-37　农产品价格需求变化

　　以上对五类信息支付意愿的分析可以通过图 2-38 得出。图 2-39 表示 34 位农户支付意愿随时间的变化情况。图 2-40 表示了风险规避型、风险中立型和风险偏好型等三类农户的支付意愿变化情况。综合分析结果可知,被访农户对信息的需求并未有显著的差别和特点,基本上大部分农户对这五类信息的需求程度都比较高。其中第三类农户的表现最为平稳。第一类农户(风险规避型)的起伏相对比较大,他们对价格和致富经验信息最为感兴趣,我们可以理解为,由于经济等原因,这类农户更愿意接受比较容易理解,不需太多分析的信息。信息的时间差别不明显,基本上关于农业市场的信息在年初和年末的需求程度较高,在年中,病虫害防治等技术信息具有一定的市场空间。

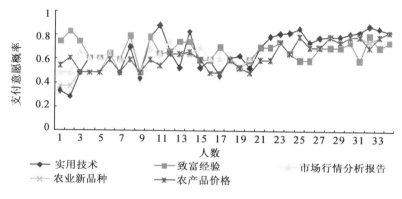

图 2-38　不同信息支付意愿比较

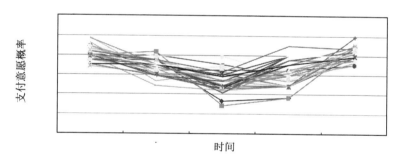

图 2-39　34 位农户信息支付意愿对比图

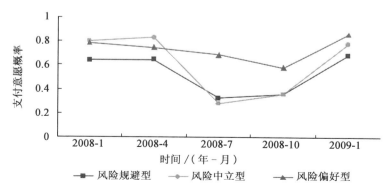

图 2-40　不同类农户信息支付意愿变化对比图

4.虚拟的农户个体支付意愿程度变化分析

为了能准确分析农户信息行为的变化,基于纵贯分析中的趋势研究方法,对 34 位农户根据个人特征、风险偏好、入会时间等信息对样本进行调整,选取了其中 12 名农户的资料,通过时间上的转化,获得了假设的一个农户的信息采纳的动态情况。

以 2008 年 1 月初为基点,以 1 周(7 天)为时间间隔,制成数据转化表(表 2-41)。可以形成虚拟的一个农户 60 周的意愿数据。

表 2-41　数据转化表

序号	2008 年 1 月	2008 年 4 月	2008 年 7 月	2008 年 10 月	2009 年 1 月
1	第 0(周)	第 12(周)	第 24(周)	第 36(周)	第 48(周)
2	第 1(周)	第 13(周)	第 25(周)	第 37(周)	第 49(周)
3	第 2(周)	第 14(周)	第 26(周)	第 38(周)	第 50(周)
4	第 3(周)	第 15(周)	第 27(周)	第 39(周)	第 51(周)
5	第 4(周)	第 16(周)	第 28(周)	第 40(周)	第 52(周)
6	第 5(周)	第 17(周)	第 29(周)	第 41(周)	第 53(周)
7	第 6(周)	第 18(周)	第 30(周)	第 42(周)	第 54(周)
8	第 7(周)	第 19(周)	第 31(周)	第 43(周)	第 55(周)
9	第 8(周)	第 20(周)	第 32(周)	第 44(周)	第 56(周)
10	第 9(周)	第 21(周)	第 33(周)	第 45(周)	第 57(周)
11	第 10(周)	第 22(周)	第 34(周)	第 46(周)	第 58(周)
12	第 11(周)	第 23(周)	第 35(周)	第 47(周)	第 59(周)

对 60 组数据进行整理后,使用和以上分析相同的二元逻辑回归的方法。测算出了每个时间点该农户的支付意愿值,如图 2-41 所示。

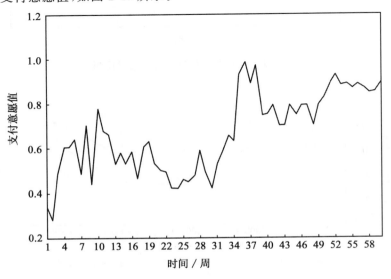

图 2-41　农户信息支付意愿变化过程

从时间上我们可以看出,农户对信息的需求程度最高的时间大概为 12 月到下年的 2 月左右。需求程度相对较低的时间为 7～9 月份。这点可以从被访农户所处的地理环境和作物的生长周期上去理解。其中,我们可以发现,农户的信息支付意愿在 49 周左右,差不多趋于平稳。可以理解为农户在经历了对信息服务部门一段时间的"考验"后,对信息产品和服务信心增加,在相同的条件下,农户信息需求程度不会有太大的波动。

第3章　农业视频信息获取
——视频分割与场景检测

通过第 2 章对我国农户信息消费意愿与采纳行为的研究,可以得知信息的有用性与易用性是农民采纳信息的主要因素。因此,如何将农业知识以有效而易接受的方式传授给农民,使他们能将准确的信息合理地运用到农业生产管理中是亟待研究解决的问题。

本章以蔬菜病害知识视频为例,采用自适应双阈值分割算法进行镜头边缘检测,达到分割迅速、准确率高、可靠性强的分割效果,同时对自适应双阈值法分割的视频过碎的结果采用镜头相似度度量法进行重构整合,形成农民用户所需的视频镜头片段,并且对农业领域内其他蔬菜病害知识视频的分割具有较强的通用性。

3.1　农业知识视频分割概念模型

随着网络的飞速发展和社会的快速进步,农业信息传递的方式和渠道呈现出了多样化形态,然而虽然信息种类繁多,农民能够真正接受和运用到实践中的并不多,根本原因在于并没有了解农民的真正需求。本节从信息有用性和易用性对个性化农业知识获取进行分析,从知识内容——科研成果,知识的表现形式——视频形式,知识的获取方式——移动终端,三方面提出农业知识视频分割方法研究的重要性和必要性,进而根据方法所涉及的 3 个关键技术——帧间差异度量技术、镜头边界检测技术、镜头分割复检技术,提出农业知识视频分割的主要思路,从而构建蔬菜病害知识视频分割概念模型。

3.1.1　农业知识视频需求分析

对农业知识视频的需求分析是构建农业知识视频分割模型的关键,只有在客观、正确分析的基础上才能提出适用于视频分割的整体方案和具体方法,农业知识视频需求分析主要包括农民个性化的农业知识需求分析和农业知识视频特点分析两方面。

1.农民个性化的农业知识需求分析

近年来,农业科技信息使农村生产和农民生活水平得到了较大提高,但是农业信息也普遍存在着问题,主要表现在信息推广形式单薄,农民吸收率低,种类不齐全,缺乏全面的信息提供,内容没有针对性,紧密联系生产和实际的信息过少,农民需求的信息水平和层次都在不断提升,他们需要更多的专业知识指导(毕达宇,2012)。所以,了解农民用户的个性化需求并以农民易接受的方式传递信息符合农户信息采纳行为与意愿,也是解决问题的根本所在。

(1)知识内容的需求　就农业知识内容而言,高校和科研单位针对农业知识与相关技术做了大量的研究,目前也已奠定了很多理论与实践基础,经实践证明,这些农业研究成果可以为广大农民提供生产指导,产生实际的经济效益与社会价值,所以称为农民可信赖的信息源。

我国蔬菜生长过程严重遭受病虫害影响,尤其近年来疫病发展非常迅速,其主要原因是农民缺乏科学生产知识,田间管理不当,农民用药施肥不科学等。蔬菜病害不仅制约了社会的经济效益,各种农药的过度使用更加造成了严重的食品安全隐患。因此,本研究方案主要针对蔬菜病害知识展开,将现有的农业领域科研成果,以农民最易接受的方式,传递专业化的蔬菜病害防治科技信息。

(2)知识表现形式的需求   调查显示,农民在接收信息的途径上,更喜爱声画并茂、容易理解的电视渠道,而以文字为主的纸质媒介对于农民来说较为抽象,接受能力较低。农民获取知识的途径以电视为主,但是在"我国 2200 多套电视节目中,开办专业对农频道的只有山东、吉林两家;省级电视台中,只有 16 家开办了农民频道,与注册的 368 家电视媒介相比,开办率仅为 4%"(余军,2006),农民喜好声画结合的知识获取方式与实际对农专业的相关信息缺乏形成矛盾。

目前相关的农业知识成果主要集中在专利、文献、科普、期刊等概念化的表现形式,农民难以接受与吸收。从上文得知,农民更加希望通过图像、声音等表现形式来获取信息,同时经过研究,人的视觉接受率为 83%,听觉接受率仅为 13%(李鑫星,2012),所以视频沟通更为有效。因此我们选取高校与科研单位录制的农业知识视频为表现形式,对视频进行相关处理,使之成为符合农民个性化与专业化需求的视频是具有非常实用的社会价值与研究意义的。

(3)知识获取方式的需求   选取了有效的知识表现形式,需配上合理的知识获取方式,才可以有效地将信息传递到农民手中。知识获取的方式一方面要适应农村的基础设施建设要求,另一方面也要以最便捷的方式为农民所用,所以知识获取方式的选择在本文的研究中同样非常重要。

专家系统目前作为农业知识的主要提供手段,以网络为媒介、以计算机为终端,但是计算机的购买需要大量资金,在农村还不够普遍;同时计算机的学习难度较大,运用较复杂,不能在农民中推广。相对于计算机,手机终端不仅价格低廉、操作简单,而且灵活方便,尤其近年来随着移动网络带宽的不断扩宽,手机具备越来越广阔的使用前景。因此本文基于智能手机移动终端这一知识获取方式的视频分割方案顺应时代所需。

有效的农业知识获取路径(图 3-1)包括 3 个节点:知识源、传输媒介和接收终端。其中知识源满足农民对于知识的内容及表现形式的需求,而传输媒介和接收终端满足农民对于知识获取方式的需求。

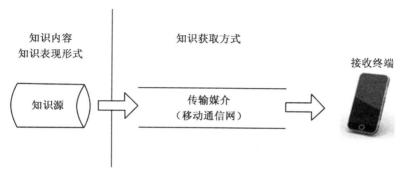

图 3-1   知识获取路径

2.农业知识视频特点

现有的农业知识视频大多是高校和科研院所录制的讲座类视频,这些视频经过了专业的后期编辑,拍摄角度、光线及色彩都较为规范。视频主要有以下特征:

①视频亮度和饱和度的影响可以忽略,以色度为主,对于这类视频最适合借助颜色特征、通过计算颜色直方图差异来实现镜头分割(Li Xinxing,2012)。

②农业知识讲座类视频镜头变化大多是突变,但是也存在渐变效果,所以镜头边界检测方案需要能够同时检测突变和渐变。

③视频对象单一,主体只有农作物。

④画面无明显运动特征,摄像机录制视频时无剧烈变化,不会因视频帧直方图的突变而造成误检。

综合以上特征,我们引用自适应双阈值进行分割,对视频低层特征(颜色、纹理等)进行分析检测镜头边缘,并对分割细节进行复检,从而得到很好的分割效果。

3.1.2 农业知识视频分割关键技术分析

视频分割技术发展十余年来,学者已提出很多方法。例如直方图法(Hung M H 等,2011;Tan K S 等,2011)、像素比较法(Naji S A 等,2012)、基于边缘特征的方法(Karasulu B 等,2011)、块匹配法(舒振宇等,2007)等。这些方法要么只考虑到分割效果,要么只考虑到分割速度,不能综合考虑准确性、可靠性、实时性问题,呈现出分割结果综合性能差的缺陷(图 3-2)。

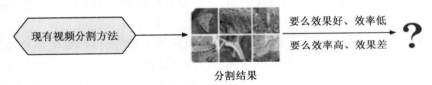

图 3-2　现有视频分割方法存在的问题

通过"农业、视频分割"等关键词检索了"中国知网"中文数据库中国学术文献网络出版总库,检索到的相关文件数量为 0,国外期刊发表的关于农业知识视频分割相关文献也非常少,至今仍没有一种分割方法能运用到农业知识视频的分割领域(图3-3)。

将视频分割技术延伸到农业领域,在总结农业知识视频特点的基础上,立足于农民用户的需求进行探索,提取视频分割关键技术并对其进行相应改进,使分割整体方案满足用户对知识获取的专业化与个性化需求,达到分割速度快,精度高的效果。

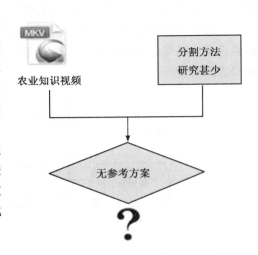

图 3-3　农业知识视频分割方法研究存在的问题

1.视频结构及其分割原理分析

视频是一种时基媒体,在空间和时间上都具有逻辑结构。一段视频也可以按层次划分为视频的逻辑段(孙少卿,2009)。一个完整视频由幕、场景、镜头、帧等组成,图 3-4 显示了对视频流数据进行结构化的过程。

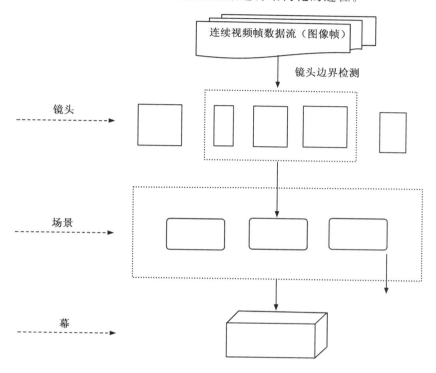

图 3-4 视频流数据结构化

帧是组成视频的最小单位,它是一幅静态图像,是构成视频的最基本单元;镜头由一系列相关的连续帧组成,表达时空上连续的一组运动,描绘同一场景,镜头是视频编辑的基本单元;场景包含有多个镜头,但由于拍摄的角度不同、表达的含义不同,只有表达相近语义的镜头才能构成一个场景;幕由一组场景构成,描述完整的故事情节或事件。

因此,视频的基本物理单元是"镜头",在视频流结构化中对视频进行镜头边界检测是许多视频后续处理的基础(吕晓宇,2011)。而图像帧的特征在同一组镜头时是保持稳定的,那么一旦相邻的图像帧特征有明显变化,就可以判断镜头发生了变化,发生变化的帧就是镜头分割点(李松斌等,2010)。本文的目标是对冗长视频进行分段处理以满足农民用户的个性化需求,即对视频进行镜头分割,并将相似的镜头聚类为场景。

镜头变换指镜头之间的转换,分割点是视频序列中不同的两个镜头间的衔接和分隔。镜头变换分为突变和渐变两种。突变在连续两帧之间发生,较易发掘;而渐变往往在连续多帧之间发生,是经过后期人工处理形成的变换效果,相对比较复杂,较难区分。渐变的编辑手法有很多种,在各种类型的视频节目中最常出现的渐变效果是淡入淡出和溶解(Minetto R,2012;马永波,2007)。

2.关键技术提取

基于镜头的视频分割是利用镜头之间的明显特征差异确定镜头边界,进而实现对视频的分割。其实质是比较相邻帧之间的帧间差异,根据帧间差异度进行度量判决,如果差异度超出了设定阈值则说明镜头发生变化,下一个视频帧属于新的镜头,否则它们属于同一个镜头。视频镜头发生突变时帧间差异值较大,表现明显;而若是渐变,帧间差异值没有突变那么大,所以如何找到渐变的起始点成为镜头检测研究的重点。根据对视频分割相关文献的查阅,目前学者对突变检测的研究已经取得了较好的成果,针对渐变的检测一直以来都是视频分割的难点所在(Spotorno S,2013)。

结合上述农业知识视频特点,确定了基于对比帧间颜色直方图差异的视频镜头分割思路,通过帧间差异值的大小来对视频镜头进行突变和渐变检测,并通过修正初检结果得到最终的镜头片段。因此,在这里农业知识视频分割方法关键技术包括:帧间差异度量测量,镜头边界检测及分割复检技术。

(1)帧间差异度量技术 镜头边界检测可以抽象为模式识别,将时间上连续且特征相似的帧识别为一个镜头。这种帧间相似度的衡量实际上是先对帧间距离进行测度,再根据帧间距离的大小进行判定。如果将视频帧的数据信息抽象为矢量,并设相邻的两帧对应两个 n 维矢量 $\vec{x}, \vec{y}, \vec{x}=(x_1, x_2, \cdots, x_n)', \vec{y}=(y_1, y_2, \cdots, y_n)'$,矢量间距离记为 $d(\vec{x}, \vec{y}), s(\vec{x}, \vec{y})$,则常用的帧间距离和相似性度量方法有以下几种(贺琳,2008)。

①欧氏距离:

$$d(\vec{x}, \vec{y}) = |\vec{x} - \vec{y}| = \Big[\sum_{i=1}^{n} (x_i - y_i)^2 \Big]^{1/2} \tag{3-1}$$

②绝对值距离:

$$d(\vec{x}, \vec{y}) = \sum_{i=1}^{n} |x_i - y_i| \tag{3-2}$$

③切氏距离:

$$d(\vec{x}, \vec{y}) = \max_i |x_i - y_i| \tag{3-3}$$

④名氏距离:

$$d(\vec{x}, \vec{y}) = \Big[\sum_{i=1}^{n} (x_i - y_i)^m \Big]^{1/m} \tag{3-4}$$

⑤函数距离:

$$d(\vec{x}, \vec{y}) = \sum_{i=1}^{n} f(x_i - y_i) \tag{3-5}$$

式中:f 为函数,U 函数即阶跃函数最为常见。

⑥最值相似系数:

$$s(\vec{x}, \vec{y}) = \frac{\sum_i \min(x_i, y_i)}{\sum_i x_i} \tag{3-6}$$

$$d(\vec{x}, \vec{y}) = 1 - s(\vec{x}, \vec{y}) = \frac{\sum_i \min(x_i, y_i)}{\sum_i x_i} \tag{3-7}$$

在帧距离测度中经常会用绝对值距离、函数距离、欧式距离及最值相似系数等方法进行测度(唐波,2005),因为这些测度不仅可得到统计意义上的结果,而且计算简单,还具有相应的物理意义。这里采用"最值相似系数"方法来度量视频数据两帧之间的相似程度,原因是其运算过程简单且能得到更为精确的度量结果。

(2)镜头边界检测技术　对镜头边界进行检测是视频分析的基础,学者在该领域已进行大量的研究工作。早期的工作集中在检测镜头突变,近年来更注重镜头渐变的分析(周艺华等,2006)。镜头边界的检测方法有很多种,按照不同的标准分为不同的类别。根据视频模型的构造方法不同,镜头分割可分为基于视频编辑模型的自顶向下方法和基于统计特征的自底向上方法。前者首先要确定镜头的转换模型,继而在视频数据流中寻找匹配镜头转换模型从而完成镜头边界检测(陆海斌等,2002);后者是先提取底层统计特征,再通过计算其帧间的特征差异作为检测依据。根据视频数据域的不同,可以将视频边界检测方法分为两类:基于非压缩域和非压缩域的方法。较为常用的镜头边界检测方法包括:像素差异法、统计量法、基于直方图法、块匹配法、基于边缘特征的方法等(孙少卿,2009)。

①像素差异法——通过比较连续两帧之间相应像素的差值与阈值大小确定镜头边界。

计算两帧的灰度差 d:

$$d = |f_1(x, y) - f_2(x, y)| \tag{3-8}$$

式中:$f_1(x, y)$,$f_2(x, y)$分别代表两相邻帧的像素(x, y)的灰度,则总帧差为 D:

$$D = \frac{1}{MN} \sum_x \sum_y f_d(x, y) \tag{3-9}$$

式中:MN 是图像的尺寸。如果总帧差大于某一设定的阈值,则存在镜头突变。基于像素的算法对于噪声、物体运动和摄像机运动较敏感。其改进算法一是只累计那些变化较为明显同时超过阈值的像素点,即:

$$d = \begin{cases} 1 & \text{if } |f_1(x, y) - f_2(x, y)| \geqslant T_1 \\ 0 & \text{else} \end{cases} \tag{3-10}$$

改进方法二先采用3×3平滑滤波,再计算帧间差异度,此方法能减少镜头移动和噪声对度量的影响。

②统计量法——利用像素之间的统计特征,使用阈值化来对镜头边界进行检测。

文献(Alatter A M,1998)指出了通过计算相邻图像的均值、方差的一阶、二阶导数能够较好的检测镜头变化。统计量法的优点是对噪声影响较不敏感,但是缺陷是对存在物体高速运动的镜头检测容易产生误检结果。因为此算法本身具有很大的复杂性,所以单独使用的情况较少,一般情况下,都会采用与其他方法结合的方式来提高镜头检测的性能。

③基于直方图法——通过比较连续两帧直方图差值与阈值大小检测镜头变化。

在镜头边界检测算法中,最常用的一类方法是基于相邻帧图像的直方图法(灰度直方图或彩色直方图),相邻两帧图像的直方图距离表示帧间差异值。该类方法并未考虑像素的位置信息,使用像素亮度和色彩的统计值,所以具备较强的抗噪声能力。Zhang,Kankanhalli和Smoliar 等通过比较数值差法、像素差法和直方图法的镜头边界检测性能,得到了实验结果:直方图法最能够同时满足视频边界检测速度快和准确性高的双重要求(Hung M H,2011)。但是直方图法也存在一定弊端,当两帧之间的颜色结构不同但是颜色直方图很相近时容易造成漏检现象,针对这一缺陷,将采用改进的直方图法对视频镜头进行检测,下节将会有详细说明。

④块匹配法——用局部特性提高对物体和摄像机运动的鲁棒性。

该方法的思路是首先将每帧图像划分为 N 个块,通过比较对应子块进而评估连续帧之间的相似性。基于块匹配的镜头边界检测方法较好地运用了图像局部的特征量达到抑制噪声、摄像机及物体运动对分割产生的不良影响。根据检测思路,Kasturi 等将图像划分为 40×40 的子块,按照公式(3-11)计算出两帧相应块之间的差值。

$$\lambda = \frac{\left[\frac{\sigma_1^2 + \sigma_2^2}{2} + \left(\frac{\mu_1 - \mu_2}{2}\right)^2\right]^2}{\sigma_1^2 \sigma_2^2} \tag{3-11}$$

式中:μ,σ 分别代表子块灰度的均值,方差。两帧图像间的差异通过归一化所有相应子块差值的总和来表现。

⑤基于边缘特征的方法——由配准和边缘比较得出镜头变化。

该方法由 Zabih 等提出。当镜头发生变换时,无论突变还是渐变,在视频流中总会出现新的边缘或者有旧的边缘消失。基于边缘特征的方法的基本思想是镜头发生转换时,出现的新的边缘的位置应该远离旧的边缘,而旧的边缘消失的位置也应该远离新的边缘。首先需要计算得出帧间的位移总量,然后进一步配准,再计算出边缘的数量和确定其位置。在此方法中,帧间差异值大小由边缘变化百分比来表示,即为边缘从一帧到另一帧移进、移出的比例大小。由于基于边缘特征的方法是配准后再对边缘进行比较,所以该方法对于运动不是很敏感,但是帧差的计算过程比较复杂。

⑥双阈值法——通过设置高低阈值分别检测镜头突变和渐变。

双阈值法的镜头边界检测原理如图 3-5 所示。视频镜头的突变过程大多是发生在连续两帧之间,同时这两帧会表现出较大的帧间差异。根据这一事实,我们可以设置一个合理的阈值 T_h,当相邻帧的帧间差异度超过该阈值,即 $S(f_i, f_{i-1}) > T_h$ 时[图 3-5(a)],则可认为镜头在 i 帧处发生了突变。镜头渐变过程一般来说发生在连续多帧间,相对于突变,其相邻帧的帧间差异度要小很多,可设低阈值 T_l,用来确定渐变镜头的起始,即通过帧间差异度序列与低阈值比较来确定镜头渐变起始帧,任何帧间差异度大于 T_l 的帧均视为镜头渐变起始帧。再计算该起

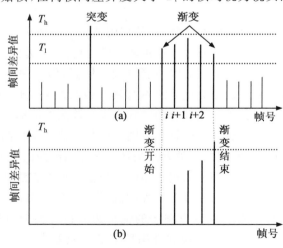

图 3-5 双阈值法镜头检测原理

资料来源:李松斌,2010。

始帧与后面各帧间的帧间差异度,如图 3-5(b)所示。确定第 i 帧为渐变起始帧后,分别计算第 i 帧与之后的第 $k(k=i+1,i+2,i+3,\cdots)$ 帧之间的帧间差异值 $S(f_k,f_i)$。当得到某个帧 k 对应的帧间差异值满足 $S(f_k,f_i)>T_h$,则该帧为视频镜头渐变过程的待定结束帧,是否确定为结束帧还需要进一步确定,将在下节详细说明。

双阈值法虽然能够同时检测镜头突变和渐变,但是采用全局固定阈值易造成渐变起始点与结束点的判断失误而引起误检。因此我们结合蔬菜病害知识视频"以色度为主,无运动特征"等特点,在双阈值法的基础上进行改进,提出了自适应的双阈值法,能够更加精确地确定突变和渐变。

(3)分割复检技术　分割复检是在对初步分割结果的准确性进行分析之后,对分割结果进一步完善和优化,使得最终的分割结果更加精确。目前针对自适应的双阈值算法分割视频提出的复检方法较少,最典型的是以下方法(孙少卿,2009)。

①突变复检。利用后续帧的信息对算法进行改进,排除光照变化造成的误检和不考虑变化点与后续帧关联而造成的漏检。当某帧的帧间差异值 D_i 大于高阈值 T_h 时,即以该帧 i 为中心划定长为 $2r+1$(r 值为 3~5 中的一个数)的窗口进行分割复检。步骤如下:

a. 判定 i 帧的帧间差异值 D_i 是否为窗口内最大值,若不是,则没有镜头突变情况发生;

b. 若 D_i 是窗口内最大值,那么继续寻找窗口内的次大值,如果最大值为次大值的 3 倍或者大于 3 倍,则发生镜头突变,否则就没有发生突变。

该方法能够有效地去除因闪光灯、物体运动等对镜头分割结果带来的不良影响,使得分割准确性得到了提高。

②渐变复检。实验发现,物体发生运动时,较易被判断为镜头的渐变过程,但是溶解的过程是非常缓慢的,所以低阈值根本不能检测到起始帧。对溶解过程进行复检的一种有效方法是采用基于非相邻帧间差异值的窗口最大值法。步骤如下:

a. 镜头边界检测初检完成后,找出长度较长的镜头,再计算出镜头内非相邻帧的帧间差异值,同时设定一个长度为固定值的滑动窗口(经验值一般为 5,视不同视频而定);

b. 设 M 为非相邻帧的帧间差异值平均值,初始化 M 为当前镜头第一个滑动窗口内的非相邻帧的帧间差异值平均值;

c. 计算出下个窗口内的最大值 Max,若 Max$<3\times M$,则需重新计算 M(含当前窗口的平均值);

d. 若 Max$>3\times M$,并且 Max 在窗口的前半部分,那么 Max 记为渐变点,下一个窗口就是新的镜头边界,再转至步骤 b;

e. 若 Max 在窗口的后半部分,那么需要计算 Max$'$(下一个窗口的最大值),则 Max 和 Max$'$ 中较大值处就是渐变点,其后的窗口是新的镜头边界,转至步骤 b。

面向对象为录制的农业知识视频,不存在闪光灯影响,也没有物体的剧烈运动,并且镜头变化一般为突变,渐变过程极少,所以以上所述的分割复检方法并不适用。在对镜头边界检测结果误差和农民需求特点进行分析的基础上,我们提出了基于镜头相似度度量的分割优化方法,复检效果明显、针对性强。

3.1.3 农业知识视频分割概念模型的构建

在"农村计算机普及率低、手机普及率高"的背景下,从知识内容、知识表现形式及知识获取方式 3 方面详细分析农业知识的个性化需求特点,提出农业知识视频分割方法研究的重要性;同时从技术角度分析了视频分割的可行性,提出分割关键技术及需解决的问题。基于以上分析,构建农业知识视频分割概念模型(图 3-6),后续分割方案全面围绕概念模型展开。

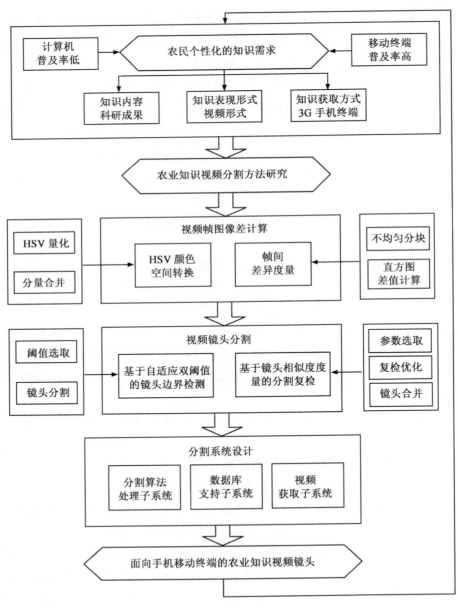

图 3-6 农业知识视频分割概念模型

概念模型共涉及 4 个关键研究点:HSV 颜色空间转换、帧间差异度量、基于自适应双阈值的视频镜头边界检测、基于镜头相似度度量的分割复检。

1. HSV 颜色空间转换

分析颜色特征时,本节选取更接近人类视觉感知的 HSV 空间标准进行分析,图像一般以 RGB 形式显示,所以 RGB 到 HSV 颜色空间的转换是视频分割的第一步。为了缩短计算时间,本书压缩了直方图矢量的维数,对 HSV 的量化方法进行了改进,采用非等间隔的量化技术。

2. 帧间差异度量

帧间差异度量即计算帧图像之间的差异度,我们根据蔬菜病害知识视频的主体内容分布特点,提出了优化分块策略,将分割对象集中在视频的主题内容,排除了其他无关内容的影响,由权重不同的子块差异可得到累计的图像差异。

3. 基于自适应双阈值的视频镜头边界检测

镜头边界检测是本章的核心技术,采用双阈值法基础上改进的自适应双阈值方法,根据前后帧的关联自适应设置可变的高、低两个阈值,与帧间差异度量值进行对比,得到突变镜头与渐变镜头的检测结果,分割更加准确。

4. 基于镜头相似度度量的分割复检

镜头边界检测完成后,针对因阈值偏差而产生的分割误差,这里引入镜头相似度概念,采用镜头相似度度量法对分割过细的结果进行整合与优化,使最终分割的镜头结果更加满足农民个性化与专业化的信息需求。

3.2 农业知识视频分割模型

3.2.1 农业知识视频分割方法

农业知识视频镜头分割过程存在 3 个关键问题:一是如何选取稳定的特征对镜头进行表征,并进行有效的特征差异度量;二是如何设定阈值,采用有效的检测方法对镜头边界进行检测;三是如何对分割结果进行优化,使得最终分割结果满足农民用户的实际需求。

基于自适应双阈值的农业知识视频分割方法首先通过帧间差异平均值设置高、低两个阈值来分别检测突变和渐变,在检测过程中利用当前帧之前和之后的帧信息对两个阈值进行自适应的调整,得到候选镜头边界检测结果。然后,通过度量镜头相似度对分割过碎的镜头进行合并,最终得到能够表达农民用户所需信息的专业化视频镜头。图 3-7 是镜头边界检测算法的整体框图。

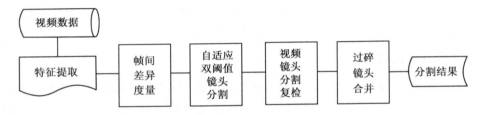

图 3-7　本节视频镜头分割主要框架

1. 基于 HSV 颜色空间的特征选取

HSV 颜色空间模型如图 3-8 所示。HSV 空间有两个重要特点:一是人眼能独立感知该空间各颜色分量的变化;二是在这种颜色空间上的颜色三元组之间的欧几里得距离与人眼感觉到的相应的颜色差具有线性关系,是一种符合人类视觉感觉特性的颜色模型(Chen C L 等,2011;Hu Jing 等,2012)。蔬菜病害知识视频以色度影响为主,基于 HSV 颜色空间的测度能够更好地逼近人眼的感觉,因此采用基于 HSV 颜色空间计算图像的颜色直方图。

首先将图像颜色从 RGB 空间转化到 HSV 空间,给定 RGB 颜色空间中的值 (r,g,b),$r,g,b\in[0,255]$,设 $v'=\max(r,g,b)$,定义 r',g',b' 为:

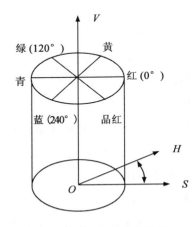

图 3-8　HSV 颜色空间模型

$$r'=\frac{v'-r}{v'-\min(r,g,b)}$$

$$g'=\frac{v'-g}{v'-\min(r,g,b)} \tag{3-12}$$

$$b'=\frac{v'-b}{v'-\min(r,g,b)}$$

定义 h' 为:

$$h'=\begin{cases}(5+b') & r=\max(r,g,b);g=\min(r,g,b)\\(1-g') & r=\max(r,g,b);g\neq\min(r,g,b)\\(1+r') & g=\max(r,g,b);b=\min(r,g,b)\\(3-b') & g=\max(r,g,b);b\neq\min(r,g,b)\\(3+g') & b=\max(r,g,b);r=\min(r,g,b)\\(5-r') & \text{else}\end{cases} \tag{3-13}$$

则 RGB 空间到 HSV 空间的转换为:

$$v=\frac{v'}{255}$$

$$s=\frac{v'-\min(r,g,b)}{v'} \tag{3-14}$$

$$h=60\times h'$$

一帧图像的颜色一般非常多,直方图矢量的维数也相应较多,为了压缩直方图矢量的维数,减少计算量,采用非等间隔量化技术,将色调 H、饱和度 S、亮度 V 的空间分别分成 8 份、3 份、3 份,量化计算如公式(3-15)(彭波等,2003):

$$H=\begin{cases} 0 & \text{if } h\in[316,020] \\ 1 & \text{if } h\in[021,040] \\ 2 & \text{if } h\in[041,075] \\ 3 & \text{if } h\in[076,155] \\ 4 & \text{if } h\in[156,190] \\ 5 & \text{if } h\in[191,270] \\ 6 & \text{if } h\in[271,295] \\ 7 & \text{if } h\in[296,315] \end{cases} \tag{3-15}$$

$$S,V=\begin{cases} 0 & \text{if } s,v\in[0.0,0.2] \\ 1 & \text{if } s,v\in[0.2,0.7] \\ 2 & \text{if } s,v\in[0.7,1.0] \end{cases}$$

式中:H、S、V 分别表示各量化区间的标号。整个 HSV 空间被分成 72(8×3×3)个子空间,通过公式(3-16)可得到每个子空间一个唯一的标号 l:

$$l=JQ_sQ_v+SQ_v+V=9H+3S+V \tag{3-16}$$

式中:Q_s 表示 S 的量化级数,Q_v 表示 V 的量化级数。$Q_s=Q_v=3$ 且 $l\in[0,7]$,该帧的 HSV 颜色直方图特征矢量有 72 个分量,通过计算不同子空间的像素个数得到。

2. 帧间差异度量

直方图无法记录像素的空间信息,因此进行帧间差异度量时一般不以帧为单位,而是采用均匀分块的策略。结合图像主体呈现范围和本着对排除不必要内容干扰的考虑。考虑到帧图像不同区间的重要性,先将每一帧分割成不同区间,然后计算被分割的区间直方图差异,对每个区间赋予不同的权重,加权后的平均距离即为两帧图像的差异值(袁小娟等,2011)。

如图 3-9 所示,将一帧图像划分为 9(3×3)个子块,图 3-9(a)为均匀分块图,忽略中央主体区域的重要性;图 3-9(b)是非均匀分块,相对于图 3-9(a)排除了视频上面和下面呈现广告等无关内容对镜头边界检测的影响;考虑到视频对象蔬菜病害知识视频主体为蔬菜作物,主要呈现在视频中央,蔬菜病害知识视频的 4 个角对于整个视频的镜头边界检测影响都不大,根据视频图像呈现特点,采用图 3-9(c)所示的优化分块策略,将 4 个角点的权重设置为 0,将可能植

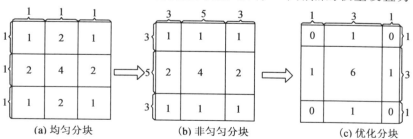

(a) 均匀分块　　　　(b) 非均匀分块　　　　(c) 优化分块

图 3-9　直方图分块优化图

入广告的视频四周权重设置为 1，加强中央权重，设置为 6，长、宽、高按照 1∶3∶1 进行分割。

将每帧图像的 9 个子块分别记为 $w_1, w_2, w_3, \cdots, w_9$，则加权矩阵可以通过以下表达式获取：

$$M = \begin{bmatrix} w_1 & w_2 & w_3 \\ w_4 & w_5 & w_6 \\ w_7 & w_8 & w_9 \end{bmatrix} = \begin{bmatrix} 0 & 1 & 0 \\ 1 & 6 & 1 \\ 0 & 1 & 0 \end{bmatrix} \tag{3-17}$$

这里采用绝对值距离来度量相邻两帧对应区间的直方图差异，设第 i, j 两帧在子块 k 上的颜色直方图分别由 $H_{i,k}(l), H_{j,k}(l)$ 表示，其中亮度区间为 l，则两子块的直方图距离为（Sierra B 等，2009；王思文等，2012）：

$$d(H_{i,k}, H_{j,k}) = \sum_{l=0}^{71} \mid H_{i,k}(l) - H_{j,k}(l) \mid \tag{3-18}$$

计算出对应子块直方图差值，记为 $d_1, d_2, \cdots, d_9$，则两帧加权系数区间直方图差值为（Sierra B 等，彭波等，2003）：

$$D = \frac{\sum\limits_{r=1}^{9} w_r d_r}{\sum\limits_{r=1}^{9} w_r} \tag{3-19}$$

3. 视频镜头边界检测

突变镜头发生在相邻两帧之间，而渐变过程发生在连续的多帧之间。使用双阈值法进行镜头边界检测的思想是利用高阈值 T_h 检测突变镜头，利用低阈值 T_l 确定渐变镜头的起始点，通过比较累计帧间差异值和高阈值的大小确定结束点（Chen Q 等，2008；贾玉福等，2011）。如图 3-10 所示，当相邻帧间差异值超过 T_h 时，即在此帧发生了突变；当检测到 i 帧的帧间差异值 $T_l < D_i < T_h$ 时，则第 i 帧为渐变的起始帧，然后计算 i 帧和之后每一帧（$i+1, i+2, \cdots$）的帧间差异值（称之为累计帧间差异值），直到和某一帧 $i+n$ 的累计帧间差异值大于高阈值 T_h 时，则第 $i+n$ 帧为渐变过程结束帧。

但是，双阈值镜头边界检测法存在对渐变结束点难，以准确判断的问题，通过双阈值法得到的结束帧可能并未是真正的结束帧而是渐变过程中的某一帧（邓丽等，2012）。如图 3-10 中的 i' 帧，其对应的累计帧间差异值超出 T_h，按照双阈值法可判断 i' 帧应为渐变结束帧，但事实上 i' 只是渐变区的某一帧，$i'+m$ 帧才是结束帧。

采用固定阈值的双阈值法对于镜头突变和渐变虽然有较好的检测效果，但是对于检测渐变过程可能会造成误检（孙少卿等，2009）。因此对双阈值法进行改进，采用局部自适应的阈值对镜头进行检测。

该方法利用当前镜头起始帧至当前帧的前一帧这个可变长度滑动窗口内的帧间差异平均值来确定突变和渐变检测的阈值，其计算方法如下（李松斌等，2010；张勇等，2012）：

$$u = \frac{l}{L} \sum_{i=1}^{i=L-1} D_i \tag{3-20}$$

式中：L 表示滑动窗口的长度，L 的开始位置为当前镜头起始帧，结束位置为当前帧的前一帧；u 表示滑动窗口内各帧的帧间差异平均值；D_i 表示滑动窗口内第 i 帧的帧间差异值。

　　自适应双阈值法虽然能有效地对视频镜头在时间轴上进行分割，但是使用阈值进行边界检测可能造成分割过细或分割不够的结果，而分割不够无法修复，分割过细能通过后续工作进行修正（Wei Shui gen 等，2011；孙少卿等，2009）。所以我们在设定自适应阈值时，尽量避免分割不够的情况产生。通过实验可得，当 $T_h \leqslant 5u$，$T_l \leqslant 3u$ 时，分割过细；当 $T_h > 5u$，$T_l > 3u$ 时，分割不够。这里取高阈值 $T_h = 5u$，低阈值 $T_l = 3u$。

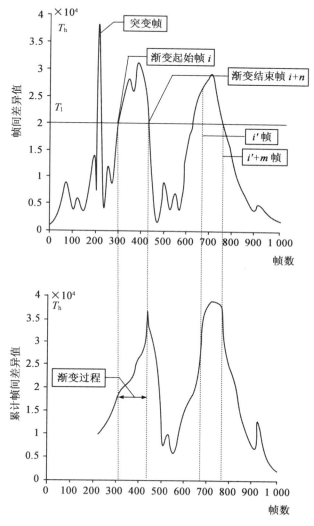

图 3-10 双阈值检测示意图及存在的问题

4. 视频分割复检

　　对农业知识视频进行分割的最终目的是为广大农民用户提供个性化和专业化的信息检索服务。自适应双阈值法虽然能有效地对视频镜头在时间轴上进行分割，但是使用阈值进行边界检测可能造成分割过细或分割不够的结果，而分割不够无法修复，分割过细能通过后续工作进行修正。我们在设定自适应阈值时,应尽量避免分割不够的情况产生,对于有可能造成的分割过细结果,需要进行复检,将相似度较高的镜头进行合并,使最终镜头片段真正符合农民信息检索的现实需求。

(1)镜头相似度度量　属于同一场景的镜头具有相似的视觉(颜色)和运动特征(Sakarya U 等,2012)。镜头相似度由颜色相似度和运动相似度共同决定,可以定义为视觉相似度和运动相似度的叠加。而视觉特征和运动特征为两个性质不同的物理量,需要归一化处理后相加来决定镜头相似度大小。镜头相似度计算公式如下(Sierra B 等,2009):

$$S_{shot}(x,y) = \alpha \times \frac{S_a(x,y) - \mu_a}{\sigma_a} + \beta \times \frac{S_b(x,y) - \mu_b}{\sigma_b} \tag{3-21}$$

$$\alpha = \frac{\sigma_a}{\sigma_a + \sigma_b}, \beta = \frac{\sigma_b}{\sigma_a + \sigma_b} \tag{3-22}$$

式中:$S_a(x,y)$ 为镜头 x 和 y 的视觉相似度;$S_b(x,y)$ 为镜头 x 和 y 的运动相似度;μ_a 为视觉相似度的均值;σ_a 为视觉相似度的方差;μ_b 为运动相似度的均值;σ_b 为运动相似度的方差;α 为颜色分量权重;β 为运动分量的权重。

视觉相似度及其均值和方差计算公式如下(王学军等,2007):

$$S_a(x,y) = \max_{i \in \{f_x, e_x\}, j \in \{f_y, e_y\}} (S(i,j)) \tag{3-23}$$

$$S(i,j) = \frac{1}{w \times h} \times \sum_{p=0}^{n-1} \min(H_i(p), H_j(p)) \tag{3-24}$$

$$\mu_a = \frac{1}{\sum_{k=1}^{F}(N-k)} \sum_{k=1}^{F} \sum_{x=0}^{N-k-1} S_a(x,x+k) \tag{3-25}$$

$$\sigma_a = \sqrt{\frac{\sum_{k=1}^{F} \sum_{x=0}^{n-k-1}(S_a(x,x+k) - \mu_a)^2}{\sum_{k=1}^{F}(N-k)}} \tag{3-26}$$

式中:$S(i,j)$ 为两幅图像 i,j 的相似度;f 为镜头起始帧;e 为镜头结束帧;$H_i(p)$ 为图像 i 的 HSV 彩色直方图;$H_j(p)$ 为图像 j 的 HSV 彩色直方图;p 为直方图对应区间;w 为图像的宽;h 为图像的高;n 为直方图的区间数;F 为前向搜索范围;k 为向前搜索的镜头数;N 为镜头的个数。

运动相似度的 S_b、u_b 和 σ_b 可类似地计算得到。由于农业知识视频运动特征较少,在复检时,我们只考虑视觉相似度。所以 $u_b = 0$、$\sigma_b = 0$,式(3-22)中 $\alpha = 1$、$\beta = 0$。这里采用简化的镜头相似度计算公式为:

$$S_{shot}(x,y) = \frac{S_a(x,y) - u_a}{\sigma_a} \tag{3-27}$$

在使用镜头相似度进行复检时,需要确定两个参数:前向搜索范围 F,镜头相似度阈值 T_s。

（2）**度量参数选取**　选取 3 个视频进行参数取值实验，根据实验结果的反馈选取 F、T_s 最优值。首先给它们各自赋一个初始值（$F=1$，$T_s=0.05$），再对两者进行不同的取值组合，实验结果如图 3-11 所示。图中圆圈表示复检实验准确度，圆圈越大表示准确度越高，反之准确度越低，从图中可以看出当 $F=3$，$T_s=0.25$ 时，实验准确度达到最高（98％以上），所以选取最优值 $F=3$，$T_s=0.25$ 作为参数取值。

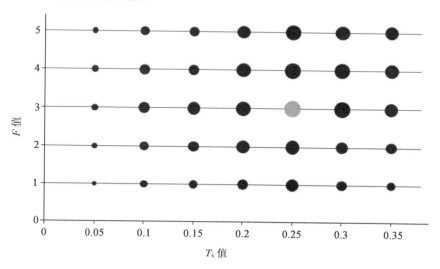

图 3-11　F、T_s 参数取值实验结果

3.2.2　视频分割评价标准

对于镜头边界检测性能的评价，目前仍是个需要解决的问题。首先，对某种方法性能优劣的评价是基于某一种标准化的数据处理后得到的性能指标。在图像处理领域，有很多标准图像（如 Lena 等），而对视频而言，目前尚未建立标准视频数据，该标准视频数据必须要包含一定数量的突变镜头和各种渐变类型的镜头，才可以定性地说明问题。

其次，算法的优劣可由某一种形式化的公式计算而得到，但目前对镜头边界检测效果尚未建立统一的评价标准。目前最常用的指标主要有两种（程文刚等，2006），一种是多媒体信息检索中的指标，查全率和查准率，定义如下：

$$recall=\frac{N_c}{N_c+N_m}\times100\%$$

$$precision=\frac{N_c}{N_c+N_f}\times100\%$$

（3-28）

式中：recall 是查全率；precision 是查准率；N_c 表示正确检测到的镜头个数；N_m 表示漏检的镜头个数；N_f 表示误检的镜头个数。

另一种是漏检率和误检率，表示漏检的镜头个数和误检的镜头个数在总镜头个数中的比率，定义为：

$$\eta_m = \frac{N_m}{N_c + N_m} \times 100\%$$

$$\eta_f = \frac{N_f}{N_c + N_f} \times 100\%$$

$$(3-29)$$

式中：η_m 和 η_f 分别表示漏检率和误检率，其他参数意义同公式(3-28)。

这两种评价的两个指标之间相互制约，是一对矛盾因素。对于镜头边界检测的各种算法虽不能实现 100% 的理想检测，但可以按照不同的目的和用途选择相应的合适算法，使得两个指标达到很好的平衡。这里采用查全率 recall 和查准率 precision 来检验试验结果的准确性。

3.2.3 实验方案与实验结果分析

1. 实验材料与方法

从农业知识视频数据库中选取 3 个视频作为实验材料。3 个视频分别为安徽省农业科学院和红星电子音像出版社联合制作的视频"油菜病虫害识别与综合防治"，山东莱阳农学院和红星电子音像出版社联合制作的视频"大棚黄瓜主要病害的发生与防治"，山东莱阳农学院制作的视频"萝卜病虫害的发生与防治"。

实验前对每个视频的镜头进行了人工标注，用来与实验分割结果进行对比，农业知识视频以压缩形式存储，使用开源视频解码工具进行视频帧抽取，然后基于抽取的视频帧进行镜头分割。

2. 实验结果分析

为验证分割方法的准确性、有效性和实时性，实验将分割方法与双阈值法、直方图法这两种经典方法在查全率、查准率和分割时间上进行了对比。实验结果如表 3-1 所示，分割结果如图 3-12、图 3-13、图 3-14 所示。

表 3-1　视频分割实验结果

视频	标记突变数	标记渐变数	分割方法	突变/渐变			查全率/%	查准率/%	分割时间/s
				N_c	N_f	N_m			
油菜	73	6	直方图法	48/0	13/4	12/2	77.4	73.8	87
			双阈值法	68/1	4/4	1/1	97.2	89.6	98
			本文方法	73/4	0/0	0/2	97.5	100	103
黄瓜	81	5	直方图法	53/1	16/4	12/0	81.8	73	93
			双阈值法	70/0	6/5	5/0	93.3	86.4	104
			本文方法	79/3	1/0	1/2	95.4	98.8	110
十字花科蔬菜	67	5	直方图法	46/0	11/5	8/0	85.2	74.2	83
			双阈值法	56/0	7/5	4/0	93.3	83.6	92
			本文方法	67/4	0/0	0/1	98.6	100	96

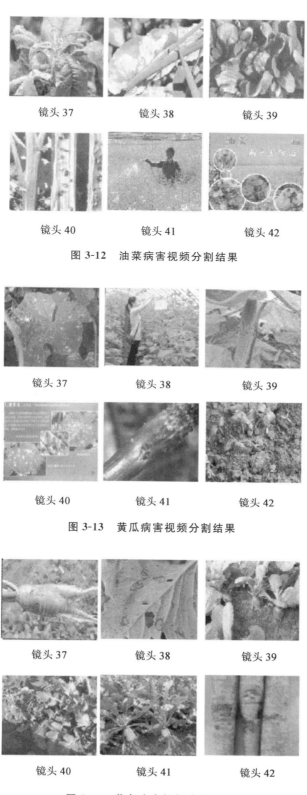

镜头 37　　　　　镜头 38　　　　　镜头 39

镜头 40　　　　　镜头 41　　　　　镜头 42

图 3-12　油菜病害视频分割结果

镜头 37　　　　　镜头 38　　　　　镜头 39

镜头 40　　　　　镜头 41　　　　　镜头 42

图 3-13　黄瓜病害视频分割结果

镜头 37　　　　　镜头 38　　　　　镜头 39

镜头 40　　　　　镜头 41　　　　　镜头 42

图 3-14　萝卜病害视频分割结果

表 3-1 的数据是在各方法运行在相同的系统环境下得到的,可看出本方法使得油菜、黄瓜、十字花科蔬菜视频分割查全率分别达到 97.5%、95.4%、98.6%,查准率分别达到 100%、98.8%、100%;查全率平均大于 97%,查准率大于 98%。

实验结果表明,采用镜头相似度度量方法之后,几乎消除了分割存在的误检现象。突变镜头的查全率和查准率均分别为 100%、98.8%、100%,分割结果接近 100%。因此,相比其他两种经典算法,本方法分割准确性明显提高。另外,实验将分割时间进行了对比,由表中得出各个算法所需的时间相差不大,所以本算法在保证准确性的前提下并没有降低分割效率。

整体来看,基于自适应双阈值的农业知识视频分割方法能有效地对 3 个蔬菜病害知识视频镜头进行检测,同时较好地兼顾了分割的准确性、可靠性和实时性。但是,相比突变镜头分割,渐变镜头查准率为 100%,但查全率分别为 66.7%、60%、80%,渐变镜头的查全率还有待进一步提高。

3.3　农业知识视频场景检测

视频的结构包含幕、场景、镜头、帧等(马永波,2007)。帧是组成视频的最新单元,每一帧都是一副静态图像。连续的静态图像形成了镜头,而镜头的变换形成了一个个独立的语义单元,即场景。数个语义单元的组合形成了一个完整的故事——视频。对视频进行分析的过程就是视频编辑制作的逆过程。

视频场景作为对立的语义单元,是高效访问和浏览视频的基础。同时,随着专业领域视频场景检测的需求,学者也越来越多地将视频底层特征与音频、文本或空间信息相结合对镜头边缘进行修正。音频辅助的视频分割方法研究简单有效,与单一的基于视觉底层特征的分割方法相比,获得的视频片段语义信息更加完整,同时也可以避免分割碎片的产生(孙中伟,2002);基于剧本及字幕信息的视频分割方法,与完全依赖视频底层特征分析的方法相比,对电影视频场景片段的检测速度和准确度更高(李松斌,2010)。Guangyu(2012)等基于电影的特点提取视觉和声音的关联特征,运用核典型相关分析融合视频特征实现场景检测。

以传授农业知识为目的的功能性视频,拍摄主角和面向对象均有其特殊性,视频中语音及字幕是对视频的精确描述,视频是对语音的视觉补充。因此仅检测镜头变换对视频进行场景检测是不够的。这里提到的视频场景检测要充分考虑到农业知识视频的场景语义,在进行视频分割时不仅要考虑镜头的时间连续性,还要综合考虑具有相同字幕信息的镜头相关性以及音频镜头与视频镜头的相关性。

因此针对以上特点,在农业知识视频分割模型的基础上,提出了一种多模态融合的农业知识视频场景检测方法,该方法以声音、图像及字幕的相关性为场景检测的依据,提出只有音频镜头与视频镜头切分点基本重合时才能确认为一个场景的结束。

3.3.1　农业知识视频场景的语义模型

从人类感知与知识学习的角度来说(王辰,2008),农业知识视频场景一般具有如下的共同特征:

①农业知识视频场景中的内容以语音和文本为主,视频图像帧作为视觉补充而存在,这些镜头在声音、文本与图像上有时间相关性。

②农业知识视频场景中的声场包括解说和过渡音乐两部分,一个解说场景中的声音应该包括至少一句完整的语音;而过渡音乐场景因无停顿点,其长度等同于一个非语音类型的声音镜头。

③声音镜头类型的改变意味着场景语义的转变。

④农业知识视频场景中出现文本信息时,文本未变化则场景不结束。

农业知识视频场景的这些特征是进行场景检测算法的依据。从上述特点可以看出,无论从影视制作还是人类感知的角度,通过有效融合视频中声音、字幕和图像信息,可以展现视频中各个语义概念的语义关系。因此,融合多模态信息的场景检测是分割农业知识视频最有效的方法。其语义模型如图 3-15 所示:

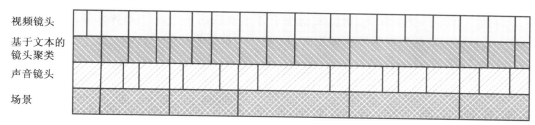

图 3-15　蔬菜视频场景的语义模型

3.3.2　农业知识视频镜头的多模态检测

1.视频文本检测

视频中出现的文本与视频内容密切相关,尤其是农业知识视频这种特定类型,其文本信息在基于语义的视频分析、索引和检索中起着重要作用。视频中文本检测的一般步骤如图 3-16 所示,此处文本检测的目的是为基于文本的农业知识视频镜头聚类做准备,能够定位文本的起始帧与结束帧即可。为了实现以上目的,采用基于压缩域的字幕快速检测、定位和跟踪方法(Lienhart,2002;Qian,2007;钱学明,2007)。

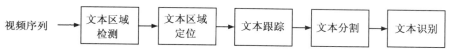

图 3-16　视频文本检测的一般步骤

资料来源:钱学明,2007。

(1)文本区域预检测　中文字符的笔画具有多方向、多交叉点的特点(Lyu,2005),本文采用基于 DCT 系数的文本检测方法对农业知识视频进行文本检测(钱学明,2007;Lim,2000)。对一个 8×8 宏块选择 3 个水平 AC 系数,3 个垂直 AC 系数和 1 个对角 AC 系数表示该块的纹理。一个 8×8 块 $f(x,y)$ 的 DCT 变换系数 $AC_{\mu L}$ 公式如下:

$$AC_{\mu L} = \frac{1}{8} C_\mu C_\upsilon \sum_{x=0}^{7} \sum_{y=0}^{7} f(x,y) \cos \frac{(2x+1)\pi\mu}{16} \times \cos \frac{(2y+1)\pi\upsilon}{16} \qquad (3-30)$$

式中:μ 表示水平坐标($\mu=0,1,\cdots,7$);υ 表示垂直坐标($\upsilon=0,1,\cdots,7$),且有:

$$C_\mu,C_\upsilon=\begin{cases}\dfrac{1}{\sqrt{2}} & \mu,\upsilon=0 \\ 1 & \text{其他}\end{cases} \tag{3-31}$$

令 $\{AC_{01}(i,j),AC_{02}(i,j),AC_{03}(i,j),AC_{10}(i,j),AC_{20}(i,j),AC_{30}(i,j),AC_{11}(i,j)\}$ 表示 i 帧 8×8 块(i,j) 的所选 3 个水平 AC 系数,3 个垂直 AC 系数和 1 个对角 AC 系数的集合,用于近似地表示块的纹理强度,则块(i,j) 的纹理强度 $T_{AC}(i,j)$ 的计算公式为:

$$T_{AC}(i,j)=\sum_{\mu=1}^{3}\left|AC_{\mu0}(i,j)\right|+\sum_{\upsilon=1}^{3}\left|AC_{0\upsilon}(i,j)\right|+\left|AC_{11}(i,j)\right| \tag{3-32}$$

为了使文本块凸显于背景,我们采用基于邻域加权的平滑滤波处理纹理强度图像 T_{AC}。令 $\boldsymbol{MT}_{AC}$ 表示滤波后的纹理强度图像矩阵,$\boldsymbol{F}_b$ 表示滤波模板矩阵,则有:

$$\boldsymbol{MT}_{AC}=\boldsymbol{F}_b * T_{AC} \tag{3-33}$$

式中:符号 $*$ 表示卷积运算。此处取 $\boldsymbol{F}_b=\dfrac{1}{16}\begin{bmatrix}1 & 2 & 1 \\ 2 & 4 & 2 \\ 1 & 2 & 1\end{bmatrix}$。

农业知识视频中的文本大部分为后期编辑时加入的,文本与背景必然有强烈的对比,文本区域的纹理强度也比背景区域强许多。因此,合理地设定阈值 MT_{th} 可以有效去除背景块。通过对 16 段农业知识视频序列的 411 条不同字号、字形文本的纹理强度的试验统计,试验样本中 95% 的文本块的纹理强度高于 280,因此取 $MT_{th}=280$。

为了获得初始的文本区域,采用自适应双阈值法 MT_{high} 和 MT_{low}。MT_{high} 由样本中大部分文本块的纹理强度在图像纹理强度最高的 10% 得出,用于抑制非文本区域。MT_{low} 则用于检测出只含有一小部分文本的文本块,设置为 MT_{high} 的 80%。则 i 帧的文本掩模 MAP 的获得方法如下:

$$MAP(i,j)=\begin{cases}1, & \text{if}MT_{AC}(i,j)>\max\{MT_{low},MT_{high}\} \\ 0, & \text{其他}\end{cases} \tag{3-34}$$

当块(i,j) 为候选文本块时 $MAP(i,j)=1$,否则为候选背景块。下节的文本区域确定也基于该掩模图像。按照人们的阅读习惯,视频中的文本一般都编辑为按行排列,有时也会有按列排列的情况。因此,基于方向的文本确认与定位技术可以用于文本区域检测。如图 3-17 所示,方法流程包括水平方向的文本确认与定位,垂直方向的文本确认与定位,以及对两个方向上检测到的文本进行融合得到文本区域检测结果。

(2)文本区域确认 自适应文本对齐调整或基于方向的方法可以用于文本行的对齐格式(钱学明,2007;Lim,2000)。垂直方向的文本检测与水平方向类似,因此只需研究水平方向的文本检测即可。形态学滤波可以填补字符块裂缝,去除背景噪声。为了检测水平排列的文本,采用结构元素为 1×7 的闭运算闭合字符内笔画和字符间的裂缝。采用结构元素为 1×5 的开运算去除背景噪声。令 HMAP 为预检测文本掩模 MAP 经过以上形态学滤波得到的文本掩模,对预检测文本区域做进一步确认。对 HMAP 中每个文本块采用 1×5 的算子做膨胀,使膨胀区域尽可能包含目标文本及预检测时遗漏的微小文本块。

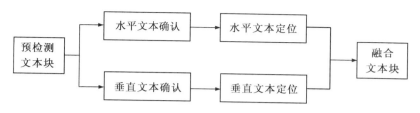

图 3-17 文本确认定位流程

资料来源:钱学明,2007。

一般来说,文本块的纹理强度要比临域的非文本块的纹理强度高,令 Rb^t 表示第 t 个预检测的连通文本块区域,$RMT_{AC}(t)$ 表示该文本块的平均纹理强度,则 $BMT_{AC}(t)$ 的计算公式如下:

$$BMT_{AC}(t) = \sum_{i \in Rb^t} \sum_{j \in Rb^t} \frac{MT_{AC}(i,j)}{bNum(t)} \tag{3-35}$$

其中,$bNum(t)$ 为连通文本块区域 Rb^t 的文本块数量,计算公式为:

$$bNum(t) = \sum_{i \in Rb^t} \sum_{j \in Rb^t} HMAP(i,j) \tag{3-36}$$

当预检测文本区域 Rb^t 的平均纹理强度足够高时,我们认为该预测为真。判断标准为文本块的特征以及文本区与背景的对比度:

$$BMT_{AC}(t) > \max\{BMT_{AC}^L(t), BMT_{AC}^R(t), BMT_{AC}^U(t), BMT_{AC}^B(t), MT_{low}, MT_{th}, \overline{MT}_{AC}\} \tag{3-37}$$

$$\overline{MT}_{AC} = \frac{1}{M \times N} \sum_{i=0}^{M-1} \sum_{j=0}^{N-1} MT_{AC}(i,j) \tag{3-38}$$

其中,M 和 N 分别为图像中水平块与垂直块的数量;$BMT_{AC}^L(t)$,$BMT_{AC}^R(t)$,$BMT_{AC}^U(t)$ 和 $BMT_{AC}^B(t)$ 分别表示左、右、上、下邻域的平均纹理强度。该邻域为预测文本区域 Rb^t 在水平方向外展 h 个块(垂直方向外展 w 个块)所得的矩形区域,如图 3-18 所示(这里取 $h = w = 3$)。

预检测文本框 文本框上邻域 文本框下邻域 文本框左邻域 文本框右邻域

图 3-18 蔬菜视频中预测连通文本区域的外展矩形邻域

(3)文本区域定位 文本定位是文本分割和视觉文本识别中重要的一步,文本行定位越精确,文本识别时受背景区域的影响就越小。一般来说,由像素域水平和垂直投影轮廓的边缘密度或像素灰度值可获得文本区域框的准确位置(Lienhart,2002),这里采用基于压缩域文本块的纹理强度投影定位文本区域。

令 Horpro^t 为已确认的第 t 个文本区域 Rb^t 的水平纹理投影,其计算公式为:

$$\text{Horpro}^t(i) = \sum_{j \in Rb^t} \frac{MT_{\text{AC}}(i,j)}{\text{HorNum}^t(i)}, \ i \in Rb^i \tag{3-39}$$

其中,HorNum$^t(i)$为水平排列文本 HMAP 中文本区域 Rb^t 的第 i 行的块数,可以表示为:

$$\text{HorNum}^t(i) = \sum_{j \in Rb^t} \text{HMAP}(i,j), \ i \in Rb^t \tag{3-40}$$

如图 3-19 所示,图 3-19(a)为农业知识视频中一个预检测的文本区域框,图 3-19(b)为预检测文本区域(a)的纹理强度图。因为文本区域的纹理强度高于背景区域,所以投影轮廓线具有明显的峰值和谷值。连通文本区域的纹理投影轮廓线峰值和谷值表明了文本行的位置和文本行与行的距离。图 3-19(c)为(b)的水平纹理轮廓投影,从图上可以看出文本行的数量和文本行所在位置。利用水平纹理轮廓线的两峰值间的谷点可以精确的划分两条文本行[图 3-19(d)]。到此为止,预检测的连通文本区域可以被分割成单独的文本行。然而如图 3-19(d)所示,每个文本行区域内依然存在背景块。

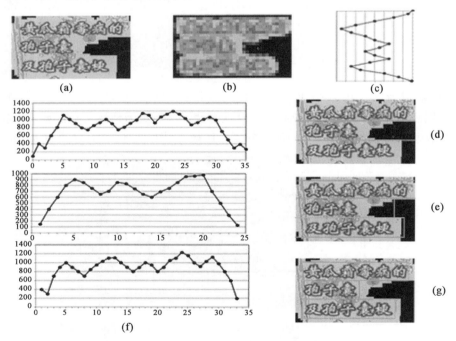

图 3-19 视频中预测连通文本区域的定位步骤

为了进一步精确文本区域框,去除文本区域周围的背景块,令 TBLK$^t(i,j)$为第 t 个文本区域 Rb^t 经水平纹理强度约束细化的文本掩模,则有如下表示:

$$\text{TBLK}^t(i,j \in Rb^t) = \begin{cases} 1, & \text{if} \quad \text{Horpro}^t(i) > \max\{\overline{MT}_{\text{AC}}, \text{BMT}_{\text{AC}}^{\text{U}}(t), \text{BMT}_{\text{AC}}^{\text{D}}(t)\} \\ 0, & \text{其他} \end{cases}$$

$$(3\text{-}41)$$

当 $\text{TBLK}^t(i,j \in Rb^t)=1$ 时,第 i 行的预测文本块为真。水平提纯后的文本行如图 3-19 (e)所示,我们发现经过上述处理水平方向的背景块确实被有效剔除了。文本行中存在的垂直方向的背景块也需要清除,用与水平方向同样的方法,比较垂直投影轮廓线上的平均纹理强度与 $\max\{\overline{MT}_{\text{AC}}, \text{BMT}_{\text{AC}}^{\text{L}}(t), \text{BMT}_{\text{AC}}^{\text{R}}(t)\}$。图 3-19(f)为(e)中文本区域的垂直纹理投影轮廓线。图 3-19(g)即为(a)中预测文本区域经定位得到的最终文本行,其中大部分背景区域被去除,文本框的定位也更精准。

(4)文本跟踪 文本跟踪可以用于验证文本定位的准确性(Li H,2000),跟踪视频中文本行的起始帧和结束帧可以为基于语义的视频分析和检索提供重要信息(Snoek,2005),也为接下来的基于文本的农业知识视频镜头聚类提供了前提条件。

农业知识视频中出现的文本按运动状态基本可以分为两类:滚动文本和静态文本。滚动文本的跟踪采用 DCT 纹理强度轮廓投影的方法,静态文本则采用多帧验证技术定位文本行的起始帧和结束帧(孙小亮,2011)。

令 Prev 和 Next 表示待检测视频的相邻两帧,N_{Prev} 和 N_{Next} 分别为这两帧中的检测到的文本行数。为了检测出文本行所在的起始帧和结束帧及其在该帧中的位置,我们要考虑以下 4 种情况:

①$N_{\text{Prev}}=0$ 且 $N_{\text{Next}}=0$,Prev 和 Next 帧均未检测到文本行,不进行文本跟踪;

②$N_{\text{Prev}}=0$ 且 $N_{\text{Next}}\neq0$,Prev 帧未检测到文本行但 Next 帧出现 N_{Next} 行文本,文本行起始帧在区间(Prev,Next]中,用"后向跟踪"的方法确定文本行起始帧;

③$N_{\text{Prev}}\neq0$ 且 $N_{\text{Next}}=0$,Prev 帧出现 N_{Prev} 行文本但 Next 帧未检测到文本行,文本行结束帧在区间[Prev,Next)中,用"前向跟踪"的方法确定文本行结束帧;

④$N_{\text{Prev}}\neq0$ 且 $N_{\text{Next}}\neq0$,Prev 帧出现 N_{Prev} 行文本且 Next 帧出现 N_{Next} 行文本。首先依据两文本行的纹理强度投影轮廓的匹配误差判断两帧中文本内容是否一致:如果不一致,对 Prev 帧的文本行结束帧做前向跟踪,对 Next 帧的文本行起始帧做后向跟踪;当 Prev 帧和 N_{Prev} 帧中文本行一致,计算文本滚动速度(V_x, V_y),公式如下(单位:像素/帧):

$$\begin{cases} V_x \approx \dfrac{D_x \times 8}{|\text{Next} - \text{Prev}|} \\ V_y \approx \dfrac{D_y \times 8}{|\text{Next} - \text{Prev}|} \end{cases}$$

$$(3\text{-}42)$$

式中:D_x 和 D_y 分别为块相对位移量,对应到像素域为 $D_x \times 8$ 像素和 $D_y \times 8$ 像素。当 $V_x \neq 0$ 或 $V_y \neq 0$ 时,文本为线性运动,文本行起始帧和结束帧可以根据滚动速度得出。当 $V_x = 0$ 且 $V_y = 0$ 时,为静态文本,采用多帧验证技术定位文本行的起始帧和结束帧。

a. 文本行匹配与滚动文本跟踪

不同帧中字符在该文本行中的相对位置没有变化,所以该文本行在不同帧中的纹理强度投影轮廓也近似相同。然而,不同帧的纹理强度具有较大差异性,所以同一文本行在不同帧中检测的文本块数不一定相同。这里采用滑动匹配的方法找出文本最佳匹配位置,根据匹配误差判断两文本行是否相同。

令 $X(i)$ 和 $Y(j)(1 \leqslant i \leqslant n, 1 \leqslant j \leqslant m)$ 分别表示两投影轮廓曲线在点 i 和 j 的值,假设 $m \leqslant n$,则曲线 X 和 Y 滑动 k 个点后的匹配误差记为 $ME(k)$(水平方向上限定 $-2 \leqslant k \leqslant 2$,垂直方向上限定 $-5 \leqslant k \leqslant 5$),则表示如下:

$$ME(k) = \begin{cases} \dfrac{1}{m+k} \sum_{S=1}^{m+k} \left| X(s) - Y(s-k) \right|, & k \leqslant 0 \\ \dfrac{1}{m+k} \sum_{S=1}^{m} \left| X(s+k) - Y(s) \right|, & k > 0 \end{cases} \tag{3-43}$$

则其对应的最佳匹配位置 k_0 和最小匹配误差 HMIN 为:

$$\begin{cases} \text{HMIN} = \min_k \{ME(k)\} \\ k_0 = \arg_k \{\min_k \{ME(k)\}\} \end{cases} \tag{3-44}$$

一旦两文本行的水平纹理强度投影轮廓曲线找到最佳匹配位置,对应的垂直纹理强度投影轮廓曲线可进行垂直方向上的匹配。与水平方向类似,令 k 和 min 分别表示两文本行在垂直方向的最佳匹配位置和最小匹配误差。在水平和垂直滑动匹配之后,依据匹配误差可以判断出 Prev 帧第 p 行文本是否与 Next 帧第 q 行文本相同($1 \leqslant p \leqslant N_{\text{Prev}}, 1 \leqslant q \leqslant N_{\text{Next}}$)。Prev 帧第 u 行文本与 Next 帧第 v 行文本相同,当且仅当下列条件成立:Prev 帧第 u 行文本的最佳匹配为 Next 帧第 v 行文本;Next 帧第 v 行文本的最佳匹配为 Prev 帧第 u 行文本。条件的具体表述如下:

$$\begin{cases} \text{VMIN}^{(u,v)} = \min_{1 \leqslant q \leqslant N_{\text{Next}}} \{\text{VMIN}^{(u,q)}\} \leqslant \text{Match}_{th} \\ v = \arg_q \min_{1 \leqslant q \leqslant N_{\text{Next}}} \{\text{VMIN}^{(u,q)}\} \end{cases} \tag{3-45}$$

$$\begin{cases} \text{VMIN}^{(u,v)} = \min_{1 \leqslant q \leqslant N_{\text{Prev}}} \{\text{VMIN}^{(p,v)}\} \leqslant \text{Match}_{th} \\ u = \arg_p \min_{1 \leqslant p \leqslant N_{\text{Prev}}} \{\text{VMIN}^{(p,v)}\} \end{cases} \tag{3-46}$$

其中参数 Match_{th} 由 Minimax 估计等模式分类的方法取得,训练样本包括农业知识视频中具有不同字体、字号、颜色及对比度的文本行,经验证这里 $\text{Match}_{th} = 165$。

b. 静态文本行跟踪

采用基于二分查找法的多帧验证技术跟踪静态文本,以确定其起始帧和结束帧。通过对比当前帧与参考帧文本行的位置和纹理强度投影轮廓进行匹配。下面给出对起始帧进行后向搜索的基本过程。如图 3-20 所示,首先搜索到左边界,再确定起始帧。搜索结束帧的方法与搜索起始帧基本一致,只需改变方向而已。

①搜索左边界:经过试验发现,人眼对于一个对象出现的反应时间大概为 2 s,因此文本在视频中停留的时间至少为 2 s。按照压缩视频的播放速率至少每秒 15 帧计算,我们可以每隔 30 帧进行一次文本检测。以 30 帧为步长更新当前帧,找到第一个与参考帧不匹配的帧。

②在左边界帧和当前帧之间基于二分法搜索,找寻匹配成功与匹配失败的临界点,从而确定起始帧。

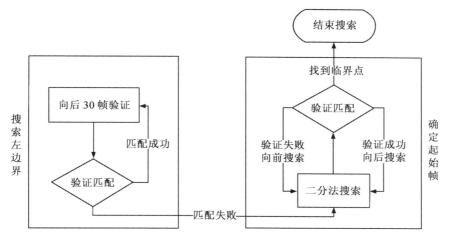

图 3-20 多帧验证的起始帧搜索流程

资料来源：孙小亮，2011。

2. 视频声音镜头的分割与分类

声音信息在理解视频的语义内容时常常扮演重要角色，尤其是农业知识视频这种以传授知识与技能为目的制作的视频，其语音内容直接决定了视频要表达的语义内容。进行农业知识视频场景分割时参考声音信息，还可以防止表达同一语义的场景被分割开来。这里首先提取声音的短时平均能量对农业知识视频的声音镜头进行分割（史迎春，2004），然后采用特征提取的方法对声音镜头分类（Wang，2012；Zhao，2009；Yu S，2009；Song Y，2009），为下节融合多模态的农业知识视频场景检测提供必要的条件。

（1）**声音镜头边界检测** 视频声音镜头分割点检测采用基于短时平均能量的声音镜头分割算法（史迎春，2004），采用基于感知的响度度量方法通过设定响度阈值消除背景声（王辰，2008），然后计算前景声的短时平均能量，计算公式如下：

$$E_n = \sum_m [x(m)w(n-m)]^2 \tag{3-47}$$

式中：m 为音频帧，一般取 20 ms 一帧；$x(m)$ 为音频信号的离散采样时间；n 表示短时平均能量的时间索引；$w(\cdot)$ 是长度为 N 的汉明窗口函数，当 $0 \leqslant n \leqslant N-1$ 时，$w(n)=1$，否则，$w(n)=0$；En 为 n 时刻的短时平均能量。短时平均能量是在一段时间内音频信号产生的平均能量，可以用来区分静音、音乐与解说三类音频信息，静音时声音的短时平均能量近似为零（吴飞，2001）。农业知识视频中一句解说结束后的停顿处短时平均能量很小，通过设定能量阈值和适当的持续时间阈值能检测出明显的停顿，从而得到声音镜头序列（史迎春，2004）。当在 n 时刻的短时平均能量小于能量阈值且持续时间大于持续时间阈值时，该 n 时刻即为停顿时刻，这两个阈值根据实际情况不同而取值不同，以向量 $S_k = (s_k, t_k)$ 表示。其中：s_k 表示声音镜头覆盖的视频帧序列；$t_k \in \{0,1\}$，是声音镜头标记位，表示声音镜头的类型，判断方法的具体描述见下文。

（2）**声音镜头分类** 农业知识视频中的声音类型一般有背景音、前景音乐、静音、解说和对话五种。进行声音镜头边界检测时我们消除了背景音，解说和对话同属于语音类型的音频信号,前景音乐和静音在语义层面属于同一类别,因此我们只需将声音镜头分为语音和非语音即可满足蔬菜视频场景分割的需要。本文中利用过零率协方差、基本频率能量比对声音镜头进行语音和非语音的分类(Song Y,2009)。

过零率是音频信号在一段时间内通过零点的次数(图 3-21),计算公式如下:

$$z_m = \frac{1}{2} \sum_m |\operatorname{sgn}[x(m)] - \operatorname{sgn}[x(m-1)]| w(n-m) \tag{3-48}$$

式中:$\operatorname{sgn}[\cdot]$为符号函数;$x(m)$为离散音频信号;$w(n)$为方窗;$z_m$为一个时间窗口内通过零点的次数。

则有过零率协方差的计算公式为:

$$\mathrm{COV} = \sum_{i=1}^{|z_m|} E(Z_i - u)^2 \tag{3-49}$$

其中 u 为时间片的过零率均值;Z_i 为每个时间窗口的过零率。

音乐的频率一般在一定的频率范围内稳定,过零率变化较为缓慢,过零率协方差相对也很低。在语音过程中,每个字开始发音和发音结束时的平均过零率均提高,而在发音过程中音频信号的平均过零率基本固定。所以语音序列的过零率变化很大,其过零率协方差也很大。

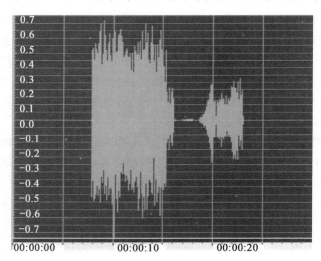

图 3-21　过零率曲线图

基本频率能量比是基本频率(0~1 500 Hz)所带的能量在总频率所带能量中所占比值,其计算公式为:

$$\mathrm{BFR} = \frac{\sum_{k=1}^{1\,500} X(k)}{\sum_{i=1}^{H} X(i)} \tag{3-50}$$

式中:H 为声音信号的频率范围;$X(k)$为频率在基本频率范围以内的信号所带能量,$X(i)$为全频率带能量。由于语音信号能量基本集中在 0~1.5 kHz,其他声音信号的频率范围比较广或者主要集中在高频区域。因此语音信号的基本频率能量比较高。

当一段音频信号同时具备过零率协方差和基本频率能量比很高时,可以判断这一个声音镜头为语音类型。并将判断结果存入声音镜头标记位 t_k，其中语音类型的声音镜头标记为 $t_k=1$；非语音类型的声音镜头标记为 $t_k=0$。

3.3.3　农业知识视频场景构建及其关键帧提取

1.基于文本检测的视频镜头聚类

农业知识视频的特点和功能特性决定了其视频中存在大量的解释性文字，这些文字表达了视频的主要内容，是农业知识视频场景构建的重要依据。在农业知识视频序列中，相同文字对象会跨越多个镜头，这些镜头在语义上属于同一类别。本节将根据农业知识视频这一特点，在文本检测的基础上，对 3.2 节的镜头分割结果做基于文本的农业知识视频镜头聚类。

农业知识视频中为了对农业技能、病害防治方法和种植技术等细节表述清楚，同一段文本往往会跨越多个镜头，这些时序镜头在语义层面上是一致的。这里采用基于文本的镜头聚类方法，依据时间相关性将同一文本对象覆盖的视频镜头聚类为一个新的镜头（图 3-22），并将聚类结果存入向量 $F_k=(f_k, r_k)$。其中：f_k 表示聚类后的视频镜头；r_k 是视频镜头标记位，表示视频镜头的类型，含有文本的视频镜头标记为 $r_k=1$，不包含文本的视频镜头标记为 $r_k=0$。具体步骤如下：

令 C_k 表示检测到的镜头边界帧，T_p 和 $T_q(T_p<T_q)$ 分别表示检测到的文本起始帧和结束帧，有下列 3 种情况：

①当 $T_p \leqslant C_k$ 且 $C_k \leqslant T_q$ 时，遍历下一个镜头边界 C_{k+1}，直到镜头边界 C_{k+n+1} 使 $C_{k+n} < T_q \leqslant C_{k+n+1}$ 成立，将 C_k 到 C_{k+n+1} 的镜头按时间顺序聚类为新的镜头 f_k，并标记 $r_k=1$；

②当 $T_p < T_q \leqslant C_k$ 时，同一文本对象没有跨越多个视频镜头，没有聚类发生，$C_k = f_k$，并标记 $r_k=1$；

③当 $T_q < C_k$ 且 $C_k < T_{p+1}$ 时，该镜头内没有出现文本且没有聚类发生，$C_k = f_k$，并标记 $r_k=0$。

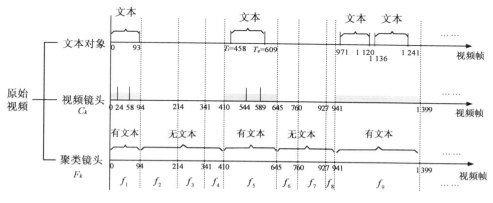

图 3-22　基于文本的镜头聚类方法

2.基于声音镜头的农业知识视频场景检测

依据判断声音镜头类型的改变及声音镜头与文本聚类后的视频镜头的分割点是否重合可以得到农业知识视频场景边界检测结果（图 3-23），令 f_i 表示视频镜头，s_k 表示声音镜头，fs_k

表示蔬菜视频场景，r_k 表示场景是否包含文本对象，t_k 表示场景中的声音类型，u_k 表示场景 fs_k 的关键帧（关键帧提取的具体将在下节描述），视频场景检测包括以下步骤：

①检测声音镜头 s_j 的类型是否为语音类型，是则继续，否则进入步骤③；

②检测声音镜头边界点 s_j 是否有与之重合的视频镜头边界点 f_i，即当 $f_i = s_j$ 时进入步骤⑤，否则进入步骤⑦；

③检测声音镜头 s_j 覆盖的视频镜头 f_i 的类型是否为带字幕型，是则进入步骤⑥，否则继续；

④检测两相邻声音镜头类型是否相同，即当 $t_j = t_{j+1}$ 时进入步骤⑦，否则继续；

⑤标记场景边界点 $fs_k = s_j$，得到农业知识视频场景序列，以向量 $\boldsymbol{FS}_k = (fs_k, t_k, r_k, u_k)$ 表示；

⑥标记场景边界点 $fs_k = f_i$，得到农业知识视频场景序列，以向量 $\boldsymbol{FS}_k = (fs_k, t_k, r_k, u_k)$ 表示；

⑦$j = j+1$，转入步骤①检测下一声音镜头。

当 $f_i = V$ 时（V 为原始视频结束帧），检测结束，输出农业知识病害场景检测结果，以向量 $\boldsymbol{FS}_k = (fs_k, t_k, r_k, u_k)$ 表示。

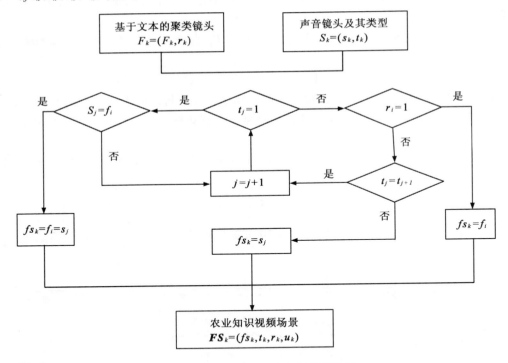

图 3-23　农业知识视频场景检测流程

3. 基于 DC 图像的农业知识视频镜头关键帧提取方法

为保证关键帧最大限度的代表场景的可视内容，在视频分割的基础上，先提取每个镜头的关键帧，并应用于该镜头所在场景，再对该场景中所有镜头的关键帧做二次聚类，最终所得关键帧组即为农业知识视频场景的关键帧，为农业知识视频的标注提供视觉依据。

I 帧为压缩视频中的关键帧,携带有视频的主要信息,因此只需针对镜头中的 I 帧进行关键帧提取即可(李向伟,2008;Spyrou,2008)。这里采用基于 I 帧 DC 图像相似度的关键帧提取方法(郭晓军,2009;Fangxia,2010)。DC 图像由 I 帧所有 DC 系数提取生成,DC 图像中的一个像素代表 I 帧中一个 8×8 块像素的平均值。DC 图像有效还原了 I 帧的主要内容,且大小仅为 I 帧的 1/64,因此我们利用 DC 图像代替 I 帧作为关键帧提取的数据源。目前压缩视频的颜色模型多采用 YUV 颜色空间,因此只需考虑 DC 图像的 Y 分量即可。

令 N 为一个镜头中的 I 帧数量,DC^i 代表第 i 个 I 帧的 DC 图像,两个相邻 DC 图像的相似度 S_i 可以表示为:

$$S_i = D(i, i+1) = \sum_{l=0}^{L} \left| DC_l^i - DC_l^{i+1} \right| \qquad (3-51)$$

其中 L＝DC 图像的宽×DC 图像的高。基于 I 帧 DC 图像相似度的关键帧提取包含以下步骤:

①构建 DC 图像相似度集合 $S = \{S_1, S_2, \cdots, S_i, \cdots, S_{N-2}, S_{N-1}\}$,$(i=1, 2, \cdots, N-1)$;

②利用 K-means 算法对集合 S 进行聚类得出 k 个类,则有聚类集合 $C = \{C_1, C_2, \cdots, C_k\}$,其中每个类都包含若干相似的 DC 图像,记为集合 $C_k = \{S_l, S_y, \cdots, S_x\}$;

③设相似度,$S_i \in C_p, S_{i+1} \in C_q$ 令 T_i 表示 I 帧之间的相关度,则有如下表示:

$$T_i = \begin{cases} 1, & \text{if : } p = q \\ 0, & \text{其他} \end{cases} \qquad (3-52)$$

其中 $p, q = 1, 2, \cdots, k; i = 1, 2, \cdots, N-1$;

④对于相关度集合 $T = \{T_1, T_2, \cdots, T_N\}$,若有 x, y, z 满足如下条件:

$$\begin{cases} T_x = 0, \ T_z = 0 \\ T_{x+1} = T_{x+2} = \cdots = T_y = \cdots = T_{z-2} = T_{z-1} = 1 \end{cases} \qquad (3-53)$$

其中 $x, z = 1, 2, \cdots, N-1$;且 $x \leqslant y \leqslant z$,则将 x, y, z 并入集合 U_k,使 $U_k = U_k \bigcup \{x, y, z\}$,所得集合 U_k 为镜头关键帧。对每个场景包含的镜头序列按照以上步骤对提取的关键帧做二次聚类,所得结果存入集合 u_k,最终取得蔬菜视频场景的关键帧集合 u_k。

3.4　实验结果与分析

为了验证多模态融合算法对农业知识视频场景分割的有效性,选取农业知识视频库中各种具有不同特征的典型视频流,包括玉米叶斑病防治、黄瓜枯萎病防治等,共计 180 个样本,视频长度从 3 分钟到 70 分钟不等,人工标注样本视频总场景数 2 762 个,作为算法分析的参考对象。分割算法用 Java 语言实现,其他部分功能用 MATLAB2007 实现,分别采用单模态(可视镜头边界检测算法,基于文本的镜头边界检测算法和基于声音的镜头分割算法)和本节采用融合多模态的农业知识视频场景检测算法对样本进行检测,并采用查全率(recall)和查准率(precision)对检测效果进行分析,所得结果如表 3-2 所示。

表 3-2　场景检测试验结果对比表　　　　　　　　　　　%

算法	漏检率	误检率	查准率	查全率
基于图像	5.8	33.3	66.7	94.2
基于文本	4.7	36.9	63.1	95.3
基于声音	9.2	20.5	79.5	90.8
多模态融合	4	7.7	92.3	96

由表 3-2 可以看出,无论是单模态检测还是多模态检测算法,其场景检测的查全率均高于90%,漏检率也低于10%,表明融合图像、文本和声音镜头边界点的检测方法是有效的。单模态检测方法的场景准确率均低于70%,而多模态融合的视频场景检测算法查准率达到了92.3%。多模态融合的农业知识视频检测算法的误检率低于单模态检测方法10%以上。说明各检测算法中,应用多模态融合的农业知识视频检测算法检测出的场景结果更加准确全面。

由于农业知识视频的专业性和其知识传递的功能性,使得仅应用一种模态进行镜头分割不能很好地达到场景语义完整的目的,检测结果与农业知识场景的语义模型不匹配。融合多模态的视频场景检测算法是在分析了大量农业知识视频的前提下,以场景语义模型为基础提出的,算法有很强的针对性和领域性,因此获得了很好的查全率和查准率。

第4章　农业视频信息获取——视频标注与重构

随着多媒体技术的发展,农技视频教程成为农民获取可视化农业知识的主要途径,如何有效地组织这些视频成为亟待解决的问题。从农业视频中提取可以描述该视频语义的关键词组,用这些词组来检索视频是有效解决该问题的一种方法。

本章针对现有视频标注技术对农业视频内容标注不完整,缺乏跨媒体多方面内容有效融合等问题,综合农业知识视频镜头的图像、声音及文字信息,在第3章视频分割的基础上,对分割后的视频场景进行自动标注,使标注结果更接近人类感知。得到文字语义标签描述视频场景,可以使标注的场景直接用于视频检索;将检索到的场景片段按照视频语义的空间和时间顺序进行重构,然后播放给用户观看,使检索结果更加符合人类知识学习的习惯(李真超,2012)。

4.1　面向病害诊断的农业知识视频标注与重构概念模型

4.1.1　基于个性化农业知识需求的关键技术分析

视频标注就是获取视频语义关键词的一种基本方法,也被视为具有前景的填补视频底层特征与高层语义需求鸿沟方法(代东锋,2011)。视频标注本质上是将多个相关的语义概念附加给视频的过程,目前研究的主流方向是基于机器学习的自动视频标注。

视频标注是基于内容的视频检索中至关重要的部分,通用的视频标注方法的研究主要集中在视频图像的底层特征识别。对于一些专业领域,基于视频底层特征的标注方法标注视频语义是远远不够的,有时视频中的音频及文本信息更接近视频所要表达的语义。

1.视频语义标注模型

视频标注是获取视频语义关键词的基本方法,它将视频的底层特征与用户的高层需求关联起来(Hauptmann,2005)。卢汉清(2008)等利用基于图的学习方法将对视频关键帧的标注分基本标注阶段和完成标注改善阶段;Wang Meng(2009)等使用半监督核密度估计的方法对视频语义进行标注;Qi,Guojun Jun(2007)等利用语义概念间的相关关系,提出了CML标注框架对视频片段进行有监督学习的多语义标注;Tang Jin-hui(2007)等提出了基于图学习的SSMR方法对视频语义概念进行检测,它将半监督学习的结构性假设融入到了现存的相似性度量的计算之中;孙小亮(2011)提出并实现了基于多帧融合的文本检测方法在视频文本提取系统中的应用,使该系统完整地实现了从输入视频到产生OCR识别结果的总体流程;Yana-gawa A(2007)等提出了一种基于有监督学习的多模态融合视频标注框架对测试集中的视频进行语义概念的预测;Wang Jing-dong(2011)等使用基于图的直推式学习方法对视频进行多语义概念的标注;代东锋(2011)等提出了一种基于时序概率超图模型的视频多语义标注框架,结合视频的时间相关性,提高了标注的精确度,同时解决了已标注视频数据不足和多语义标注的问题。

本文讨论的农业知识视频是以传授农业知识为目的的功能性视频,视频中的语音和文本均为视频制作时为了知识传授的完整性进行后期加工的,是视频语义标注的重要参考。而农业知识视频中的语音和文本信息中均包含了大量的农业专有名词,如果直接使用语音识别系统和文本检测方法对蔬菜视频进行识别,会产生大量的歧义字段(图 4-1)。因此,研究农业生物学及农业知识体系,统计专有名词及专业术语的词频信息构建农业中文词典,设计多模态融合的农业知识视频场景语义标注模型,是本章需要解决的问题之一。

图 4-1   现有视频语义标注模型存在的问题

2.病害诊断算法

由于领域专家的经验不一致,导致不同的领域专家对同一症状的诊断不尽相同。如何实现可靠的蔬菜病虫害诊断,大致有两种研究趋势:机械图像识别的诊断系统和集合众多专家经验的病害诊断专家系统。前者人为因素少,精度高,可靠性强,但价格昂贵、操作复杂,普及率低。冯洁(2009)等常见黄瓜病害的多光谱诊断的研究将光谱分析方法和多光谱成像技术结合能全面、快速、精确提取蔬菜病害的信息,实现分类,为对蔬菜病害进行快速、准确和非破坏性诊断提供了技术支持;田有文,牛妍(2009)在支持向量机在黄瓜病害识别中的应用研究采用支持向量机对黄瓜病害进行分类,采用最优的 SVM 分类方法识别黄瓜病害。后者可操作性强,易于推广,相较于前者人为因素多,所以可靠性较差。牛贞福(2004)等研究与设计的黄瓜病虫害诊断专家系统知识组织,解决了黄瓜病害诊断过程中的症状表现的偶然性和差异性问题。陈步英(2007)首次提出并开发了基于 Web 的蔬菜病虫害诊断和防治专家系统,已在保定市区及周边县城投入使用。

然而,基于图像识别的诊断算法对硬件设施要求较高,我国农村的基础设施和环境在目前和未来一段时间内还无法普及;基于用户选择症状描述的诊断算法都要求大量高精度的源数据才能确保诊断结果的准确性,症状的文本描述形式因为精准度的要求大量使用农业专业术语,这些都造成了文化素质较低的基层农民在使用上的困难,不便于专家系统的推广(图 4-2)。

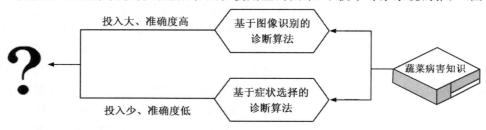

图 4-2   现有病害诊断方法存在的问题

在不改变农村基础环境的前提下改造现有专家系统,在农业知识视频分析研究的基础上,设计视频辅助的蔬菜病害诊断算法,力求在投入最少的情况下降低病害诊断的主观性,提高准确度。

4.1.2　面向病害诊断的视频语义标注与重构概念模型的构建

以上从技术角度分析了农业知识视频标注与重构概念模型的可行性,提出了本研究需解决的问题。基于以上分析,构建了面向病害诊断的视频语义标注与重构概念模型(图 4-3),后续章节将参照此概念模型,对涉及的理论方法详细阐述。

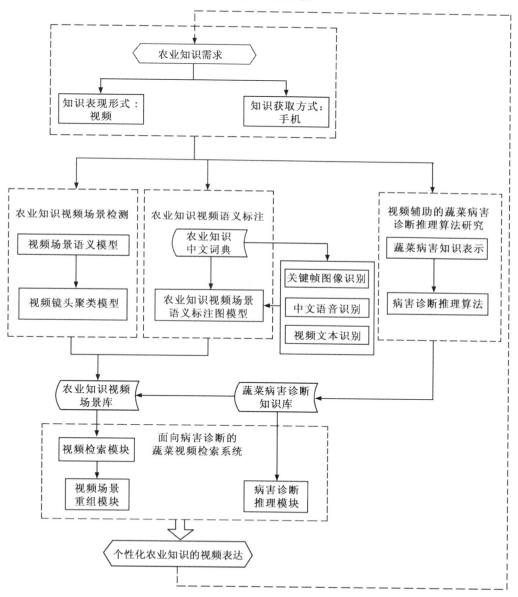

图 4-3　面向病害诊断的视频语义标注与重构概念模型

农业知识视频语义标注与重构涉及两个关键研究点:视频语义标注模型、病害诊断算法:

1.农业知识视频语义标注模型

随着多媒体技术的发展,讲座视频成为农民学习农业知识的主要途径,从农业视频中提取可以描述讲座视频语义的关键词组,用这些词组来检索视频是视频标注研究的范畴。对于一些专业领域的视频类型,基于视频底层特征的标注方法标注视频语义是远远不够的,有时视频中的音频及文本信息更接近视频所要表达的语义。结合蔬菜知识体系,构建农业知识中文词典,对农业知识视频镜头的图像、声音及文字信息分别进行识别,对分割后的农业知识视频场景进行语义标注,结合农业知识中文词典进行语音与文字识别能够准确识别出农业专业名词,使标注结果更接近人类感知。得到文字语义标签描述视频场景,可以使标注的场景直接用于视频检索(图 4-4)。

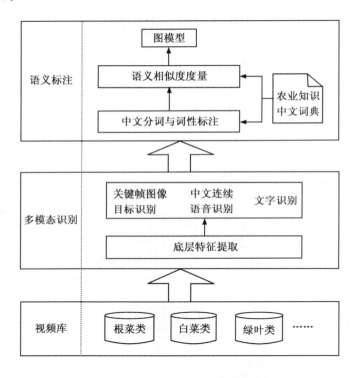

图 4-4　视频语义标注模型

2.基于改进数值诊断的蔬菜病害诊断推理模型

基于蔬菜种植户的知识需求和专家的知识供给间的技术供给断层,已有的专家系统数据源主观性描述导致的诊断结果不确定,描述使用的农业专业术语晦涩难懂等问题,在前期农业知识视频分析研究的基础上,设计视频辅助的蔬菜病害诊断专家系统,作为农业知识视频学习系统的一个应用实例(图 4-5)。

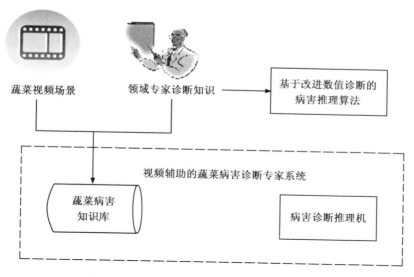

图 4-5 视频辅助的蔬菜病害诊断推理模型

4.2 基于多模态融合的蔬菜视频语义标注模型

4.2.1 蔬菜视频场景的多模态识别

4.2.1.1 关键帧图像目标识别

图像目标识别是利用计算机对图像进行分析处理,并进行识别、分类,最终确定目标名称及类别过程(王宇新,2012)。词袋模型是应用最广泛的目标识别表示方法之一,它将提取的关键点量化为视觉单词,用视觉单词直方图来表示识别后的图像(周鸽,2011)。利用词袋模型对已提取出的农业知识视频镜头关键帧集合进行目标识别,提取图像视觉特征,构建词袋的统计学模型以获取蔬菜视频的图像信息,最后对要识别的图像进行相似度匹配,并将识别结果以关键词的形式存入文本 K_{text}。农业知识视频关键帧图像识别的过程如图 4-6 所示:

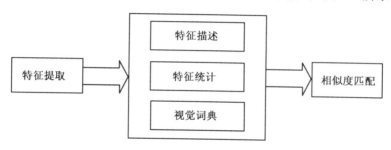

图 4-6 蔬菜视频关键帧图像识别流程

1. 图像特征提取

特征提取是图像目标识别的重要步骤，用以寻找图像中区别性比较大的那些图像块。采用 DOG (Difference of Gaussians) 检测算法对关键帧图像进行特征提取(孙孟柯,2012)。

（1）构建尺度空间　用图像描述物体时，只有在一定尺度范围内才有意义，过大或过小的尺度都会使要描述的物体失真。我们采用尺度空间表示法通过平滑和降采样来多尺度的表示农业知识视频关键帧图像。

用连续的尺度参数平滑图像的过程称为尺度变换，实现尺度变换的唯一线性核是高斯卷积核。因此，图像的高斯尺度空间定义如下：

$$L(x,y,\sigma) = G(x,y,\sigma) * I(x,y) \tag{4-1}$$

式中：$*$ 是卷积；$I(x,y)$ 为图像在 (x,y) 处的像素值；$G(x,y,\sigma)$ 为可变尺度高斯函数。有如下表示：

$$G(x,y,\sigma) = \frac{1}{2\pi\sigma^2} e^{-(x^2+y^2)/2\sigma^2} \tag{4-2}$$

式中：σ 为尺度参数，σ 越小图像的平滑度越小，对应的为局部细节特征；σ 越大图像的平滑度越大，对应的为全局轮廓特征。

通过平滑和降采样，一幅图像可以变换几阶(octave)图像，高斯平滑又可以将一阶图像变换为几层(sub-level)，因此构建尺度空间需要确立：octave 坐标 o、尺度参数 σ 和 sub-level 坐标 s。坐标间的关系可以描述为：

$$\sigma(o,s) = \sigma_0 2^{\frac{o+s}{S}}, o \in o_{\min} + [0,\cdots,O-1], s \in [0,\cdots,S-1] \tag{4-3}$$

式中：σ_0 为基准层尺度，$o_{\min} \in [0,-1]$。当 $o_{\min} = -1$ 时，在构建高斯尺度空间前要先对图像进行升采样，提升 1 倍分辨率。

像素的空间坐标 x 为阶层图像 octave 在高斯空间的函数，设 x_0 为最后一阶的空间坐标，则有如下表示：

$$x = 2^o x_0, o \in Z, x_0 \in [0,\cdots,M_0-1], s \in [0,\cdots,N_0-1] \tag{4-4}$$

若第一阶 $o=0$ 的分辨率为 (M_0,N_0)，则有分辨率：

$$M_O = \left[\frac{M_0}{2^o}\right], N_O = \left[\frac{N_0}{2^o}\right] \tag{4-5}$$

经验证(G. Lowe,2004)得出，$\sigma_n = 0.5, \sigma_0 = 1.6 \times 2^{\frac{1}{S}}, o_{\min} = -1, S = 3$。

高斯金字塔如图 4-7 所示，它仅受参数 o 和 σ 的影响：降采样产生了阶层的差距；高斯参数 σ 则作用于同一阶内部。高斯差分尺度空间(difference of gaussian,简称 DOG)可以由图像卷积和高斯差分核生成，Lindeberg 经研究发现高斯差分(DOG)是高斯拉普拉斯函数 $\sigma^2 \nabla^2 G$ 经尺度归一化后的一种近似，即：

$$G(x,y,k\sigma) - G(x,y,\sigma) \approx (k-1)\sigma^2 \nabla^2 G \tag{4-6}$$

相较于其他特征提取算子，$\sigma^2 \nabla^2 G$ 的极大值和极小值产生的特征点更加稳定。

在高斯尺度空间的基础上,对空间中相邻两阶的高斯图像做减法,所得图像即为高斯差分图像。

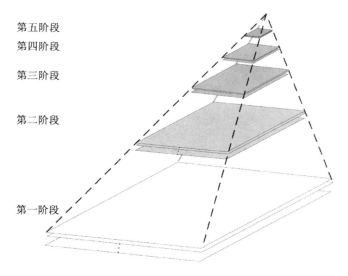

图 4-7　高斯空间金字塔

资料来源:孙孟柯,2012。

(2)检测空间极值点　像素点对不同尺度的 DOG 算子响应均不同,将这些响应值连接起来即为该像素点的特征尺度曲线[图 4-8(a)],曲线中的局部极值点即为该点的尺度。由于特征尺度曲线可能存在多个局部极值点,因此像素点也可能取得多个特征尺度。

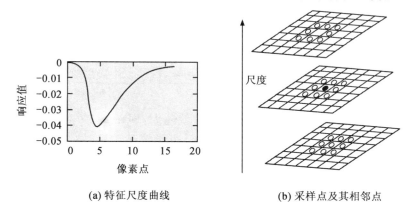

(a) 特征尺度曲线　　　　　(b) 采样点及其相邻点

图 4-8　空间极值点检测

资料来源:孙孟柯,2012。

为了找出高斯差分尺度空间中的极值点,需要将像素点和所有邻域点进行对比,以判断该像素点是否极值,如图 4-8(b)所示,要检测中间层中间位置的像素点是否极值点,就要将该点与其上下邻的 18 个点及其同一层相邻的 8 个点进行对比。在高斯差分图像中可以检测到中间位置的尺度极值点,对不同尺度的 DOG 响应值进行对比,则需要在高斯差分金字塔的不同层次进行。

(3)确定极值点 通过拟合三维二次函数可以得到极值点的尺度和位置,其函数表示如下:

$$D(X) = D + \frac{\partial D^T}{\partial X} X + \frac{1}{2} X^T \frac{\partial^2 D}{\partial X^2} X \tag{4-7}$$

对上述方程求导并等于 0 可以得出:

$$\hat{X} = -\frac{\partial^2 D^{-1}}{\partial X^2} \frac{\partial D}{\partial X} \tag{4-8}$$

则有对应的极值点方程:

$$D(\hat{X}) = D + \frac{1}{2} \frac{\partial D^T}{\partial X} \hat{X} \tag{4-9}$$

一般来说,我们将对比度点以及边缘响应点视为噪点,需要剔除。将 $|D(\hat{X})| < 0.03$ 的极值点看作对比度噪点并剔除,通过构建极值点处的 Hessian 矩阵[公式(4-10)]可以剔除边缘响应点,最终得到极值点的位置和尺度。

$$\boldsymbol{H} = \begin{bmatrix} D_{xx} & D_{xy} \\ D_{yx} & D_{yy} \end{bmatrix} \tag{4-10}$$

令 $\boldsymbol{H}$ 的特征值 α, β 分别表示 x, y 方向上的梯度,则有:

$$T_r(\boldsymbol{H}) = D_{xx} + D_{yy} = \alpha + \beta$$
$$D_{et}(\boldsymbol{H}) = D_{xx} D_{yy} - (D_{xy})^2 = \alpha\beta \tag{4-11}$$

式中:$T_r(\boldsymbol{H})$ 表示 Hessian 矩阵 $\boldsymbol{H}$ 的对角线之和;$D_{et}(\boldsymbol{H})$ 表示矩阵 $\boldsymbol{H}$ 的行列式。D 的曲率和矩阵 $\boldsymbol{H}$ 的特征值呈正比,假设 $\alpha > \beta$, $\alpha = r\beta$,可以得到:

$$\frac{T_r(\boldsymbol{H})^2}{D_{et}(\boldsymbol{H})} = \frac{(\alpha + \beta)^2}{\alpha\beta} = \frac{(r\beta + \beta)^2}{r\beta^2} = \frac{(r+1)^2}{r} \tag{4-12}$$

公式(4-12)的比值越大,特征值 α 和 β 的比值就越大,即在 x(或 y)方向上的梯度值也越大,在 y(或 x)方向上的梯度值就越小,此规律符合边缘情况。只要对此比值设定某个阈值,使其小于该阈值,可以有效剔除边缘响应点。

(4)关键点方向分配 关键点邻域像素的梯度模值和梯度方向的计算公式如下:

$$m(x,y) = \sqrt{(L(x+1,y) - L(x-1,y))^2 + (L(x,y+1) - L(x,y-1))^2}$$
$$\theta(x,y) = \tan^{-1}[(L(x,y+1) - L(x,y-1))/(L(x+1,y) - L(x-1,y))] \tag{4-13}$$

其中,$L(x,y)$ 为图像的高斯差分响应,其尺度为关键点所属的尺度。获得关键点邻域的梯度方向后,统计梯度方向的分布特点并以直方图表示,每 90°一个方向,共 8 个方向。梯度方向直方图统计得到的最大值即为该关键点的主方向(图 4-9)。

为了保证匹配结果的稳定和准确,可以为关键点设置一个次方向,且次方向的统计量不少于主方向的 80%。对于统计量大于主方向 80% 不唯一的关键点,在相同尺度和位置上会有方向不同的多个关键点,关键点匹配的鲁棒性明显提高。

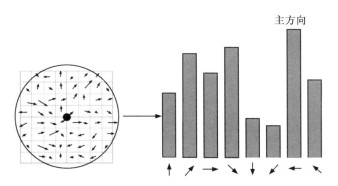

图 4-9　邻域像素梯度统计直方图

资料来源:常峰,2011。

2.构建视觉词典

可以认为每幅图像的局部特征的集合即为词袋模型(Yin Z,2010)。用 N 表示图像训练集的数量,$X_i=(x_i^l,\cdots,x_i^{n_i})$ 表示上文提取的图像 I_i 的关键点集合,其中 $x_i^l\in\chi$,$(l=1,\cdots,n_i)$ 是特征空间 χ 的关键点。为了便于进行统计分析,假设 X_i 的每个关键点 x_i^l 随机来自图像 I_i 的未知分布 $q_i(x)$,需要将每一个关键点量化为一个视觉单词,则映射视觉单词 $\upsilon_k\in\chi$ 的量化函数为 $f_k(x):\chi\,|\!\rightarrow[0,1]$。鉴于词典构建的不确定性,假设量化函数 $f_k(x)$ 经由未知分布 P_F 随机取自一类函数 F,为了取得量化性能,设计如下函数类 F:

$$F=\{f(x;\upsilon)\,|\,f(x;\upsilon)=\varphi(\,\|\,x-\upsilon\,\|\leqslant\rho)\,,\upsilon\in\chi\} \tag{4-14}$$

其中,指标函数 $\varphi(z)=\begin{cases}1,&z\text{ 为真}\\0,&\text{其他}\end{cases}$

这样每一个量化函数 $f(x;\upsilon)$ 都成为了一个圆心为 υ 半径为 ρ 的球,当点 x 在这个球里时指标函数为 1,跑出球外记为 0。

基于以上关键点和量化函数的统计学说明,我们有了视觉单词直方图的统计学描述。令 $\hat{h}_i^k$ 表示图像 I_i 中映射到视觉单词 υ_k 的关键点的归一化数量,对于从 F 中抽样得出的 m 个量化函数 $\{f_k(x)\}_{k=1}^m$(m 个视觉单词),$\hat{h}_i^k$ 的计算公式如下:

$$\hat{h}_i^k=\frac{1}{n_i}\sum_{j=1}^{n_i}f_k(x_i^l)=\hat{E}_i[f_k(x)] \tag{4-15}$$

式中:$\hat{E}_i[f_k(x)]$ 代表函数 $f_k(x)$ 基于样本 $x_i^l,\cdots,x_i^{n_i}$ 的经验数学期望,它可由真值分布 $q_i(x)$ 的数学期望代替,即:

$$\hat{h}_i^k=\hat{E}_i[f_k(x)]=\int\mathrm{d}xq_i(x)f_k(x) \tag{4-16}$$

这样,图像 I_i 的词袋可以由向量 $h_i=(h_i^l,\cdots,h_i^m)$ 表示。

3.相似度计算

图像目标识别的过程即是图像相似度匹配的过程。令 h_i 和 h_j 分别表示图像 I_i 和 I_j 的词袋,则两图像的相似度为:

$$\bar{s}_{ij} = \frac{1}{m} h_i^{\mathrm{T}} h_j = \frac{1}{m} \sum_{k=1}^{m} E_i[f_k(x)] E_j[f_k(x)] \tag{4-17}$$

与前面的分析相似,上述表达可以看作样本量化函数 $f_k(x)$,$(k=1,\cdots,m)$ 的经验数学期望。因此,可以用真实期望代替相似度公式(4-17)中的经验期望,得到图像 I_i 和 I_j 的相似度公式:

$$s_{ij} = E_{f \sim p_F}[E_i[f(x)] E_j[f(x)]] \tag{4-18}$$

根据公式(4-14),我们用一个中心 υ 就可以参数化量化函数。因此我们足以定义中心 υ 的分布对 p_F 定义,用 $q(\upsilon)$ 表示。则公式(4-18)可以表示为:

$$s_{ij} = E_\upsilon[E_i[f(x)] E_j[f(x)]] \tag{4-19}$$

在实际情况下,需要对 $q_i(x)$ 和 $q(\upsilon)$ 的分布做近似估计,用以计算 $E_i[\cdot]$ 和 $E_\upsilon[\cdot]$。

将要识别的图像与词袋中的视觉单词进行相似度匹配,最相似的那些视觉单词组成了蔬菜视频关键帧图像的视觉直方图,将识别结果以关键词的形式存入文本 K_{text} 中,为接下来的视频语义标注做准备。

4.2.1.2 农业知识视频语音识别

近年来语音识别技术相对成熟,且在计算机及移动终端领域应用广泛。应用微软的语音合成(TTS)引擎及配套的汉语语言模型、汉语声学模型及汉语词表文件,对农业知识视频中的语音信号进行中文连续语音识别。微软的 SAPI 作为 Windows 的一部分集成在 Windows 里面。相对于其他引擎,它的识别率也比较高。对其进行适应性调整,可以使识别率达到 90% 以上(张师林,2011)。语音识别的一般过程如图 4-10 所示:

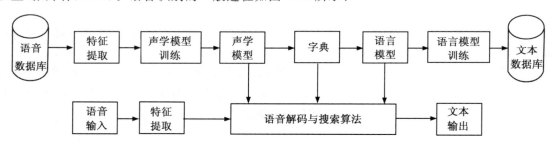

图 4-10 语音识别过程
资料来源:张师林,2011。

农业知识视频中的语音包含大量专业领域词汇,如病虫害、防治措施、药品名称等专业术语。这些专业术语在通用语言模型及词表中没有收录或者词频不高,仅用通用词典对农业知识视频进行语音识别会出现大量错字,从而导致语音识别率降低。

通过研究农业生物学及农业知识体系,同时运用统计学原理,参考大量农业知识文献,统计专有名词及专业术语的词频信息,从而可以构建农业知识中文词典(图 4-11)。汉语词表结合农业知识词典,可以有效低语音的错误率。对检测到的 $t_k = 1$(语音类型)的视频场景进行中文连续语音识别,并将系统输出的识别结果转录为文本,记为 V_{text}。

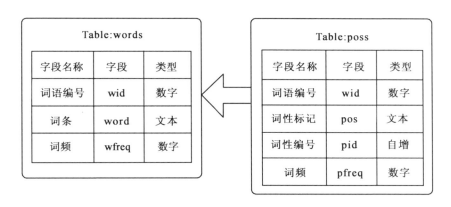

图 4-11　农业知识中文词典结构图

4.2.1.3　蔬菜视频中的文字识别

对于检测到的文本区域所在帧序列,采用基于连通分量的文字识别方法对农业知识视频中出现的文本进行检测。基于连通分量的视频文字识别方法,是将图像分割成连续的像素区块(即连通分量),这些相邻像素在颜色、强度或边缘具有相似的特点,然后针对特征的不同将这些连通分量分为文本连通分量和非文本连通分量,最后将邻近的文本连通分量组合在一起,利用文本的空间连贯性特点形成文字(Pan W,2008;Yi C,2013)。这种方法能有效识别农业知识视频中复杂背景下任意字形、字号、颜色和复杂设计的文字(Kasar T,2012)。

1.基于颜色的文本定位

因为文字的边缘总是闭合的,所以可以在边缘闭合的区域确定文本连通分量。对彩色图像的每个通道独立进行 Canny 边缘检测,通过结合三个通道的边缘图像可以得到整体边缘图 E:

$$E = E_R \vee E_G \vee E_B \tag{4-20}$$

式中:E_R、E_G 和 E_B 分别对应 3 个颜色的边缘图像,$\vee$ 为逻辑或运算。此方法只关注原始图像中出现的所有文字的边缘,而不考虑颜色、大小或方向。然而,在实际情况中会出现闭合边缘损坏的情况,采用边缘耦合法桥接所得边缘图像的狭窄缝隙可以弥补闭合边缘的损坏。在 3×3 邻域内统计边缘像素点的数量和中心像素点的数量,当统计数量为 2 时可以确定所有开放边缘端点的坐标。这些成对的边缘像素表示了边缘的方向,也用于确定随后的边缘遍历和边缘耦合的方向。一对边缘像素有 8 种可能的搜索方向:北、东北、东、东南、南、西南、西、北西。图 4-12(a)为在北和东北方向已完成边缘遍历的两个局部边缘样本。其他 6 个搜索方向可以通过对这两个边缘样本的成倍地 90 度旋转得出。边缘遍历会在预估的搜索方向上持续一段距离 λ,当遇到边缘像素时,遍历路径为"开",将该像素纳入边缘图;当像素遍历在距离 λ 未发现边缘像素,忽略该路径。

为了闭合平行边缘区块之间的狭窄裂缝,需要进行桥接操作。应用图 4-12(b)中描述的结构化元素扩大所有开放边缘端点的像素,闭合在二值化边缘检测过程中可能产生的微小缝隙。

0	0	0
0	1	0
0	1	0

0	0	0
0	1	0
1	0	0

0	1	0
1	1	1
0	1	0

(a) 北和东北方边缘桥接搜索方向的边缘样本　　　　(b) 桥接平行裂缝的结构元素

图 4-12　边缘检测的边缘样本和结构元素

资料来源：Thotreingam，2012。

颜色聚类采用 COCOCLUST 算法（Kasar T，2009），首先计算每个具有封闭边界的区域内的颜色。这些区域用颜色均值 $L*a*b$ 描述，由一次颜色聚类得出。用所得颜色类聚对 k-均值聚类进行初始化。在 k-均值聚类收敛端的颜色类聚代表了最终的分割结果，聚类算法的伪代码如下：

Input：颜色样本，CS＝｛C_1，C_2，…，C_M｝

　　　　颜色相似度阈值，T_s

Output：颜色类聚，CL

1. Assign CL[1]＝C_1 and Count＝1
2. For i＝2 to M，do
3. 　　　For j＝1 to Count，do
4. 　　　　　If Dist（CL[j]，C_i）≤ T_s
5. 　　　　　　　CL[j]＝Mean（｛CL[j]，C_i｝）
6. 　　　　　　　Break
7. 　　　　　Else
8. 　　　　　　　Count＝Count ＋ 1
9. 　　　　　　　CL[Count]＝C_i
10. 　　　　End If
11. 　　End For
12. End For
13. 输出 k-means 聚类初始化和颜色类聚 CL

其中 Dist（C_1，C_2）代表颜色 $C_1＝(L_1^*，a_1^*，b_1^*)^T$ 和 $C_2＝(L_2^*，a_2^*，b_2^*)^T$ 之间的距离，计算公式如下：

$$\text{Dist}(C_1，C_2) = \sqrt{(L_1^* - L_2^*)^2 + (a_1^* - a_2^*)^2 + (b_1^* - b_2^*)^2} \tag{4-21}$$

阈值 T_s 由两颜色间相似度及聚类所得数量决定。考虑到在实际检测中的复杂背景及可能出现的文字笔画内的微小色差，通过反复试验，可以将相似度阈值 T_s 确定为 35。

与一般的聚类算法不同的是，聚类算法一般是对每个像素进行聚类，而本研究中的聚类在分量的阶层进行。颜色均值描述的每个连通分量都要与其他连通分量进行相似度比较，当颜色距离在阈值范围内时被归为一类。每一个连通分量都是由一个平均颜色所表示，它不能进一步分解,因此上述聚类过程只允许合并边缘检测中预分割的相似的连通分量。因为边缘检测基本不受亮度的影响,对于不均匀亮度和阴影的图像,这种颜色分割方法具有很强的鲁棒性。

通过对农业知识视频中图像的合理假设,通过基于面积的过滤方式去除非文本连通分量。面积小于 15 个像素或大于整个图像五分之一的面积连通分量不做进一步处理。高度或宽度大于图像尺寸 1/3 的连通分量也要过滤掉。这种过滤方式在不影响文本连通分量的情况下去除了大量噪点,从而降低了计算量。

2.文本类型特征提取

对每层颜色单独分析,并用基于边缘、笔画、梯度的 12 个底层特征集合可以对文本连通分量进行识别。

(1)几何特征　文本连通分量的几何特性使其能与非文本连通分量区分开来。文本连通分量的宽高比(aspect ratio)和在连通分量中的比例(occupancy ratio)一般都很小,且小于大部分的背景杂斑。由于文本连通分量基本由笔画组成,因此会存在一小部分的凸角(convex deficiency),这也是文本连通分量的特征之一。可以用以下公式计算连通分量的这些特征值:

$$\text{aspect ratio} = \min\left(\frac{W}{H}, \frac{H}{W}\right) \tag{4-22}$$

$$\text{area ratio} = \frac{\text{area}(CC)}{\text{area}(\text{input image})} \tag{4-23}$$

$$\text{occupancy ratio} = \frac{|CC|}{\text{area}(CC)} \tag{4-24}$$

$$\text{convex deficiency} = \min\left(1, \frac{\#\text{convex deficiency}}{\alpha}\right) \tag{4-25}$$

其中,W、H 分别为检测得到的连通分量的宽和高,$|\cdot|$ 表示边缘开遍历的像素点个数,参数 α 用来将特征值标准化到 $[0,1]$ 范围内。

(2)边缘特征　文本连通分量的边缘比较平滑且边界清晰。相较于非文本连通分量,文本连通分量与边缘图像的重叠概率较大。则文本连通分量的边缘平滑度(boundary smoothness)和稳定性(boundary stability)可以表示为:

$$\text{boundary smoothness} = \frac{|CC - (CC \circ S_2)|}{|CC|} \tag{4-26}$$

$$\text{boundary stability} = \frac{|E_{CC} \bigcap \text{boundary}(CC)|}{|\text{boundary}(CC)|} \tag{4-27}$$

式中:E_{CC} 表示组成连通分量的边缘像素集合;$\circ$ 表示形态学开运算算子;S_2 为 2×2 结构元素的平方。

(3)笔画特征　文本连通分量中的文字笔画宽度统一,且笔画宽度远小于其高度。因此,特征值笔画宽度误差(strokewidth deviation)和笔画宽高比(strokewidth height ratio),有如下表示:

$$\text{strokewidth deviation} = \frac{\text{StdDev}[\text{strokewidth}(CC)]}{\text{Mean}[\text{strokewidth}(CC)]} \tag{4-28}$$

$$\text{strokewidth height ratio} = \frac{\text{strokewidth}(CC)}{H} \tag{4-29}$$

二值化灰度图像中的连通分量可以得到对应的边缘图像 B。当文本中的文字颜色一致时，文本连通分量与边缘图像 B 会有很高的相似度和很低的相异度。与文本连通分量相反，由于非文本连通分量在本质上是不一致的，所以它们与其边缘图像会有极高的不相似度。上述过程用公式表达如下，最终得出文本中的文字(stroke homogeneity)的表达式：

$$
\begin{aligned}
&B = \text{binarize}(\text{image patch}) \\
&\text{IF} \mid CC \bigcap B \mid \geqslant \mid CC \bigcap \text{NOT}(B) \mid \\
&\text{sim} = \mid CC \bigcap B \mid \\
&\text{dissim} = \mid \text{XOR}(CC, B) \mid \\
&\text{ELSE} \\
&\text{sim} = \mid CC \bigcap \text{NOT}(B) \mid \\
&\text{dissim} = \mid \text{XOR}(CC, \text{NOT}(B)) \mid \\
&\text{stroke hom ogeneity} = \min\left(1, \frac{\text{dissim}}{\text{sim}}\right)
\end{aligned}
\tag{4-30}
$$

将连通分量二次划分为 3×3 的图像块，采用基于块的 Otsu 阈值法对这些灰度图像块做二值化处理。如图 4-13 所示，关系式 $\mid CC \bigcap B \mid \geqslant \mid CC \bigcap \text{NOT}(B) \mid$ 同样说明了文本的亮度高于背景，因此该方法适合用来估计相似度与相异度。

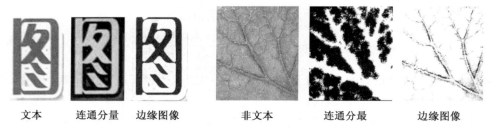

文本　　　连通分量　　边缘图像　　　　非文本　　　连通分最　　　边缘图像

图 4-13　原始图像、连通分量与边缘示例图

(4) 梯度特征　文本区域的另一特征是有很大的边缘强度，且梯度呈现不平行性。基于以上特征值，可以得到梯度强度(gradient density)、梯度对称(gradient symmetry)和角度分布(angle distribution)公式：

$$\text{gradient density} = \frac{\sum\limits_{(x,y) \in E_{CC}} G(x,y)}{\mid CC \mid} \tag{4-31}$$

其中，$G(x,y)$ 是对灰度图像做高斯变换得到的梯度幅值。

$$\text{gradient symmetry} = \frac{\sum\limits_{i=1}^{8} \left[A(\theta_i) - A(\theta_{i+8})\right]^2}{\sum\limits_{i=1}^{8} A(\theta_i)^2} \tag{4-32}$$

$$\text{angle distribution} = \frac{\sum_{i=1}^{8}\left[A(\theta_i) - \overline{A}\right]^2}{\sum_{i=1}^{8}A(\theta_i)^2} \tag{4-33}$$

式中：$\theta(x,y)$ 是梯度方向，将其量化为 16 个方向，则有：$\theta_i \in \left[(i-1)\dfrac{\pi}{8}, \dfrac{i\pi}{8}\right]$；$i=1,2,\cdots,16$。$A(\theta_i)$ 为边缘在方向 θ_i 上的幅值；A 是梯度幅值在全方向上的均值。

　　为了对分割后的连通分量做文本和非文本分类，可以采用支持向量机（SVM）和神经网络（NN）分类器对以上特征进行改善。在农业知识视频库中提取的标识为文本类型的场景关键帧图像 400 副，用 LIBSVM 工具箱实现 SVM 分类器，MATLAB NN 工具箱实现双层前向式神经网络分类器。

　　使用训练过的分类器对检测到的 $r_k=1$（文本类型）的蔬菜视频场景进行文字识别。测试过程中，关键帧图像首先被分割为连通分量，再使用以上两种分类器对这些连通分量进行文本和非文本分类，只要该连通分量被其中一种分类器分类为文本，就认为该连通分量为文本连通分量。最后，将文本连通分量输出为文本，记为 W_{text}。

4.2.2　农业知识视频场景语义标注模型构建

　　上文对蔬菜视频场景的 3 种模态分别进行了识别，并将每个场景的识别结果分别存入文本文件 K_{text}、V_{text} 和 W_{text} 中。将 3 种识别结果转义为文本形式可以解决多模态有效融合的问题。揭示 3 个文本间的语义关系，构建语义标注模型是本节重点研究的问题。

4.2.2.1　中文分词及词性标注

　　上述 3 种模态的识别结果中，图像目标识别过程决定了 K_{text} 中的文本为词组的集合，且所有词组均为名词词性（如：苗、叶子、人……），而语音和文本识别输出的结果文本均为连续的汉字串。对这些文本进行分析之前首先要分词，将这些自然语言切分为正确的词组，并对每个词组的词性进行标注。例如："黄瓜得了白粉病"经过处理后为：黄瓜/名词 得了/谓词 白粉病/名词。这里采用基于隐马尔可夫（HMM）的自动分词及词性标注一体化模型对文本进行分析（图 4-14）。为了减少歧义字段，可以将农业知识中文词典与通用语料库相结合，运用于分词与词性标注模型中，提高算法的准确率。

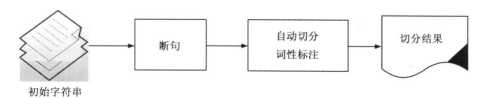

图 4-14　自动分词及词性标注流程图
资料来源：代建英，2005。

1. HMM 语言模型

隐马尔可夫（Hidden Markov Model，HMM）模型是在 20 世纪 60 年代由 Baum 等提出的 Markov 模型的一种特殊形式。80 年代后期，HMM 模型开始应用于语音识别并获得了众多成果。后来 HMM 陆续应用于计算机文字识别、生物信息科学等多个领域。

HMM 模型包含一个隐含的随机过程和一个显著的随机过程，隐含过程只能通过显著随机过程序列进行观察。HMM 模型允许所有测量向量从相应概率密度的状态产生。因此使模型更具表现力且能够更好地代表我们的直觉。在这种情况下，一个牛市会有涨有跌，但涨幅居多。主要区别在于，如果我们观察序列"涨-跌-跌"，我们不能确定什么状态序列产生了这个结果，因为状态序列是"隐藏"的。但是我们可以计算模型产生该序列的概率，以及哪个状态序列最有可能产生这个结果。HMM 模型（Blunsom，2004）可以用公式定义如下：

$$\lambda = (A, B, \pi) \tag{4-34}$$

S 表示状态集合，V 表示状态的观察集合，则有：

$$S = (s_1, s_2, \cdots, s_N) \tag{4-35}$$

$$V = (v_1, v_2, \cdots, v_M) \tag{4-36}$$

定义 Q 为长度为 T 的状态序列，则有与 Q 相对应的观察序列 O：

$$Q = q_1, q_2, \cdots, q_T \tag{4-37}$$

$$O = o_1, o_2, \cdots, o_T \tag{4-38}$$

令 A 为状态 i 到 j 转移的概率数组，且状态转移概率与时间是相对独立的。则有：

$$A = [a_{ij}], a_{ij} = P(q_t = s_j \mid q_{t-1} = s_i) \tag{4-39}$$

令 B 为状态 j 产生观察 k 的概率数组，且与时间相对独立的。则有：

$$B = [b_i(k)], b_i(k) = P(x_t = v_k \mid q_t = s_i) \tag{4-40}$$

令 π 表示初始概率分布：

$$\pi = [\pi_i], \pi_i = P(q_1 = s_i) \tag{4-41}$$

HMM 模型构建两个假设，第一个为马尔可夫假设，在该假设中，当前状态只与前一个状态有关，概率模型为：

$$P(q_t \mid q_1^{t-1}) = P(q_t \mid q_{t-1}) \tag{4-42}$$

在第二个假设中，t 时刻输出的观察只与当前状态有关，与以前的状态和观察均无关：

$$P(o_t \mid o_1^{t-1}, q_1^t) = P(o_t \mid q_t) \tag{4-43}$$

本研究要解决的问题是对于给定观察序列，在 HMM 模型下求任意状态的概率 $P(O|Q)$。则观察概率 O 对于状态序列 Q 有：

$$P(O \mid Q) = \prod_{t=1}^{T} P(o_t \mid q_t) = b_{q1}(o_1) \times b_{q2}(o_2) \times \cdots \times b_{qT}(o_T) \tag{4-44}$$

最终，得出状态序列的概率：

$$P(Q) = \pi a_{q_1 q_2} a_{q_2 q_3} \cdots a_{q_{T-1} q_T} \qquad (4\text{-}45)$$

2. 自动分词及词性标注一体化模型

进行词性标注时，将字符串中每个词与其对应的词性看作一个随机的过程，将该词的产生序列看作可观察的，词性序列看作隐含过程。词性标注过程即为对于可观察的词，求词性序列的过程（代建英，2005），对应到 HMM 模型有如下定义：

①S，状态集合，此处表示词性集合，$S = (s_1, s_2, \cdots, s_N)$，$N = 42$，表示词典中 42 种词性；

②V，观察集合，此处表示词组集合，$V = (v_1, v_2, \cdots, v_M)$，$M$ 为具有某词性的词组数量；

③Q，长度为 T 的词性序列 $Q = (q_1, q_2, \cdots, q_T)$；$O$ 为出现词性 Q 的词组序列 $O = (o_1, o_2, \cdots, o_T)$；

④A 为词性 i 转移到 j 的概率数组，$A = [a_{ij}]$ 且：

$$a_{ij} = P(q_t = s_j \mid q_{t-1} = s_i) = \frac{\text{从 } S_i \text{ 转移到 } S_j \text{ 的次数}}{\sum\limits_{j=1}^{42} \text{从 } S_i \text{ 转移到 } S_j \text{ 的次数}}$$

⑤B 为词性 i 在时刻 t 出现词组 v_k 的概率数组，$B = [b_i(k)]$，

$$b_i(k) = P(x_t = v_k \mid q_t = s_i) = \frac{\text{词 } v_k \text{ 取词性 } s_i \text{ 的次数}}{\text{词性 } s_i \text{ 出现的总次数}}$$

⑥π 表示句子首个词组出现词性 s_i 的概率分布，$\pi = [\pi_i]$，

$$\pi_i = P(q_1 = s_i) = \frac{\text{句首词组取词性 } s_i \text{ 的次数}}{\sum\limits_{i=1}^{42} \text{句首词组取词性 } s_i \text{ 的次数}}$$

HMM 模型可以描述为 $\lambda = (A, B, \pi)$。词性标注就是给定一个句子确定其中的词组并对词组标注词性。令 $V = (v_1, v_2, \cdots, v_m)$ 为一个句子，其中 v_k 为句中一个词组，令 $Q = q_1, q_2, \cdots, q_m$ 为句子 V 可能的一个词性标注序列，其中 q_k 为词组 v_k 的一个可能词性。词性标注也就是在模型 λ 中寻找一个词性序列 $\hat{Q}$，使其能最好的切分标注句子 V。此处采用 HMM 评价标准寻找最可能的词性 q_t，该评价标准可以使达到正确词性标注的数量的期望最大。计算公式（陈鄞，2003）如下：

$$P(\hat{Q} \mid V) = \max b_{q_1}(v_1) b_{q_2}(v_2) \cdots b_{q_m}(\pi_{q_1} a_{q_1 q_2} a_{q_2 q_3} \cdots a_{q_{m-1} q_m}) \qquad (4\text{-}46)$$

其中，V 为预处理的句子序列，其长度已确定，且不随 Q 的变化而变化，因此上述公式成立。分词与词性标注关系密切，对自动分词与词性标注过程同时进行，可以有效减少切分歧义和系统开销。其具体过程为：给定一个句子 $C = c_1 c_2 K c_n$，寻找一个词组序列 $\hat{V} = v_1 v_2 K v_m$ 及其词性标注序列 $\hat{Q} = q_1 q_2 K q_m$，使得条件概率 $P(Q, V | C)$ 最大，即：

$$\hat{Q}\hat{V} = \underset{q, v}{\arg\max} P_T(Q) P_T(V \mid Q) \qquad (4\text{-}47)$$

语音及文本识别的结果文本经过自动分词及词性标注后，连续的字串被切分为多个标注

有词性的词组。对农业知识视频场景进行语义标注,可以只关注视频中出现的物体、状态及动作。因此,只保留划分结果中的名词、动词和形容词词性的词组,舍弃其他词性的词组,合并具有相同词性的相同词组,避免重复,最后将处理结果存入文本文件 W_{scene} 中。如:初始字符串"在防治黄瓜白粉病时我们可以用海草基因加翠白和鱼蛋白进行叶面喷雾",经分析处理后得到"防治/动词 黄瓜/名词 白粉病/名词 用/动词 海草基因/名词 翠白/名词 加/动词 鱼蛋白/名词 叶面/名词 喷雾/动词"。这段文本中包含了大量农业专业术语,如果只采用通用词典会产生大量歧义字段导致分词正确率下降,如"白粉/名词 病/名词"。而引入农业知识中文词典后可以有效改善这种情况的发生。另外,场景标注文本文件 W_{scene} 中还应包括该场景所在初始视频的标题,并如其他文字串一样做分词和词性标注处理。如标题为"大棚黄瓜主要病害的发生与防治"的视频场景标注文件中均应包括词组"大棚/名词 黄瓜/名词 主要/形容词 病害/名词 发生/名词 防治/名词",它是界定该场景应用范围的主要依据。

4.2.2.2 中文词组相似度计算

词组的语义相似度是许多自然语言处理和信息检索的基本问题,也是构建农业知识视频场景语义标注模型的前提条件。如何用数学方法产生接近于人类感知的结果是语义相似度计算的关键问题。由于场景中关键帧图像、音频和文字表达的是同一段视频内容,所以它们在语义上是一致的,可以进行相似度度量。采用基于知网的语义相似度度量方法可以解决以上问题。

1. 知网

"知网"(HowNet,http://www.keenage.com)是 2000 年发布的中英文双语在线知识库。它是一个揭示概念间及其属性间关系的常识性知识系统,且每个概念都有中文和英文两种表达形式。知网涵盖了众多我们能感知的知识及其语义,它包含的中文概念超过 65 000 个,其对应的英文接近 75 000 个,已成为自然语言处理(NLP)和信息挖掘的重要来源(Guan Y,2002)。

知网中包含两个重要的含义:第一个是概念,它用于描述单词的语义场景。自然语言中,一个单词包含多种语义,称为一词多义。第二个是义素。在知网中,概念用知识描述语言(KDL)来描述,而义素就是 KDL 的基本单元。知网用义素集合来形容概念从而形成网状结构,而用上下位关系组织义素形成树状结构(Benbin W,2012)。

Dong Z.(2006)将知网与另一著名英语知识网络"词网"(WordNet;http://wordnet.princeton.edu)相比较得到以下几点区别:①词网的用户是人而知网面向的是计算机;②词网基于单词而知网以概念为基础;③词网的基元是同义词典而知网的最小单位是义素;④词网用自然语言定义单词而知网用结构性标记语言表示。以上特点都说明了知网更适合参与机器运算以及单词的相似性测量。

知网由一个概念词典和 11 种概念特征描述文件组成。在词典中,每个概念都有固定描述格式,如图 4-15 所示。

由于本研究语义标注的应用有很强的领域性和专业性,引入农业知识中文词典增加农业专有名词的概念描述是十分必要的。

NO.= 序号
W_C= 中文词组
G_C= 词性
E_C= 中文举例(可选)
W_E= 对应英文词组
G_E= 英文词性
E_E= 英文举例(可选)
DEF=(关系标记)英文义素 1|
中文义素 1,(关系标记)英文义
素 2| 中文义素 2,……

图 4-15 概念描述格式
资料来源:YI GUAN,2002。

如图 4-16 所示，"黄瓜"概念在知网中的描述[图 4-16(a)]为一种果菜，是用来吃的；在蔬菜词典中"黄瓜"概念被描述[图 4-16(b)]为一种瓜类蔬菜，用来种植，还与病虫害有关系。

```
NO.=200324
W_C= 黄瓜
G_C= 名词
E_C=
W_E=cucumber
G_E=N
E_E=
DEF=fruit vegetable| 蔬菜,
*eat| 吃
```

(a) 知网

```
NO.=000036
W_C= 黄瓜
G_C= 名词
E_C= 津研 4 号，中农 20 号
W_E=Cucumis sativus
G_E=N
E_E=
DEF=Cucurbitaceae| 瓜类蔬菜,
*plant| 种植, #disease|
病害, #pest| 虫害
```

(b) 蔬菜词典

图 4-16　黄瓜概念描述

2. 义素相似度度量

由于知网不用树状结构组织单词，不能直接对词组进行相似性度量。鉴于知网中义素的树状结构，可以先计算义素的语义相似度。

知网中的义素组织为树状结构，每个义素都是树的一个节点，因此可以算出任意两义素的距离。两义素间的距离可以定义为一个节点到另一节点的最短路径的边的个数。如果两义素不在同一个树上，它们的距离设定为无穷大。基于距离的方法进行义素的语义相似度度量（Liuling D,2008）有如下表达式：

$$\mathrm{sim}(S_1, S_2) = \lambda\left[\mathrm{dis\,tan\,ce}(S_1, S_2)\right] \tag{4-48}$$

式中：$\mathrm{sim}(S_1, S_2)$ 为义素 S_1 和义素 S_2 的语义相似度；$\mathrm{dis\,tan\,ce}(S_1, S_2)$ 为两义素的距离。我们采取如下两种方法实现函数 $\lambda[\cdot]$。

①可以直觉地认为义素的相似度与义素所在树的深度有关。例如"女孩"和"姑娘"的距离应该与"物体"和"实体"的距离相同，但后面一对义素更加抽象，因此"女孩"和"姑娘"的距离应该大于"物体"和"实体"的距离。为了表达这种不同，对公式(4-48)做如下改写：

$$\mathrm{sim}(S_1, S_2) = \frac{\alpha}{d + \alpha} \cdot \frac{\mathrm{e}^{\beta h} - \mathrm{e}^{-\beta h}}{\mathrm{e}^{\beta h} + \mathrm{e}^{-\beta h}} \tag{4-49}$$

式中：d 为义素 S_1 和义素 S_2 的距离；α 为相似度为 0.5 时的距离参数；h 为两义素的第一个共同父节点的深度；β 为平滑因子。其中，公式右边第二个比值代表影响深度。经验证，此处取 $\alpha=1.3$；$\beta=0.14$。

②第二种方法借用了"词网"的单词相似度度量方法，将其改进并用于"知网"：

$$\mathrm{sim}(S_1, S_2) = \mathrm{e}^{-\alpha d} \cdot \frac{\mathrm{e}^{\beta h} - \mathrm{e}^{-\beta h}}{\mathrm{e}^{\beta h} + \mathrm{e}^{-\beta h}} \tag{4-50}$$

此处 $\alpha \geq 0$ 和 $\beta \geq 0$ 分别为距离和深度的贡献率参数。经验证，此处取 $\alpha=0.17$；$\beta=0.10$。

3. 概念相似度度量

知网中的概念由 DEF(图 4-15)嵌套语法表示。DEF 由结构义素组成,此结构使义素的定义完整。例如概念"博士"的 DEF={human|人:{own|有:possession={status|身份:domain={education|教育},modifier={highrank|高等:degree={most|最}}},possessor={～}}}。其中主义素是"人","博士"是"人"的一个实例。义素"有"改善了主义素,义素"身份"又改善了"有","教育"和"高等"义素改善了"身份",义素"最"对"高等"做了改善。因此"博士"的 DEF 结构包括:possession、domain、modifier、degree、possessor。

将 DEF 表示为图的形式,可以将主义素作为图的中心,其他改善主义素的义素的位置与其重要性无关。则概念可以用单层图表示,如图 4-17 为"博士"概念的图例。

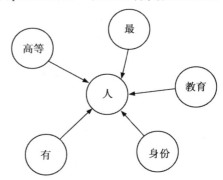

图 4-17 "博士"概念图例

令 P 和 Q 为两个概念,且 Q 的改善义素多于 P。则两概念的语义相似度度量公式如下:

$$\text{sim}(P,Q) = \alpha \cdot \text{sim}(P',Q') + \beta \cdot \frac{\sum_{0 \leqslant m \leqslant |P|} \max_{0 \leqslant n \leqslant |Q|}(\text{sim}(p_m, Q_m))}{|P|} + \delta \frac{\text{mum}(A,B)}{|A|+|B|}$$

$$(4-51)$$

式中:P'、Q' 分别为概念 P 和 Q 的主义素;$|P|$、$|Q|$ 分别为概念图中改善义素的个数;A、B 分别为两概念的结构描述符集合;$\text{num}(A,B)$ 为两概念构成的共同描述符的个数;$|A|$、$|B|$ 则是每个概念的描述符的个数;α、β 和 δ 则是构成公式的 3 部分的权重比例参数。经验证,此处取 $\alpha=0.62$;$\beta=0.17$;$\delta=0.21$。

4. 词组相似度度量

两词组的相似度即为与这些词组意思相近的两概念的相似度。在自然语言中,一个词的同义概念往往不止一个,取这些同义概念间的最大相似度作为两词组的相似度,即:

$$\text{sim}(V_1, V_2) = \max \text{sim}(X_{1i}, X_{2j})$$

$$(4-52)$$

式中:X_{1i},X_{2j} 分别为词组 V_1,V_2 的第 i 个和第 j 个同义概念。概念 X_{1i},X_{2j} 的相似度可以由公式(4-51)得出。

5. 同义词相似度度量

由于知网中的中文词组并不完全,且有些概念的 DEF 过于粗糙,使公式(4-52)的计算结果可能导致重大误差。因此我们引入中文知识库《同义词词林》修正以上误差。

《同义词词林》的结构类似与"词网",均为树状的单词组织结构。用计算义素相似度的公式(4-48)即可得出两同义词的相似度:

$$\text{sim}(V_1, V_2) = \frac{\alpha}{d + \alpha}$$

$$(4-53)$$

式中:d 为同义词 V_1,V_2 的距离,α 为相似度为 0.5 时的距离参数。

将以上公式整合得到两词组的语义相似度计算公式如下：

$$sim(P,Q) = \begin{cases} \alpha \cdot sim_1(P,Q) + \beta \cdot sim_2(P,Q) & if(sim_1 > sim_2) \\ \delta \cdot sim_1(P,Q) + \zeta \cdot sim_2(P,Q) & if(sim_1 \leqslant sim_2) \end{cases} \tag{4-54}$$

式中：$sim_1(\cdot)$ 和 $sim_2(\cdot)$ 分别代表公式（4-52）和公式（4-53），参数 α、β、δ 和 ζ 分别为各部分的权重，经验证，此处取 $\alpha=0.96$；$\beta=0.04$；$\delta=0.05$；$\zeta=0.95$。

4.2.2.3　蔬菜视频场景语义标注图模型

将上述词组语义相似度标准化到区间[0,1]，还需要对场景标注文本 W_{scene} 中出现的词组进一步筛选。可以认为那些与所有词组的语义相似度均小于阈值 T_{low} 的词组为无关词组，并从文本文件 W_{scene} 中剔除。并且，认为那些只要与任一词组的语义相似度大于阈值 T_{high} 的词组即为该场景的语义主体，可以代表该场景（张玉芳，2013）。

令 $V=(q_1,\cdots,q_t)$ 表示场景语义标注的词组集合，其中 V 为场景，q 为场景标注文本 W_{scene} 中出现的词组，t 为 W_{scene} 中包含的词组个数。对于 V 中所有元素 q_i，当 $sim(q_i,q_j)<T_{low}$，$(i \neq j)$ 成立时，认为词组 q_i 与本场景无关，可以舍弃。而对于 V 中任意两元素 q_m,q_n，当 $sim(q_m,q_n)>T_{high}$，$(m \neq n)$ 成立时，认为词组 q_m,q_n 均可作为语义主体代表该场景。经过大量试验验证，本研究取 $T_{low}=0.2$，$T_{high}=0.85$。

以词组为顶点，相似度为权重，构造带权重的场景标注图模型（图 4-18）。图的顶点为文本文件 W_{scene} 中出现的所有词组，边的权重 w 为词组间的相似度，则有带权无向图 $G=(V,E)$，其中 V 为顶点集合，E 为边集合。图中顶点的数量为 n，边 l 的权重为 $w(l)$，且 $0.2 \leqslant w(l) \leqslant 1$。图中的顶点所代表的词语即为农业知识视频场景的有效标注。如图 4-18 所示，其中场景 m 即为场景视频标注的图模型示意图。

更进一步，用代表场景的这些词组进行场景间的语义相似度度量，舍弃那些相似度小于 0.2 的边，最后形成视频库中所有场景的语义标注图模型（如图 4-18）。场景就是图的顶点，边的权重 w 为代表场景的词组间的相似度。

4.2.3　实验结果与分析

为了验证本文方法的有效性，选取了农业知识视频库中经人工标注的包含 92 种常见蔬菜的样本视频场景共 2 762 个。分别采用单模态（关键帧图像识别算法，语音识别和文本识别算法）和本研究融合多模态的蔬菜视频语义标注模型对样本进行检测，并采用平均准确率对识别效果进行分析。如图 4-19 所示，提取场景中以任意形态（视觉＋声音＋文字）出现概率最高的 10 个概念的平均识别准确率作为识别结果。

从试验结果可以看出：本文采用的图像识别方法对那些仅依靠视觉就能明显分辨出的名词性概念识别准确率较高，而无法识别动作。声音及文字识别方法对视频所要表达的语义级概念的识别准确率较高。例如："防治"概念是一个抽象名词，它没有具体的视觉特征，当动词来用时依然很抽象，也没有具体的动作表示。然而在蔬菜视频中"防治"概念以声音或文字的形式出现频率很高且属于视频语义的一部分，只有通过语音或文字识别才能检测出来。由于拍摄对象的特殊性，蔬菜视频的背景环境基本为户外。虽然"土壤"和"天空"概念的出现频率

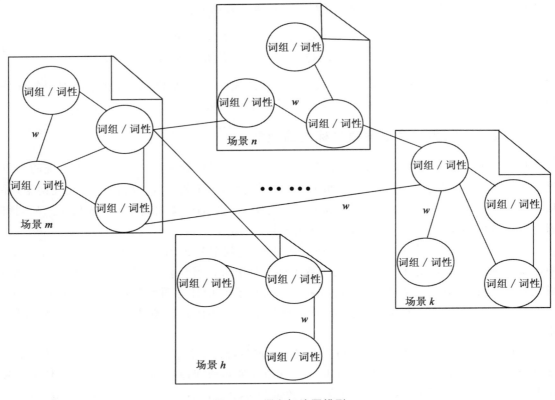

图 4-18　语义标注图模型

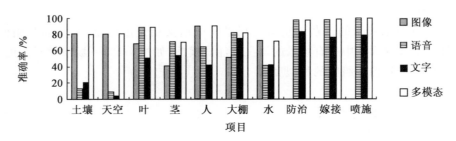

图 4-19　各模态识别结果平均准确率

很高,但是对蔬菜视频的意义不大,场景语义标注的贡献率较低。该试验结果体现了蔬菜视频以声音为主,图像及文字为辅的特点,因此采用多模态融合的语义标注方法对蔬菜视频是可行的。从图 4-19 可以看出,多模态识别方法对每个概念的识别准确率均达到了 70%,所以该识别方法对农业知识视频是有效的。

4.3　基于视频辅助的蔬菜病害诊断推理模型

长期以来,我国蔬菜病害的防治主要依靠化学农药,而化学农药的大量使用带来了产品农药残留超标、人畜中毒等问题,如"毒豇豆"、"毒韭菜"事件受到了社会的广泛关注。然而,已有的专家系统都要求大量高精度的源数据以确保诊断结果的准确性,症状的文本描述形式因为精准度的要求大量使用农业专业术语,这些都造成了文化素质较低的基层菜农在使用上的困难,不便于专家系统的推广。

在前期农业知识视频分割与标注研究的基础上,结合国内外研究现状和菜农的实际需求,设计视频辅助的蔬菜病害诊断系统,作为农业知识视频学习系统的一个应用实例。以黄瓜病害为例,研究病害诊断专家系统的知识表示和推理方法:设计调查问卷构建知识库,以产生式规则作为知识表示方法,采用录取分数线设置原则对数值诊断方法进行改进,以保证诊断结果唯一性。

4.3.1 蔬菜病害知识表示

农民的知识需求和专家的知识供给间存在技术供给断层(周小燕,2005),致使专家的知识经验并不能有效地为广大农户服务。专家系统可以将专家应用领域知识进行诊断推理的过程(图 4-20)转化为计算机表示的形式长期保存,并在基础设施满足的条件下应用推广。

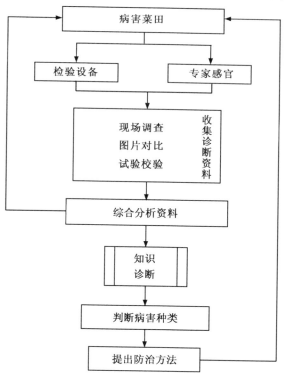

图 4-20 专家诊断过程
资料来源:周小燕,2005。

在专业领域内,专家所具有的知识和经验是正确解决问题的必备条件,而诊断专家系统就是模拟领域专家的诊断过程的软件。但是领域专家对计算机并不熟悉,需要了解计算机系统的知识工程师将领域专家的知识及经验转换成计算机可以识别的方式(图 4-21),并在计算机上实现专家系统的设计和开发。

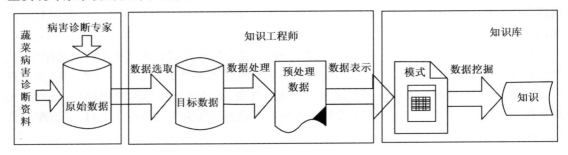

图 4-21 专家系统知识转换过程

资料来源:周小燕,2005。

实现一个专家系统,知识库是基础。如何将领域专家的知识转换成计算机可以识别的模式是知识表示所要研究的问题。

知识表示即知识符号化,是用计算机能识别的符号表示知识元素,并把知识元素结构化然后存储于计算机的过程。由于蔬菜病害诊断知识具有因果性特点,蔬菜病害知识库的构建采用产生式规则的知识表示方法。产生式规则是目前人工智能方向应用最广泛的一种知识表示形式。它的基本形式为:

$$If \quad P \quad Then \quad Q \tag{4-55}$$

式中:P 是产生式的前提,表示产生 Q 的前提条件;Q 是结论或一组操作,表示满足前提条件 P 时,所得出的结论或要执行的操作。

产生式也可以用巴克斯范式(Backus normal form,BNF)(王永庆,1998)严格的描述为:

<生产式>::=<前提>→<结论>

<前提>::=<简单条件>|<复合条件>

<结论>::=<事实>|<操作>

<复合条件>::=<简单条件>AND<简单条件>[(AND<简单条件>)⋯]

　　　　　　|<简单条件>OR<简单条件>|[(OR<简单条件>)⋯]

<操作>::=<操作名>[<变元>,⋯]

例如,黄瓜病害诊断规则库中有一条产生式规则:

IF d_9:叶褪绿,生(黄或褐)斑(5)

AND d_{14}:叶斑,灰霉(5)

AND d_{16}:叶斑心,灰白或灰褐(5)

AND d_{19}:叶斑形,椭圆或不规则(5)

AND d_{20}:叶斑连片致叶枯(15)

THEN p_{16}:靶斑病(35)WITH t_{16}:黄瓜靶斑病防治方法视频场景

4.3.2　视频辅助的蔬菜病害诊断知识库的构建

基于以上知识表示规则,以黄瓜病害知识为例,详细阐述了病害知识库构建的方法及其过程。

通过查阅大量书籍、文献,将黄瓜病害症状视频进行统计分类,应用德尔菲法设计调查问卷,提取出黄瓜症状视频场景共 79 项,病害视频场景 18 项(张信,2007)。每个视频场景以其标注的文本的形式应用于调查问卷,以专家打分的形式给出每种症状在疾病中所占的分值。

德尔菲法又名专家意见法,它使被发放问卷的专家之间相互独立,不发生横向联系,每位专家只能与调查人员进行沟通,通过反复的问卷调查搜集专家对问卷的看法,并对搜集上来的问卷反复归纳修改,直到专家的看法基本一致,最后汇总(温皓杰,2010)。德尔菲法应用在黄瓜病害诊断调查问卷中的具体实施步骤如下:

①组成专家小组,人数为 3 人,均为黄瓜病害领域专家,将问卷分发给 3 位专家独立打分,打分区间为 $[0.0,1.0]$,并根据模糊数学隶属度法大致规定:

- 完全可能: $s=1$
- 非常可能: $s<1$
- 很可能: $s=0.9$
- 可能: $s<0.7$
- 有点可能: $s<0.5$
- 有很小可能: $s \leqslant 0.3$
- 不可能: $s=0$

其中, s 为专家给出的分数。

②将所有专家的打分结果收集并汇总,屏蔽完全一致项后再次分发给各位专家,以便做第 2 次修改。这一过程重复进行,直到第 5 轮每个专家均不再改变自己的意见。在向专家进行反馈的时候,只给出各种意见,但并不说明发表各种意见的专家的姓名。

③汇总第 5 次调查问卷发现,专家打分结果不存在重大差异。汇总前 4 次屏蔽的完全一致项,对第 5 次汇总结果进行处理:对不完全一致项依据多数原则;完全不一致项进行平均化处理。统计每种症状对应的病害个数,作为该症状的示病数。

④将评分结果进行归一化处理:

$$y = \frac{x - x_{min}}{x_{max} - x_{min}} \tag{4-56}$$

式中: $x_{max}=1$, $x_{min}=0$, x 为汇总并处理后的分值, y 为归一化处理后的分值。

为方便计算,将分值区间标准化到区间 $[0,25]$:

$$z = [y(y_{max} - y_{min})] \tag{4-57}$$

式中: z 为标准化后的分值, $y_{max}=25$, $y_{min}=0$ 。由于知识库中分值字段均为整型,故需对分值 z 做取整处理。

经过对领域专家的询问和对知识的归纳总结,我们可以将黄瓜病害诊断的概念抽象为症状集与疾病集之间的一种映射关系(图 4-22),在知识库中表现为如表 4-1 和表 4-2 所示。

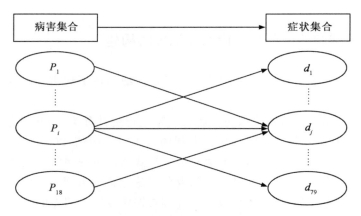

图 4-22　病害知识概念化模型

资料来源:周小燕,2005。

表 4-1　症状-病害对应表

症状	病害
d_1	p_{11}，p_{13}
…	…
d_9	p_1，p_3，p_4，p_{16}，p_{17}
…	…
d_{14}	p_{16}，p_{17}
d_{15}	p_{15}
d_{16}	p_{16}，p_{17}
…	…
d_{21}	p_{17}，p_{18}
…	…
d_{79}	p_2

注:该对应表表示引起每种症状的所有可能的病害。

表 4-2　病害-症状对应表

病害	症状
p_1	d_9，d_{25}，d_{26}，d_{75}，d_{77}
…	…
P_3	d_7，d_9，d_{24}，d_{25}，d_{27}，d_{46}，d_{75}，d_{77}
P_4	d_7，d_9，d_{36}，d_{46}，d_{68}，d_{75}
…	…
P_{16}	d_9，d_{14}，d_{16}，d_{19}，d_{20}

注:该对应表表示每种病害所有可能的症状表现。

至此构建了包含 79 种病害症状及 18 种病害的黄瓜病害诊断知识库,其中每一条症状 d_i 和防治方法 t_j 都与一段黄瓜病害视频场景一一对应(表 4-3,表 4-4)。为了减少知识库的负担,蔬菜视频库中的视频均以初始形式存储,对检测到的农业知识视频场景并不进行物理分割,只是记录下场景的起始帧和结束帧并对其编号。例如场景编号 $fs_{(i,j)}$ 就是第 i 个视频中的第 j 个场景。这样就将黄瓜病害诊断知识库与农业知识视频库关联了起来。

表 4-3 黄瓜叶类症状"褪绿,生(黄或褐)斑"对应病害及其分值

病害编号	病害名称	分值	防治方法	视频场景编号
p_1	霜霉病	10	t_1	$fs_{(1,7)}$
p_3	角斑病	5	t_3	$fs_{(3,9)}$
p_4	炭疽病	5	t_4	$fs_{(4,16)}$
p_{16}	靶斑病	5	t_{16}	$fs_{(16,11)}$
p_{17}	叶斑病	5	t_{17}	$fs_{(17,10)}$

表 4-4 黄瓜靶斑病症状及其分值

症状编号	症状	分值	视频场景编号
d_9	叶褪绿,生(黄或褐)斑	5	$fs_{(3,7)}$
d_{14}	叶斑,灰霉	5	$fs_{(17,5)}$
d_{16}	叶斑心,灰白或灰褐	5	$fs_{(1,3)}$
d_{19}	叶斑形,椭圆或不规则	5	$fs_{(6,9)}$
d_{20}	叶斑连片致叶枯	15	$fs_{(16,6)}$
总分		35	

4.3.3 基于改进数值诊断的病害诊断推理模型

1. 蔬菜病害诊断的概念模型

概念模型是对要研究的问题的一个形式化描述。通过对蔬菜病害资料的归纳及知识化表示,将蔬菜病害诊断问题及其求解定义(祝伟,2006)如下:

$$PT = F(D, K) \tag{4-58}$$

式中:PT 为诊断结论,$PT = (p_i, t_i)$,其中 $p_i \in P, t_i \in T$;F 为诊断推理,指蔬菜病害诊断专家的推理过程;P 为疾病,指蔬菜可能发生的病害集合;D 为症状,指病害引发的蔬菜症状集合;T 为防治方法,指对付蔬菜病害的防治方法集合,它与病害集 P 一一对应;K 为蔬菜病害诊断知识,$K = (d_i, p_i, t_i)$ 指蔬菜病害诊断系统中症状、疾病与防治方法三者关系的知识。

诊断问题就是领域专家通过蔬菜病害症状集 D,依据病害诊断知识 K 以及病害集 P,通过诊断推理过程 F,求解得出结论 PT。

2.蔬菜病害诊断推理流程

数值诊断法是应用知识工程处理方法,将病害症状量化为诊断数值,在诊断中用模糊识别、经简单加减运算求和,以得出诊断结果的一种简便、快速、诊断准确率高的诊断算法,在下列情况下会出现多个数值相近的诊断结果:

- 疾病初期症状不明显或症状太少;
- 疾病后期,症状较多。

考试设置录取分数线时要使过分数线的候选人数略高于计划录取人数。借鉴设置录取分数线的方法,本研究对数值诊断法进行了改进,以保证诊断结果的唯一性(傅泽田等,2010)。蔬菜病害诊断模型设计如图 4-23 所示:

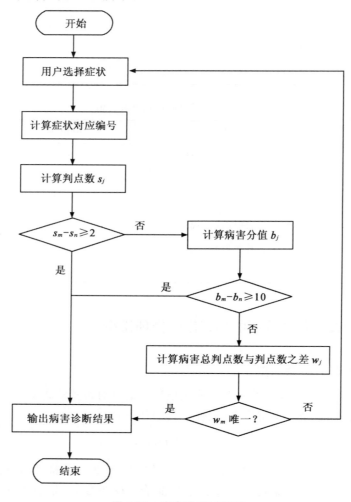

图 4-23 病害诊断过程图

下面以黄瓜病害为例,阐述诊断推理方法的具体实现过程:

为了提升辨识度,改善用户体验,可以将黄瓜病害症状按发病部位分为三级目录,如第一级"叶选项"包括如下子选项:整叶选项(1)、叶斑选项(2)、叶肉选项(3)、新叶选项(4)、叶面选项(5)、叶背选项(6)、叶缘选项(7)、上部叶选项(8)和下部叶选项(9)。上述每个子选项均包含了相应部位的症状,例如"叶斑选项"包括症状:斑生灰霉、斑心灰白或灰褐、斑界明显。这种面向用户的知识排列方式使知识库发生变化时面向用户的界面变化最小,在面向对象的专家系统中应用较为普遍。

用户通过观看相应的视频选择症状,系统通过下式计算出用户选择对应知识库中的症状,并采用改进数值诊断的推理方法计算出诊断结果。算法流程如下:

①知识库中存储的症状是顺序编号的,用户通过观看黄瓜症状视频选择的症状是经过改善的三级目录形式,因此在用户选择的症状编号并不是症状在知识库中的编号,需要找到用户选择的症状在知识库中对应的编号。因此,有如下公式:

$$d_i = \sum_{p=1}^{k-1} u_p + \sum_{p'=1}^{k'-1} u_{p'} + u_{kk} \tag{4-59}$$

式中:u_p 为每个发病部位的子选项数;k 为用户选择症状所在的发病部位;p 的最大值为发病部位的选项数,在黄瓜症状选择中有 8 个选项:株选项、苗选项、叶选项、茎选项、花选项、果选项、根选项和发病环境;$u_{p'}$ 为每个发病部位子选项下的症状数;k' 为用户选择症状所在发病部位的子选项编号;u_{kk} 为用户选择症状的编号;则 d_i 即为用户选择症状 u_{kk} 唯一对应的知识库中的症状编号。

②建立用户选择症状集 $D_x = \{d_i | i \in x\}$,$x \in 79$(x 对应 79 个黄瓜病害症状视频场景),根据用户选择症状集 D_x 调用知识库中的症状-病害对应表(表 4-1)查找黄瓜可能发生的病害集 $P_y = \{P_j | j \in y\}$,$y \in 18$(y 代表本文中黄瓜的 18 种病害)。通过查找病害-症状对应表(表 4-2)确定病害 p_j 对应的用户选择症状集 $D_{jz} = \{d_i | i \in jz\}$,$jz \in x$。

③计算病害集合 P_y 的判点数集合 $S_y = \{S_j | j \in y\}$,其中 s_j 为病害 p_j 对应症状集 D_{jz} 的元素个数,每种病害对应的用户选择症状个数称为判点数。

将集合 S_y 排序,最大判点数表示为 s_m,次大判点数表示为 s_n,当 $s_m - s_n \geq 2$ 时,s_m 对应的病害 p_m 即为结果病害,转入步骤⑥,否则继续步骤④。

④通过下式计算病害集合 P_y 的分值和(用户选择的每个症状对应的分值之和)集合 $B_y = \{b_j | j \in y\}$,其中 b_j 的计算公式为:

$$b_j = \sum_{j \in jz} \sigma_{ij} \tag{4-60}$$

式中:σ_{ij} 为症状 d_i 在病害 p_j 中所占的分值,该分值存在于黄瓜症状-病害矩阵 $\boldsymbol{D}_{\_P} = (D_{symptom}{}^-, P_{disease}{}^-) = \{a_{ij}\}$。其中行向量为症状表现集合 $\boldsymbol{D}_{symptom} = \{d_1, d_2, \cdots, d_{79}\}$,列向量为黄瓜病害集合 $\boldsymbol{P}_{disease} = \{d_1, d_2, \cdots, d_{18}\}$,矩阵中元素 a_{ij} 为症状 d_i 在疾病 p_j 中所占分。例如黄瓜叶类症状-病害矩阵中(图 4-24),行向量 $\boldsymbol{D} = \{d_5, d_6, d_7, d_8, d_9, d_{10}, d_{11}, d_{12}, d_{13}, d_{14}, d_{15}, d_{16}, d_{17}, d_{18}, d_{19}, d_{20}, d_{21}\} = \{$叶:黄;叶:中午蔫,早晚不蔫;叶:卷曲,穿孔或枯死;叶:枯而不落;叶:褪绿且生(黄或褐)斑;叶:圆斑大;叶:斑生:黑颗粒;叶:斑生:白或灰白粉;叶:斑生:黑点;叶:斑生:灰霉;叶:斑心:凸糙黄白斑,缘色暗;叶:斑心:灰白或灰褐;叶:斑干:青白色易破;叶:斑:薄如纸;叶:斑:椭圆或不规则;叶:斑:连片致叶枯;叶:斑界:明显$\}$,列向量 $\boldsymbol{P} = \{p_1, p_2, p_3, p_4, p_5, p_6, p_7, p_8, p_9, p_{10}, p_{11}, p_{12}, p_{13}, p_{14}, p_{15}, p_{16}, p_{17}, p_{18}\} = \{$霜霉病,白粉病,角斑病,炭疽病,灰霉病,黑星病,枯萎病,蔓枯病,病毒病,疫病,白绢病,菌核病,根线虫,斑点病,黑斑病,

靶斑病,叶斑病,根腐病}。

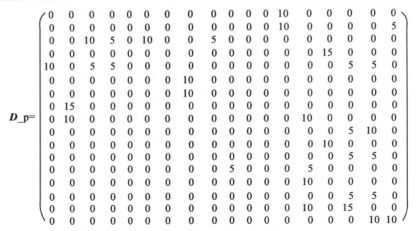

图 4-24　叶类症状-病害分值矩阵

将集合 B_y 排序,如果最大分值和唯一,则令最大分值 $\max b_y = b_m$,次大分值表示为 b_n,当 $b_m - b_n \geqslant 10$ 时,输出诊断结果为 b_m 对应的病害 p_m,即诊断结果为最大分值和对应的病害,进入步骤⑥,如果最大分值和不唯一,或者 $b_m - b_n < 10$,继续步骤⑤。

⑤构建病害集合 P_y 的判点数差集合 $W_y = \{w_j | j \in y\}$,计算公式如下:

$$w_j = s_j' - s_j \tag{4-61}$$

式中:w_j 为 p_j 的总判点数(病害 p_j 对应的所有可能症状的数量)与判点数之差,s_j' 为病害 p_j 对应的知识库中所有症状的数量。

将集合 W_y 排序,如果最小值唯一,则令 $\min w_y = w_m$,W_m 对应的病害 p_m 即为结果病害,进入步骤⑥。否则,诊断出错并返回步骤①提示用户重新选择症状。

⑥如果诊断成功,系统反馈用户黄瓜病害诊断结果 p_m 及其防治方法视频 t_m。

4.3.4　实例分析

基于上述改进的数值诊断在蔬菜病害诊断中的方法应用,蔬菜病害诊断推理机制的推理过程如下:

第一步,用户观看黄瓜症状视频选择症状,用户所选症状有叶:整叶:叶褪绿并生(黄或褐)斑;叶:叶斑:斑生灰霉,斑心灰白或灰褐,斑界明显。

第二步,推理机根据公式(4-59)可得用户选择症状集合 $D_x = \{d_9, d_{14}, d_{16}, d_{21}\} = \{$叶褪绿并生(黄或褐)斑,叶斑生灰霉,叶斑心灰白或灰褐,叶斑界明显$\}$。

第三步,根据症状-病害对应表 4-1,得到其对应的病害集合 $P_y = \{p_1, p_3, p_4, p_{16}, p_{17}, p_{18}\} = \{$霜霉病,角斑病,炭疽病,靶斑病,叶斑病,根腐病$\}$。

第四步,根据病害-症状对应表 4-2,得到病害 p_1 对应的用户选择症状集 $D_1 = \{d_9\}$,病害 p_3 对应的用户选择症状集 $D_3 = \{d_9\}$,病害 p_4 对应的用户选择症状集 $D_4 = \{d_9\}$,病害 p_{16} 对应的用户选择症状集 $D_{16} = \{d_9, d_{14}, d_{16}\}$,病害 p_{17} 对应的症状集 $D_{17} = \{d_9, d_{14}, d_{16}, d_{21}\}$,病害

p_{18} 对应的症状集 $D_{18} = \{d_{21}\}$。

第五步,得到病害集合 P_y 的判点数集合 $S_y = \{1,1,1,3,4,1\}$,最大判点数与次大判点数之差小于 2,进入步骤④。

第六步,通过公式(4-60)计算病害集合 P_y 的分值 $B_y = \{10,5,5,15,30,10\}$,最大分值与次大分值之差大于 8,诊断成功,输出 b_{17} 对应病害 p_{17} 及防治方法 t_{17}。

第七步,反馈用户诊断结果:叶斑病及防治方法视频 $f_{S(17,10)}$。

4.4 基于时空顺序的农业知识视频重构技术

根据农业知识视频分割方法,聚类后的农业知识视频场景从几秒到几分钟不等。如果将这些只有几秒或几十秒的场景作为检索结果直接提供给用户观看,会造成用户理解上的偏差,对知识学习没有实质意义,也会降低用户体验。

通过对农业知识体系的研究,我们构建了农业知识分类索引(如图 4-25 为黄瓜病害知识分类索引表)。借鉴知识网络中知识节点的结构模型,结合农业知识分类索引以及农业知识视频场景标注文本,以视频场景为最小单位,建立了基于时空顺序的农业知识视频重组实施路线模型(图 4-26),对提取的视频场景按照人类认知习惯进行排序。使用户检索关键词精确到视频场景;提取关联场景进行重组并反馈给用户,能有效改善检索结果离散,不宜理解的缺陷,也可以解决传统视频检索粗糙、视频内容冗长等问题。

生长阶段	生长部位	空间部位	病害名称	品种	地理位置	气候	症状表现	颜色	形状	药品名称	
A	B	C	D	E	F	G	H	I	J	K	L
种期	苗	上部	霜霉病	津春号	北方	潮湿	斑	褪绿	不规则	尿素	
苗期	根	下部	白粉病	津研4号	南方	干燥	霉	枯黄	椭圆	磷酸二氢钾	
定植期	茎	正面	角斑病	津杂号		低温	菌丝	灰	圆	百菌清	
株期	卷须	背面	炭疽病	棚优		高温	菌核	白	水渍状	乙磷锰锌	
花期	叶	中心	灰霉病	春宝		高湿	胶	黄褐	鸡爪	多菌灵	
果期	子叶		黑星病	爱丰			黏物	灰白	线形	农抗120	
采收期	叶脉		枯萎病	津研7号			突瘤	灰褐	鼠粪状	高脂膜	
	花		蔓枯病	夏丰1号			线虫瘿瘤	黑	疮痂状	粉锈宁	
	果		病毒病	早丰1号			蚜虫	红褐	晕圈	特富灵	
			疫病	宁丰3号				茶褐		琥胶肥酸铜	
			白绢病	露地2号				粉红		农用链霉素	
			菌核病	露地3号				绿		甲基托布津	
			根线虫	津绿5号						速克灵	
			斑点病	中农20号						扑海因	
			黑斑病	中农106号						防霉宝	
			靶斑病	方优2号						双效灵	
			叶斑病	哈研1号							
			根腐病								

图 4-25 黄瓜病害知识分类索引表

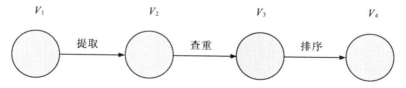

图 4-26 视频重组任务实施路线

其中,"提取"、"查重"、"排序"为三步动作,V_1(图 4-27)、V_2(图 4-28)、V_3(图 4-29)、V_4(图 4-30)为知识节点。

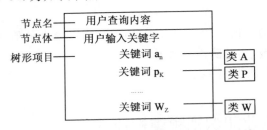

图 4-27　V_1 知识节点概念模型

a_n:关键词　A:类　$a_n \in A$

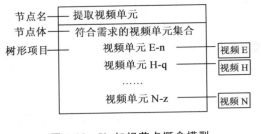

图 4-28　V_2 知识节点概念模型

N-h:视频场景　N:初始视频　h:视频 N 的第 h 个场景

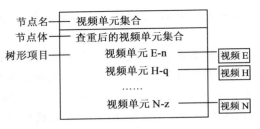

图 4-29　V_3 知识节点概念模型

N-h:视频场景　N:初始视频　h:视频 N 的第 h 个场景

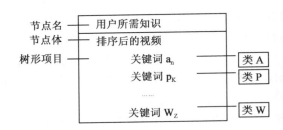

图 4-30　V_4 知识节点概念模型

基于时空顺序的农业知识视频场景重组的具体实施流程如下:

①根据用户输入检索内容生成关键词集合 $S_x = \{s_x\}$。

②在表 4-5 中检索关键词包含集合 S_x 的视频单元,以及与关键词 s_x 语义相似度最高的那些视频场景,检索得到视频场景编号集合 $N_z = \{N\text{-}z\}$。

③对比视频场景编号集合 N_z 中视频单元 $N\text{-}z$ 的关键词集合 $K_{N\text{-}z} = \{k_j\}$,剔除关键词集合完全一致的视频场景,获得视频场景编号集合 $N'_z = \{N'\text{-}z\}$。

④当视频场景 $N'\text{-}z$ 的关键词集合 $K'_{N\text{-}z}$ 中元素 $k'_j \in A \cup B \cup C$ 时(其中 A、B、C 为顺序关键词类,如图 4-25 所示),按照元素 k'_j 在顺序关键词类中的位置基于 $A > B > C$ 的原则对视频场景编号集合 N'_z 排序,否则跳转至步骤⑤。

⑤对视频场景 $N'\text{-}z$ 按照所属源视频 N' 以 $1 > 2 > \cdots$ 的顺序排列集合 N'_z。

⑥对来自于相同源视频的视频场景 $N'\text{-}z$ 按照分割顺序 z 以 $1 > 2 > \cdots$ 的顺序排列集合 N'_z。

⑦播放排序后的视频场景集合 $N'_z = \{N'\text{-}z\}$。

表 4-5　蔬菜视频标注关键词对照示意表

视频编号	关键词
1-1	l_1、d_1、b_5
...	...
2-1	l_1、d_3、f_1、g_1
...	...

第5章 农业音频信息获取——文语转换

除了农业视频信息的获取,以音频为载体的农业知识获取是另一种农民喜闻乐见的信息获取形式,也可以更广泛地应用于"12316"新农村服务热线等呼叫中心的语音信息服务。本章采用基于机械匹配和统计概率模型相结合的方法进行文本自动分词,实现农业知识从文本到语音的转换,可以提高分词效率又解决歧义切分问题。面向呼叫中心的农业知识文语转换方法不仅能解决呼叫中心人工录制语音的质量和效率问题,还能降低呼叫中心的运营成本。

5.1 农业知识文语转换中文本分析方法

文语转换的核心是文本分析。普通的语音合成并不能称之为文语转换,因为它并不具备篇章理解能力,只是把单个字的发音"拼凑"在一起,而篇章的理解则由文本分析模块完成,它基于语言学、结合上下文语境,通过对文本的浅层分析,划分出文本的字、词、句,而文本分析的过程通常包含如下三步(郭锋,2007;其卫军,2000):

①文本规范:过滤不规则字符,将可发音字符和数字转换为与其发音相同的文字;

②文本切分:基于语法规则,明确多音字在语境中的发音,划分出词或短语的分界点;

③标记插入:基于分词结果、明确停顿登记,在停顿处插入相应的标记。

其中文本切分最关键。汉语由单个汉字组合而成,但如果以字为单位对文本信息进行处理,则表意不明、缺乏实用价值;若将句作为基本单位,由于重现率低,则缺乏统计价值;无论结构、形式,还是表达含义,词都是构成汉语的基本单位,欲实现规范的汉语分析,需将词而非字作为文本分析的基本单位,就必须对词进行切分(杨超基,2007)。而汉语中词的切分(分词)与英语不同,在英语中,不同字符间已经插入了分割标记(如空格符),而在汉语中不同的字、间间并没有分割标记,汉语分词过程就如同将已经去掉了空格符的一段英语文本,采用某些方法和技术,将原有的空格符全部恢复,可想而知,这个过程有多复杂。汉语的文本切分实际上就类似这个过程,因需要在不同的词之间插入分割标记,就要对词进行识别,而在识别词的过程中经常会遇到歧义字段问题,即在切分词时不知应该将一段文本作为一个完整词,还是单个字来进行切分(杨超,2007)。

歧义字段通常包含两种类型(张彩琴等,2010;闫引堂等,2000):

(1)**交集型歧义字段** 有字段 AJB,AJ 属于 W,JB 属于 W,字段 AJB 即为交集型歧义字段,其中 A,J,B 分别为字符串,W 为词典。例如:"通电话"可分为"通/电话"和"通电/话"。

(2)**组合型歧义字段** 有字段 AB,若 AB 属于 W,A 属于 W,B 属于 W,W 为词典,字段

AB 即为组合型歧义字段。例如："坐卧"可分为"坐卧"和"坐/卧"。

相关调查统计显示：歧义字段在汉语文本中的出现比率约为 0.91％，而其中交集型歧义字段的比重超过 85％（杨超，2007）。由于歧义字段造成的文本切分多样性，给自动分词带来了极大的困难，现有的文语转换方法，都不得不把歧义字段的每一个字切分为一个词，在每个字之间都插入停顿间隔标记，而导致合成的语音像"蹦豆"似的一字一断，机械性极强，与人类自然流畅的发音相去甚远，这也是限制文语转换技术发展的最大瓶颈。因此，必须研究适用于农业知识专有名词（在文语转换过程中通常成为歧义字段）较多、一词多义和一义多词现象普遍等特点的文本切分方法，以及歧义字段的处理方法。

5.1.1　文本切分流程分析

传统的分词方法大都借助于词典，根据字符串匹配的原理，把待处理语句流中的字序列和词典库中的词语序列逐个比较匹配，从而把词语逐步地从文本中分离出来，是从文本到词的映射过程（图 5-1）。虽然传统方法操作简捷、易于推广，但其切分精度通常不高，也无法有效的解决歧义字段的切分问题（郭锋，2007；Niu Zhengyu 等，2000）。例如对于文本"其中第一方面包括"，应该切分为"其中/第一/方面/包括"，但如果按照传统的切分方法，此文本很可能被切分为"其中/第一/方/面包/括"，因此"面包"就成为此文本的歧义字段。

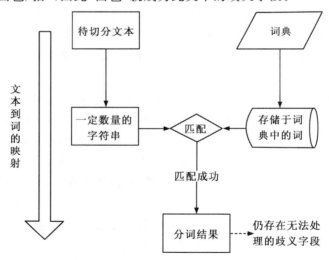

图 5-1　传统方法的文本切分流程

文本切分过程实际上是文本到词的映射过程，受此启发，可以联想到信息检索领域中的文本检索问题（图 5-2）。在文本检索中，关键词通常用来描述文档特征，由于关键词需要具有代表性，通常就是文档中的词，存储于数据库的文档就是通过关键词进行索引，并实现文档的检索（岳峻，2007）。而关键词与文本切分中的歧义字段十分相似，都是文本中所包含的词，文本检索是从词到文本的映射过程，与文本切分从文本到词的映射有着千丝万缕的联系，因此需借助信息检索中的文本检索问题来研究文本切分问题，特别是对关键词，寻求歧义字段的切分方法。

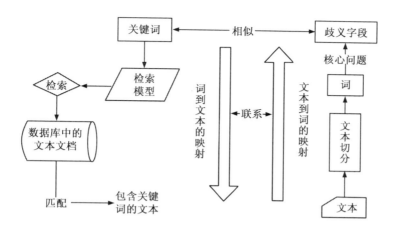

图 5-2　文本检索流程

5.1.2　基于语义检索的文本切分

基于关键词的特点,现有方法大多使用关键词检索法,如谷歌和百度等,首先请用户输入查询关键词,进而根据关键词进行查询。但这种方法过于依赖关键词,由于词汇(关键词)在不同的语境中会出现一词多义或一义多词等现象,使得传统方法通常不能满足用户需求。例如以上文提到"面包"作为查询关键词,"其中第一方面包括"和"味多美的面包很好吃"两段文本都可能被检索出,但从语义层面讲,用"面包"作检索词,很显然想要检索的是第二段文本,之所以两段文本都被检索出,是因为在检索之前,没有对关键词的语义进行分析。在文语转换中歧义字段的产生,究其原因也是没有结合上下文的语境,从语义的层面审视待切分的词,如能借鉴文本检索中对于关键词的语义处理方法,将很可能为歧义字段的切分提供帮助。

在文本检索领域,为使关键词语义能够为计算机能更好地理解,通常采基于本体的语义检索方法,即将词典本体引入关键词检索过程中,通过本体对关键词的语义进行解析,然后不是使用关键词本身,而是用其语义概念与待检索文本进行匹配。这也表明,即使文字完全相同,也只有表达出与关键词相同语义的文本才会被检索出。基于语义的文本检索通常通过如下3 个步骤实现(岳峻,2007)(图 5-3)。

1.本体构建及形式化表示

结合所研究领域,通过查阅文献、实地调研、专家座谈等方式,构建所属领域的本体模型,基于资源描述框架(resource description framework,RDF)或 Voronoi 图,通过对于本体形式化的表示,使得本体不再停留于概念层面,而升华为能表达明确语义概念的实体,进而构建出领域本体词典,为基于本体的关键词语义推理奠定基础。

2.基于本体的关键词语义扩展

关键词由用户提供,由于受到专业背景影响,通常不能和待检索文本完全吻合,特别是一词多义和一义多词通常会导致检索错误。因此,在使用关键词进行检索之前,应先对其进行基于本体的语义推理。例如,若用户提供的关键词为"苹果",用户表达的可能是一种水果,也可能是一个电脑公司的品牌,因此包含这两方面语义内容的文本都应该被检索出。

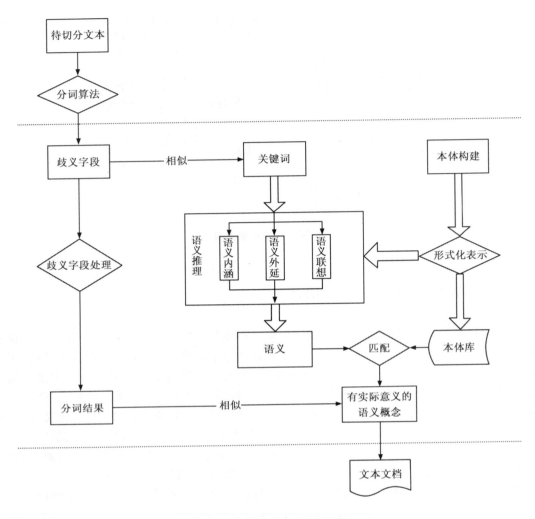

图 5-3　基于语义检索的文本检索流程

3.基于统计策略的文本检索

　　现有文本检索方法,通常在统计策略的指导下,实现从关键词到文本文件的映射,而文本检索也就变成了统计文本语义的估计。例如,根据统计经验,当"苹果"与"笔记本"、"电脑"等词同时出现时,大多表达电脑品牌的语义;同样的,当"面包"与"味多美"同时出现时,其表达的语义通常是用面粉制作的食品。这样可以在明确语义的情况下,准确定位用户所需的文本文件。

　　语义检索中的关键词和有实际意义的语义概念,分别与文本切分中的歧义字段和切分词汇具有极大的相似性,而图 5-3 中两条虚线之间的部分,是语义检索的核心模块,其功能恰恰可用于进行歧义字段处理。特别是本书的科研团队,对基于本体的语义检索进行过相关研究,具备较好的基础,因此我们将基于本体的语义检索方法引入文本切分领域,将歧义字段作为关键词输入语义检索接口,对其进行语义处理。而且这种引入,几乎无须对语义检索做出任何改动,只是省去了上文提及的语义搜索三步骤中的第三步,即无须再去检索文本,而本体构建方法、基于本体的语义推理模型、检索模型等都无须改动,只需要根据具体知识领域,向已经建好的本体模型中扩充部分实例,最终设计出基于语义检索的文本切分方法,同样包含 3 个步骤(图 5-4):

①基于字符串匹配的歧义字段(关键词)提取;

②本体实例扩充;

③歧义字段(关键词)语义推理及本体匹配。

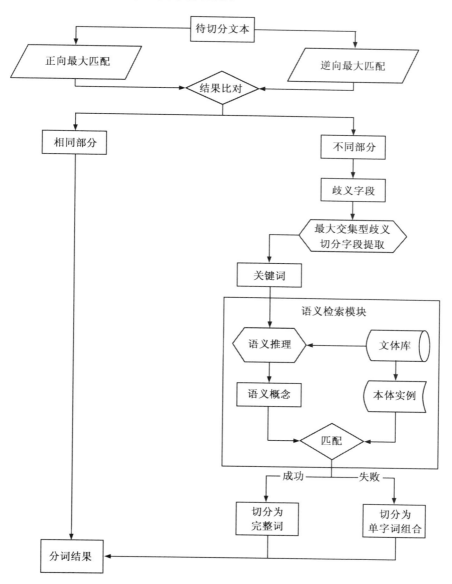

图 5-4　文语转换流程

5.1.3 基于字符串匹配的歧义字段(关键词)提取

现有分词方法通常基于 3 种不同技术:字符串匹配、统计、理解(陈明华等,2009;姚天顺等,1990)。其中,基于字符串匹配的方法最常用,它根据一定的规则,将切分文本中的单子组合与词典中的词逐条匹配,如单子组合与某词条吻合,则将这个单子组合作为一个完整词识别出。通常根据匹配方向的不同,将字符串匹配法分成两种情况考虑:正向字符串匹配和反向字符串匹配(陈明华等,2009;Liyi Zhang 等,2006);根据匹配长度的不同,可分成最大字符串匹配和最小字符串匹配;根据是否存在词性标注,可分成单一方法和一体化方法。下面为三种常用的字符串匹配方法(吴亮,2010):

①正向最大匹配法(切分方向为右→左)。

②逆向最大匹配法(切分方向为左→右)。

③最少切分法(将每次切分的次数降到最低)。

ASM(d,a,m),即 Automatic Segmentation Model,自动分词模型(杨超,2004),是表示字符串匹配法的一般模型,其中:

d 表示匹配方向,+1 代表正向,−1 代表逆向;

a 的含义是,若匹配失败,则增加或减少的字符数,+1 代表增加,−1 代表减少;

m 表明是最大匹配还是最小匹配,+1 代表最大匹配,−1 代表最小匹配。

正向最大匹配分词法是现有方法中最常用的,其模型可表示为:$ASM(+,-,+)$,设 $S=C_1C_2C_3\cdots C_n$ 为一个句子,$W_i=W_1W_2W_3\cdots W_m$ 为词,而 m 代表字典中最长词的字数,其算法的流程可描述为:

(1)变量初始化,令 $i=0$,指针 P_i 指向字符串的初始位置;

(2)计算指针 P_i 到字符串结尾字符的字数(即待切分的字符串长度)n,

  if(n=1) goto 3;

 else 令 m=词典中最长词的字数;

  if(n<m)m=n;

(3)自指针 P_i 起提取 m 个汉字组成词 W_i,进行判断:

①若 W_i 是字典包含的词,则在 W_i 后插入分割标记,转③;

②若 W_i 不是字典包含的词,且 W_i 的长度>1,则将 W_i 的右端去掉一个字,转(3)中的①步;否则(即 W_i 的长度=1),则在 W_i 后插入分割标记,并将 W_i 以单子词的形式存入词典中,执行③;

③根据 W_i 的长度修改指针 P_i 的位置,若 P_i 已经指向字符串的结尾,转(4),否则,$i=i+1$,返回(1);

(4)输出分词结果,分词过程结束。

同理,逆向最大匹配分词法,可用模型 $ASM(-,-,+)$ 表示,$S=C_1C_2C_3\cdots C_n$ 和 $W_i=W_1W_2W_3\cdots W_m$ 仍然分别为句子和词,逆向最大匹配与正向最大匹配的基本原理相同,只是切分方向不同:它不是从字符串的起始部分而是末尾开始匹配,其匹配字段是从字符串末尾提取出的 m 个字,若匹配失败,则删除第一个字、成为新的匹配字段继续匹配,直至切分完成。

因为汉语中有许多单字词,最小匹配法用的并不多。就精度而言,反向匹配通常好于正向匹配,歧义字段出现的比率也要小一些,两者的错误率分别约为 4.1％和 5.9％,即使是这样的错误率,在实际应用中也是无法接受的(吴亮,2010)。相关调查显示,同时使用两种方法可大幅提高切分精度,对汉语中约 90.0％的句子,两种方法可得到相同的正确结果;另有 9.0％的句子,虽然结果不同,但有一种方法的结果是正确的;只有 1.0％的句子,要么结果相同但错误,要么结果不同,且二者均未得到正确结果(杨超,2004)。这也表明,如果同时使用正向和逆向最大匹配法,几乎全部的非歧义字段都可以被切分出,而没有被切分出的部分,即分别使用两种方法切分不一致的部分,也就是歧义字段所在。因此这里分别使用两种方法切分,再通过比对结果提取出歧义字段。

但是,若直接将二者不同的部分作为歧义字段并不恰当,因为歧义字段被提取后,待切分文本应当被分割为在语义层面上完全独立的两部分,即歧义字段和非歧义字段,歧义字段将作为关键词输入语义检索接口,而语义检索模型具备语义处理能力,因此所有可能产生歧义的元素都应并入歧义字段;而非歧义字段则不做任何处理直接存入切分结果库,在非歧义字段中,不应再含有任何可能产生歧义的元素,否则造成的歧义将无法再进行处理。为能更准确地提取歧义字段,本研究还将对正向和逆向最大匹配法结果不同的部分进行更进一步的处理。首先,进行如下定义:

定义 1　最大交集型歧义字段(杨超,2004)

设一字符串 $S = C_1 C_2 C_3 \cdots C_n$,$S_{max} = C_i \cdots C_j$ 为 S 的一子串($1 \leqslant i < j \leqslant n$),且 S_{max} 为交集型歧义字段。若 S 包含的交集型歧义字段没有比 S_{max} 更大的,S 的最大交集型歧义字段就是 S_{max}。

定义 2　互信息(张彩琴等,2010;谈文蓉等,2006)

设 xy 为某汉字串,而 x 与 y 为互信息,可通过公式(5-1)计算:

$$I(x,y) = \frac{p(x,y)}{p(x)p(y)} \tag{5-1}$$

式中:$p(x,y)$ 为汉字串作为 xy 二字词的概率;$p(x)$,$p(y)$ 为 x 和 y 分别作为单字词的概率。

例如在句子"粮食生产任何时候都是种植业的主要内容"中,"任何时"和"任何时候"均为交集型歧义切分字段,但"任何时候"涵盖了"任何时",同时不为任何交集型歧义切分字段所包含,故"任何时候"是最大交集型歧义切分字段,"任何时"则不是。最大交集型歧义字段具备独立性,也不会与其相邻的字符发生关系,因此可将其从文本中提取出单独进行分析(杨超,2004)。为了保证在歧义字段提取时提取的是最大歧义字段,可计算正向和逆向最大匹配法结果不同部分前后分界处相邻两字的互信息,若互信息 $I(x,y) \neq 0$,则将分界处的字并入歧义字段,并继续计算新分界处的互信息,直到 $I(x,y) = 0$ 为止。

例如,对上述文本"粮食生产任何时候都是种植业的主要内容"分别使用正向最大匹配法和逆向最大匹配法,其结果为:

正向最大匹配法:粮食/生产/任何/时候/都是/种植业/的/主要内容

逆向最大匹配法:粮食/生产/任/何时/候/都是/种植业/的/主要内容

若提取"任何时"为歧义字段,则歧义字段前后边界处的互信息:

$I_{前}$(产,任)＝0,$I_{后}$(时,候) ≠0,

因此"任"可以作为歧义字段的前边界,但"时"不能作为歧义字段的后边界,而应将其并入歧义字段中。这样歧义字段变为"任何时候",再次计算新歧义字段边界的互信息:

$I_{前}$(产,任)＝0,$I_{后}$(候,都)＝0,

至此已满足互信息要求,最终提取的歧义字段为"任何时候",也实现了提取最大交集型歧义切分字段的目的。

5.1.4　本体实例扩充

这里以棉花病虫害知识为例,介绍本体的构建过程。棉花病虫害知识包含三类子集:名词性概念类子集、个体类子集、谓词性概念类子集。

1.名词性概念子集

(1)必备元素

实例:氮、磷、钾……

(2)棉花病害

实例:缺氮症、炭疽病、褐斑病……

(3)常用药品

①粉剂

实例:二氯苯醌粉剂、三乙磷酸铝粉剂、百菌清粉剂……

②喷雾

实例:波尔多液、甲基托布津、杀线虫药剂……

(4)棉花生长阶段

实例:苗期、吐絮期、花铃期……

(5)棉花种类

实例:锯齿棉、长绒棉、鲁棉研 20 号……

2.个体类子集

(1)棉花部位

实例:根、茎、叶……

(2)棉花虫害

实例:玉米螟、地老虎、棉粉虱……

3.谓词性概念子集

棉花病虫害知识谓词子集中的概念具有动作行为,这一动词子类的成员包括:

(1)选种

(2)保苗

(3)施药

……

使用 Protégé 本体建模工具创建棉花病虫害知识本体,图 5-5 和图 5-6 是在 Protégé 3.3.1 中定义一个棉花病虫害本体的部分类结构。

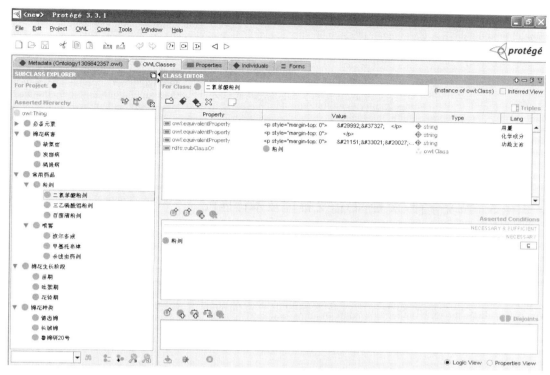

图 5-5　本体创建图示

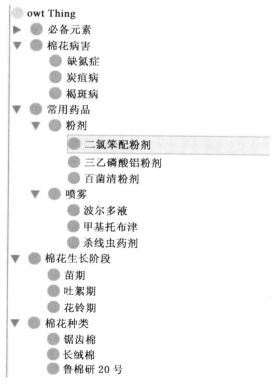

图 5-6　棉花病虫害知识类结构

槽(Slot)用来描述类的属性,其创建过程与类相似,图 5-7 是棉花病虫害中"二氯苯醌粉剂"类的一个属性槽实例。

Property	Value	Type	Lang
owl:equivalentProperty	\<p style="margin-top: 0"> 用量 \</p>	string	用量
owl:equivalentProperty	\<p style="margin-top: 0"> \</p>	string	化学成分
owl:equivalentProperty	\<p style="margin-top: 0"> 功能主...	string	功能主治
rdfs:subClassOf	粉剂	owl:Class	

图 5-7　棉花病虫害本体中"二氯苯醌粉剂"类的属性槽

5.1.5　歧义字段(关键词)语义推理及本体匹配

进行语义检索前,需对提交的关键词进行语义推理、提取其语义概念,而这一过程需要在知识本体模型中实现,其过程分为两步(岳峻,2007):①定性推理,当歧义字段(关键词)提交后,基于本体模型,在 RDF 形式化表示的知识本体中实施定性推理;②定量推理,基于语义相似度算法,量化概念间的相关程度以及不同知识节点间的距离,实现定量推理(图 5-8)。

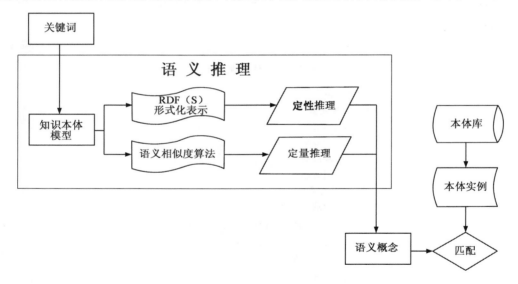

图 5-8　语义推理过程

资料来源:岳峻,2007。

1.基于 RDF 的定性推理

在 RDF 定性形式化表示的基础上,可进行相关概念的定性推理。做出如下规定:

定义 3　(岳峻,2007):U 和 R 分别为集合和二元关系,其中 R 是 $U \times U$ 的一个子集,即对于一个有序对 $<x,y>$,其中 $x,y \in U$,可表示为 xRy。$Re\ 1(U)$ 表示 U 上全部的二元关系,而 $\varnothing$(空集)表示 U 上的最小关系,V 表示 U 的全集 $U \times U$。

基于本体的形式化表示,设定如下推理:

设 R 为 U 上的任一关系

(1)当 R 为自反时，若有 $\forall x \in U$，则有 xRx；

(2)当 R 为对称时，若有 $\forall x,y \in U$，则有 $xRy \rightarrow yRx$；

(3)当 R 为传递时，若有 $\forall x,y \in U$，则有 xRy 且 $yRz \rightarrow xRz$。

以上推理使得歧义字段(关键词)可在知识本体的相关概念中实现扩展。如果提交的歧义字段(关键词)为知识本体中的节点，则在类、实例、属性、子类等具有相同属性的概念间进行推理，实现定性推理，即语义扩展(岳俊，2007)。

2. 基于语义相似度的定量推理

经过定性推理，可得与歧义字段(关键词)相关的扩展概念，即知这些概念与歧义字段(关键词)语义相关，但具体相关程度仍不得而知，而其准确的相关程度(语义相似度)，可通过节点间的路径距离来表示，设 d 表示两节点间的路径距离，而语义相似度的计算公式为(岳俊，2007)：

$$\mathrm{sim}(n_1,n_2)=\frac{\alpha}{d+\alpha} \tag{5-2}$$

式中：n_1,n_2 分别代表两个知识节点；d 为 n_1,n_2 的路径距离；α 为一个可变系数。

即使两个知识节点相关，具体的相关关系也要分 3 种情况考虑：①直接相关，包括实例与属性、实例与子类、具备相同属性的类之间的相关关系；②包含相关，子类与父类的继承相关；③传递相关，经过直接或包含相关的传递过程，产生的相关关系。显然，这 3 种相关关系影响相似度的权重不同，我们通过公式(5-3)计算语义相似度，可区分不同相关关系的影响度(岳俊，2007)：

$$\mathrm{sim}(n_1,n_2)=\sum_{i=1}^{3}\beta_i\prod_{j=1}^{i}\mathrm{sim}(n_1,n_2) \tag{5-3}$$

式中：n_1,n_2 仍然代表两个知识节点；β_1,β_2,β_2 分别表示在计算语义相似度的计算过程中，$\mathrm{Sim}_1(n_1,n_2)$，$\mathrm{Sim}_2(n_1,n_2)$ 与 $\mathrm{Sim}_3(n_1,n_2)$ 3 种不同相关关系所占的权重。

3. 语义概念本体匹配

在语义检索中，当通过语义推理获得关键词的语义概念后，就应用语义概念检索存储于文本库中的文本。但本文研究的是文本切分问题，并不需要检索文本，而只要获知歧义字段(关键词)能够表达出明确的语义概念，就会将歧义字段(关键词)作为一个完整词进行切分，否则将其切分为若干个单字词。那么如何能够知道歧义字段(关键词)是否能够表达出明确的语义概念呢？

本文同样使用歧义字段(关键词)的语义概念进行检索，但被检索的内容不是大量的文本，而是上文构建好的本体实例。换句话说，如果把本体实例视为检索问题中文本的话，那么待检索文本都只是单个的词。如果能够检索到，就认为歧义字段(关键词)能够表达出明确的语义概念。

因此需要计算歧义字段(关键词)与本体实例间的词汇关联度，具体方法是提取出可表达词汇潜在关系的基音对，进而基于同义词辞典，计算出基音对之间的关系。公式(5-4)可计算任一基因对 k 和 l 的关联度(岳俊，2007；Matthew Stephens 等，2001)：

$$association[k][l] = \sum_{i=1}^{N} W_i[k] * W_i[l] \qquad (5\text{-}4)$$

式中:k 代表关键词的语义概念,是文档中的第 k 个基音项;l 表示本体实例,$W_i[k] = T_i[k] *$ $Log(N/n[k])$;N 为本体实例的个数;$T_i[k]$ 表示第 k 个基音项在文档 d_i 中出现的频率(由于文档的内容是单个的词,$T_i[k]$ 的取值只能为 0 或 1);$n[k]$ 为包含第 k 个基音项的本体实例个数;$n[k]$ 的取值同样只能为 0 或 1。

当关联度 $association[k][l]$ 超过设定的阈值时,即可检索到本体实例,也即认为歧义字段(关键词)能够表达出明确的语义概念,则将其作为完整词切分;反之,将其切分为单子词组合。

5.1.6　文语转换中的语义分析

语义分析是在句子中加入合适的停顿、重音来增强句子的可懂性。停顿是指词语、句子、段落之间的间歇;重音是指音节发音时的响亮程度与平均程度之间存在的明显差异。词语重音形成的原因主要有以下两点:

①普通话中两字、三字等音节连续和声调组合造成的一些模式,这个可以在韵律处理模块中通过一定的算法处理;

②长期的口语使用过程中形成的发音习惯,可以在相应重音词条上标记出来。

这里采用的是在句与句间设置较长,词与词间较短的方式设置停顿模式。经过这种处理,待转换文本基本具备了语音合成的要求。考虑到汉语协同发音、变调和音长等韵律特征变化较复杂,而又对合成语音的自然度和可懂度影响较大,下面重点介绍韵律处理模块的内容。

5.1.7　文语转换中的韵律处理规则

韵律处理是语音合成中较重要的一部分,为了使合成语音更接近于自然语流,则需要设置各种韵律参数,这些参数包括停顿、重音、音高、时长和能量等。其中音高、时长和能量对自然度和可懂度的影响最为明显。而音高主要包括协同发音和变调规则,能量也就是音强的变化。我们将从协同发音、变调规则、音长规则和音强变化规则等角度来研究文语转换系统中的韵律处理。

1.协同发音

在连续语流中,各个相邻语音单元之间会相互叠加,彼此渗透而产生协同发音现象。所谓协同发音就是不止一个语音发生的现象,它同相邻语音发音的叠加有关。连续语流中音段发音和这个语音单元单独发音相差并非很大,大多数情况下很难被人耳分辨出来(景娟,2011),但语音单元的声调在一定程度上还是发生了变化。由于本文是以词为语音基元,基本上可以忽略音节间的协同发音现象,从而也使系统得到了简化。

2.变调规则

汉语的变调现象主要有以下规律(彭德龙,2010):

①上声＋上声→阳平＋上声;

②上声＋非上声→半上＋非上声;

③阴平＋阴平→半阴＋阳平；

④阳平＋阳平→半阳＋阳平；

⑤去声＋去声→半去声＋去声；

⑥"一、七、八、不"变调，即在去声前，读阳平，"一"在非去声前读去声，在词语中读轻声；

⑦单音节形容词重叠，后一个音节变为阴平。

这里只分析一些常见变调规则，还有很多规则仍在研究当中。

3. 音长规则

连续语流中音节时长的分布是影响语音自然度的又一重要因素，等时长的音节合成语音的语流听起来总是不连贯。每个音节的时长又受很多因素的影响，如音韵结构、音节所在词的结构、声调、重音以及音节在自然语流中的位置等都会影响音节的时长（蔡莲红，1994）。

（1）**词组中的音长变化** 前人认为，汉语中大多数两字词为后字音节的音长较长。但通过统计发现并不能简单地认为是前音节长还是后音节长。总的来看，三字词的音长分布较稳定，且中间音节较短；而四字词和多字词中，首末字的音节较长，其他音节则长短相间。

（2）**语句中的音长变化** 通过分析发现，一个呼吸群词首和词尾的音长与单独录制这个词相比，音长差异不大。在自然语流中，随着词语所处呼吸群位置的后移，词内各音节的音长有逐渐变短的趋势。而呼吸群中间词的音长和单独录制该词的音长及和呼吸群首尾词相比，音长明显变短。

（3）**重音导致的音长变化** 重音会使时长增加，无论是几字词，如果包含重读音，则该词的时长增加，且增加的是被重读的那个字的时长。

（4）**疑问句和感叹句的音长变化** 疑问句和感叹句句尾词的时长大约是原时长的 1.2 倍，且一般表现在最后一个音节上。

（5）**停顿时的时长设置** 词和词之间的停顿设为 10 ms，呼吸群之间的停顿设为 100 ms，分句之间的停顿为 200 ms，陈述句后的停顿为 500 ms。

4. 音强变化规则

语音的音强也就是能量，语音能量的公式如下：

$$E = \frac{1}{L} \sum_{n=0}^{L} x^2(n) \tag{5-5}$$

式中：$x(n)$ 是语音数据；L 是词的音长。

在一个呼吸群中，词的波形振幅下降也就是词的能量下降。通过观察一个连续的语音波形可以发现，一个呼吸群中波形振幅的变化呈类似指数递减，因此给能量进行归一化处理：呼吸群中所有词的能量除以第一个词的能量，由此可知呼吸群中能量的变化趋势满足：

$$Y(n) = L^n$$

式中：$Y(n)$ 表示归一化能量；n 表示词在呼吸群中所处的位置；L 是待定系数。根据系统语料库的统计分析可知，L 的值取 0.9 较合适。也就是说，随着词在呼吸群中位置的后移，其能量将以 0.9 的系数等比降低，直到呼吸群结束，另一呼吸群则从 1 开始递减（霍华，2001）。

5.2 农业知识文语转换中语音合成方法

语音合成是文语转换的最后一步,而语音库是语音合成比较重要的组成部分,尤其是对于采用 PSOLA 方法来合成语音的文语转换系统更是重中之重。语音库是输出语音的来源,它的好坏直接影响到输出语音的质量。我们设计的语音库在常用词语的基础上增加了农业知识领域的专业词语,并在搜索的过程中将农业词语优先搜索为原则。

5.2.1 语音基元的选取

1.基元的确定

构建语音库之前,首先要选择合适的语音基元作为录音的基本单位。一般来说声韵母、带调音节、单字、词组和句子等都可以作为语音基元,而本文选择用词组作为基元来进行录音。这样选择主要有以下几个原因:

①合成语音基元在词组一级的自然度和可懂度要比语音基元是声韵母、带调音节和单个字的提高很多,输出的语音听起来不会有一个字,一个字蹦出来的机器味。并且以词为合成基元减少了语句的分段量,也就减轻了后续韵律处理的工作量,因为处理的过程或多或少都会损失音色,所以调整越少越好。

②汉字的声母有 23 个,韵母有 24 个,带调音节也才 1 200 个左右,用它们作为语音基元存储量固然会很小,而以词作为语音基元势必会造成语音库存储容量加大,从而导致文语转换系统变大,可能会达到几百兆。但是根据现在计算机的运算速度和存储容量来看,运行一个几百兆的系统是可以实现的。

③以词组作为合成基元基本解决了多音字、轻声、单音节成词变调等现象。因为这些变调音都包括在词组本身的发音中,而不用再通过句法分析和语义分析来解决,提高了系统的运行速度。例如:"出差 chai1"和"出差 cha1 错"分别针对多音字"差"录制不同的音频文件;"种子 zi0"音频中的轻声音节"子"字,只有和前面的音节结合成特定的词时才发轻声,所以说轻声音节的发音都存在于各个词中,无须单独做任何处理。又如变调规则中所提到的,两个上声相连时,第一个变成阳平,"美 mei3 好 hao3"——"美 mei2 好 hao3"等。

④本文语音库在常用词语的基础上增加了农业知识领域的专业词语,如炭疽病、病斑、光合作用、多菌灵、地老虎等,使设计开发的文语转换系统更加实用化,大大提高了语音合成的效果。又因为系统的服务对象为农民,他们有着多年的田间经验,对农业专用语言也颇为熟悉,再次提高了系统的可懂度。

2.基元的录制

(1)录音规则 农业知识的语言风格比较稳定,语句朴实易懂,感情色彩较小,多为陈述句,所以采用中性语调进行录音。在这里我们聘请专业人员对词语进行录制,以保证词语读音的准确性和规范性。

录制通用词典和农业词典中所有的两字及以上词组,单字(助动词、语气词、独立汉字等)

通过已经录制好的词组或自然语流中截取。以往的经验告诉我们,单独对这些字进行录音,合成效果往往不自然,而通过从自然语流中截取出来的语音再放到句子中,和其他词相结合的效果比对这些字单独录音的合成效果要自然得多。因此,在我们制作的语音库中收集的常见助动词、语气助词和单个字的音频文件都是从播音员所念的音频材料的自然语流中截取得到的。

前人研究的以波形拼接合成技术为基础的文语转换系统听起来总是机器味很浓,主要原因是缺少韵律规则,包括基频、时长和能量等方面。基频在录音时是无法具体调整的,而时长和能量可以人为的做一些预处理。正如前面所提到的,韵律规则在基于词的波形拼接合成中起着重要的作用。虽说在最后合成时,我们会加上韵律规则,但是处理的程度应该越少越好。因为语音库中存放的词语音频文件的时长和能量是固定不变的,我们不可能把一个词录制成多个音频文件存储,这样更会成倍的加大系统的存储量,因此,我们要统计词语的时长和能量的规律,选择一定范围的时长和能量录音,使得后期运用韵律规则更加方便。通过对已有的录音材料进行整理和分析,我们发现词语的时长一般在以下范围:

①单字词一般在 200~280 ms,轻声如"的"、"了"、"着"等则要更短,在 150~200 ms 范围内变换;

②双字词的时长变化范围在 400~540 ms;

③三字词的变化范围较大,一般从 450~650 ms;

④四字词在 680~820 ms 变化。

因此在录音时,就根据上面统计的结果,把词语录音的时长限定在以上相应范围之内,这样会使合成语音的语调和语速尽量保持平稳和一致,提高了合成语音的自然度和可懂度。最后需要强调的是,虽然录音时没有对基频进行预处理,但还是要求基频起伏不能太大,也就是录音者的嗓音要尽量均匀一致。这个也可以通过控制能量来做到,因为,就某一个人来说发音力度增强时,声带振动必定加快,从而提高了基频,而力度减小则声带振动放慢,基频降低。所以通过改变幅度的方式来改变词语的能量以达到与其他词语能量一致的方法不是很可取,如果单纯地通过幅度来实现能量变化的话,基频是没有改变的,因此,虽然能量相同了,但基频却还是不一致,这样通过波形拼接出来的语音就有忽近忽远的感觉,合成效果不自然。

(2)录音格式的选取 这里选用美国公司开发的 Cool Edit Pro 2.0 软件对声音进行录制和后期制作,波形效果如图 5-9、图 5-10 和图 5-11 所示。它可以根据个人需求对音频进行编辑和处理。例如,它可以同时处理多个音频文件,轻松地在几个文件中进行剪切、粘贴、合并等操作;可以生成噪声、低音、静音、电话信号等多种音效形式;可自动搜索到静音部分;可以在 AIFF、MP3、WMA、WAV、PCM、SAM 等文件格式之间进行转换等功能。

录音的格式包括采样率、量化比特数以及采用的是单声道还是双声道。采样率一般从 6 000~192 000 Hz 不等,采样率越高,音频的效果越好。量化比特数有 8 比特、16 比特和 32 比特,和采样率一样,量化比特数越大,越能细致的放映出音频的变化。录音的存储格式也有很多种,包括 WAV、MP3、WMA、AIFF 和 PCM 等。WAV 是无损的音频文件,音质效果好,但是文件格式容量较大,会占用大量内存。而 MP3 和 WMA 都是有损压缩文件,虽然音质不如 WAV 好,但是节省很多内存空间,相比而言,MP3 的音质较 WMA 的好些。所以综合考虑,这里选用 16 000 Hz 的采样率,16 比特,单声道的录音格式以及 MP3 格式来保存音频文件。

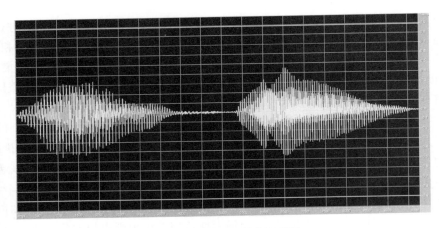

图 5-9 "棉花"的时域波形图

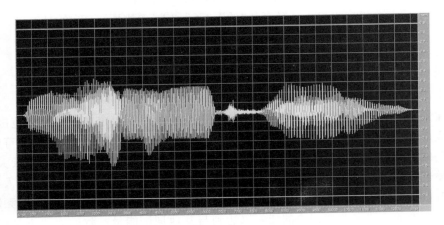

图 5-10 "棉铃虫"的时域波形图

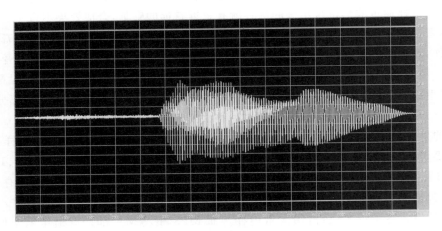

图 5-11 "3"的时域波形图

5.2.2 农业知识语音库的构建

1.语音库的组织结构——现代汉语常用词语音表

现代汉语常用词语音表的制作借鉴了《现代汉语常用词表(草案)》(图 5-12)中所提供的词汇和词频信息。该草案词表包括词语、汉语拼音和词频序号 3 部分,词语的收录以单音节和双音节为主,同时根据语言交际实际也收录一些实用频率明显较高的缩略词、成语、习惯用语等。而词频顺序使用的是"词频频级排序法",由于词语的来源面比较宽,各种语料都有自己的覆盖面与构成特点,词表中的词语不能在每种语料中都得到全面显现。同一个词语在不同语料库中的频次也可能相差较大,因而不同语料库中的具体频次之间缺乏严格的可比性。用频级统计则能较客观的显示每个词语的使用情况。频级排序法就是同一语料库中所有词语按频次数的多少进行的一种排序方法。相同频次的为一个频级,频级统计分两步,第一步形成不同类型语料的频级,检测语料有"通用语料库"、"人民日报"和"文

词语	汉语拼音	频序号
阿爸	ā bà	18137
阿昌族	ā chāng zú	50849
阿斗	ā dǒu	42632
阿富汗	ā fù hàn	3461
阿訇	ā hōng	34432
阿拉伯数字	ā lā bó shù zì	35937
阿拉伯语	ā lā bó yǔ	30476
阿妈	ā mā	16220

图 5-12 现代汉语常用词表(草案)

学作品"3 种,这样每一个词语就有了 3 个不同的原始频级;第二步形成总语料的频级,就是将每个词语的 3 种语料的频级之和除以 3。总语料的频级共有 2 969 级,1 级为最高,2 969 级为最低。同一频级的词语最多有 1 781 条,最少的只有 1 条词语(申金女,2006)。相同频级的词语,根据总频次的多少由高到低排序,相同频次的根据读音按字母升序排列。最终该草案共收录常用词语 56 008 个,通过词汇和词频高低进行整理后,挑选出 20 万条左右的常用词汇,并用 My SQL 数据库建立和储存。

语音库的设计包括 4 个字段:"id"、"cizu"、"pinyin"和"cixu"。"cizu"字段包括通用词典中所有的字词;而"pinyin"和"cixu"两个字段中的内容都是借用《现代汉语常用词表(草案)》中的数据再加以改进得出的。在"pinyin"字段中,用 0、1、2、3、4 分别代表汉语拼音声调中的轻声、阴平、阳平、上声和去声,每个汉字的拼音之间用单引号隔开。例如汉字"棉"的拼音为"mian2","棉花"的拼音为"mian2'hua1"等。"cixu"字段分为三部分,第一部分为通用词典中原有的词汇,词频信息采用《现代汉语常用词表(草案)》中统计的数据,并在词频前面加"1-",第二部分为从农业词典中添加的专业词汇,词频信息采用自学习统计出的数据,并在词频前面加"2-",第三部分为非汉字符号,由于没有统计数据,直接采用自然数从小到大排列,并在数字前面加"3-",这样使每个词汇都用唯一的一个词序代号表示,便于词汇与音频信息的对应搜索。数据库的存储内容见表 5-1 至表 5-3。

表 5-1　通用词汇语音表

id	cizu	pinyin	cixu
1	阿姨	a1'yi2	1-6842
2	啊	a0	1-1175
3	哎	ai1	1-5497
4	哎呀	ai1'ya1	1-8456
5	哎呦	ai1'you1	1-11815
6	唉	ai1	1-7474
7	唉呀	ai1'ya1	1-25872
8	埃	ai1	1-6336
9	埃及	ai1'ji2	1-3121
10	挨	ai2	1-4436
11	挨饿	ai2'e4	1-16362
12	癌	ai2	1-10793
13	癌细胞	ai2'xi4'bao1	1-19156
14	癌症	ai2'zheng4	1-6730
15	嗳	ai3	1-9372
16	矮	ai3	1-5267
17	矮小	ai2'xiao3	1-16293
18	艾	ai4	1-9226
19	艾滋病	ai4'zi1'bing4	1-3427
20	爱	ai4	1-323
21	爱戴	ai4'dai4	1-11712
22	爱国	ai4'guo2	1-2338
23	……	……	……

表 5-2　农用专业词汇语音表

id	cizu	pinyin	cixu
1	棉	mian2	2-1384
2	棉花	mian2'hua1	2-588
3	农药	nong2'yao4	2-556
4	病虫害	bing4'chong2'hai4	2-521
5	农用	nong2'yong4	2-502
6	采摘	cai3'zhai1	2-462
7	病害	bing4'hai4	2-455
8	棉农	mian2'nong2	2-432
9	棉田	mian2'tian2	2-409
10	棉絮	mian2'xu4	2-398
11	农家肥	nong2'jia1'fei2	2-383
12	棉铃虫	mian2'ling2'chong2	2-366
13	棉籽	mian2'zi3	2-331
14	籽粒	zi2'li4	2-326
15	棉铃	mian2'ling2	2-307
16	……	……	……

表 5-3　农业文本常用非汉字信息语音表

id	fuhao	pinyin	cixu
1	0	ling2	3-1
2	1	yi1	3-2
3	2	er4	3-3
4	2'	liang3	3-4
5	2"	liang2	3-5
6	3	san1	3-6
7	4	si4	3-7
8	5	wu3	3-8
9	5'	wu2	3-9
10	6	liu4	3-10
11	7	qi1	3-11
12	8	ba1	3-12
13	9	jiu3	3-13
14	9'	jiu2	3-14
15	.	dian3	3-15
16	.'	dian2	3-16
17	℃	she4'shi4'du4	3-17
18	%	bai3'fen1'zhi1	3-18
19	～	zhi4	3-19
20	/	mei3	3-20
21	m^2	ping2'fang1'mi3	3-21
22	m	mi3	3-22
23	cm	li2'mi3	3-23
24	mm	hao2'mi3	3-24
25	L	sheng1	3-25
26	mL	hao2'sheng1	3-26
27	g	ke4	3-27
28	kg	qian1'ke4	3-28
29	＜	xiao3'yu2	3-29
30	＝	deng3'yu2	3-30
31	＞	da4'yu2	3-31
32	……	……	……

通过表 5-3 可以发现,有很多同音不同字的词语,并且它们的词频信息不同,如表 5-4 所示。由于最后只需要合成语音,而不管是什么字形,只要发音相同,录制的音频也就相同。所以,为了节省语音库硬盘的存储空间,对同音不同字的词语只录制一个语音文件供后期调用,因为语音文件是根据"cixu"字段的内容命名的,所以将同音不同字的词语改为同一个词序,并

改成词频最小的那个数据,如表 5-5 所示。

表 5-4 改进之前的同音不同字语音表

id	cizu	pinyin	cixu
1	哎	ai1	1-5497
2	唉	ai1	1-7474
3	埃	ai1	1-6336
4	哎呀	ai1'ya1	1-8456
5	唉呀	ai1'ya1	1-25872
6	挨	ai2	1-4436
7	癌	ai2	1-10793
8	嗳	ai3	1-9372
9	矮	ai3	1-5267
10	艾	ai4	1-9226
11	爱	ai4	1-323
12	碍	ai4	1-10576
13	……	……	……

表 5-5 改进之后的同音不同字语音表

id	cizu	pinyin	cixu
1	哎	ai1	1-5497
2	唉	ai1	1-5497
3	埃	ai1	1-5497
4	哎呀	ai1'ya1	1-8456
5	唉呀	ai1'ya1	1-8456
6	挨	ai2	1-4436
7	癌	ai2	1-4436
8	嗳	ai3	1-5267
9	矮	ai3	1-5267
10	艾	ai4	1-323
11	爱	ai4	1-323
12	碍	ai4	1-323
13	……	……	……

2.语音库的搜索

根据文本切分得到一系列字符串后,根据分词的结果,找到与之匹配的语音文件。由于农业知识文本专业词汇多,数字符号等非汉字信息较多的特点,为了提高搜索速度,按照以下顺序对语音库进行搜索:

首先,对"农用专业词汇语音表"(表 5-2)进行搜索。该表的排列顺序按照"cixu"字段的数据从大到小排列,数据越大,表示词汇出现的频率越高。

其次,对"非汉字信息语音表"(表 5-3)进行搜索。由于该表存储数据较少,排列顺序为数字在前,其他符号按统计文本的出现顺序一次排列,不分词频高低。

最后,对"高频通用词汇语音表"(表 5-6)进行搜索。该表的"cixu"字段沿用了《现代汉语常用词表(草案)》中统计的数据,排列顺序按照字段数据从小到大排列,数据越小,说明词汇出现的频率越高。

综上所述,无论哪个语音表的排列顺序都是按照词频高低,从词频高的词语向词频低的词语排列,这样大大提高了语音文件的搜索速度。

表 5-6　高频通用词汇语音表

id	cizu	pinyin	cixu
1	的	de0	1-1
2	是	shi4	1-2
3	在	zai4	1-3
4	一	yi1	1-4
5	不	bu4	1-5
6	有	you3	1-6
7	这	zhe4	1-7
8	个	ge4	1-8
9	上	shang4	1-9
10	也	ye3	1-10
11	他	ta1	1-11
12	人	ren2	1-12
13	就	jiu4	1-13
14	对	dui4	1-14
15	说	shuo1	1-15
16	……	……	……

5.2.3　基于 PSOLA 算法合成语音

语音库建好之后,接下来要实现语音合成。语音合成是根据处理好的文本,从语音库中取出相应的语音基元,根据一定的韵律规则来调整语音基元的韵律特征,并采用波形串联拼接和平滑处理的方法来实现语音输出。现有三种主要的语音合成方法:基于共振峰的语音合成,基于线性预测的语音合成和基于波形拼接的语音合成。由于 PSOLA 算法以语音基元为单位进行韵律调整,而且其合成语音的自然度较高,适用于数字较多的农业知识文本,因此采用该算法来合成语音,实现农业知识的文语转换。基于 PSOLA 算法的语音合成框架如图 5-13 所示。合成基元越大,合成的自然度越高,系统结构越简单,但合成语音的数码率和存储量较大。

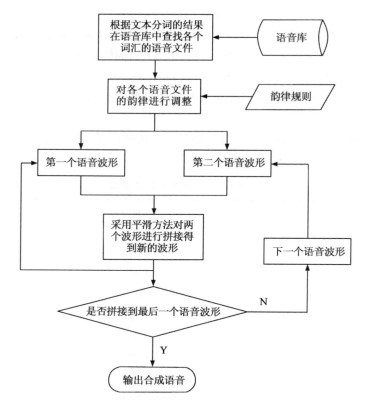

图 5-13　基于 PSOLA 算法的语音合成框架图

1. PSOLA 算法原理

基音同步叠加算法（pitch synchronous overlap add,PSOLA）是基于波形拼接的语音合成方法,与其他波形拼接技术的差别在于:该算法在语音基元叠加前,以基音周期为单位对音高、音长和音强等韵律参数进行调整,而其他波形拼接技术是以"帧"为单位来调整韵律特征的。由于语音的基音周期通常是比较完整的,因此就确保了以该算法合成的语音波形的连续性,从而提高了合成语音的自然度。算法主要分三种:时域法(TD-PSOLA)、线性预测法(LP- PSO-LA)和频域法(FD-PSOLA)。这三种方法的原理基本一致,不同点在于基音变换方式和计算的复杂度。文本使用的是计算较为简单的时域基音同步叠加法,该算法不用对短时分析信号进行频域变换,只需用短时信号为单位进行增加或删减就可以实现时长的调整,并根据时长和基频的需要调整短时信号数据间的时延。该算法的基本原理(沈颖,2004)为:

（1）**基音标注**　将原始的语音信号 $x(n)$ 与一系列基音同步窗函数 $h_m(n)$ 相乘,得到连续重叠的短时分析信号 $x_m(n)$,如式(5-6)所示:

$$x_m(n) = h_m(t_m - n)x(n) \tag{5-6}$$

其中,t_m 是基音标注的位置,在浊音段与基音同步,在清音段等距分布。一般使用汉明窗对原始信号进行加窗处理,汉明窗的定义公式如下:

$$h_m(n) = \begin{cases} 0.5\left(1-\cos\dfrac{2n}{N}\right), & n=0,1,2,\cdots,N-1 \\ 0, & n\in others \end{cases} \tag{5-7}$$

窗函数 $h_m(n)$ 的中心位于 t_m 处，长度要大于一个基音周期，一般为 2～4 个基音周期为宜，使得相邻的短时信号有重叠，可以在一定程度上缓解调整所带来的相位不连续造成的影响。

（2）**基音同步变换**　对原始语音信号进行基音标注后，得到连续的短时分析信号。根据目标语音时长、基频和能量的特征，调整得到短时分析信号的时长、基频和能量，从而得到与目标基音标记 t_s 同步的短时合成信号序列 $x_s(n)$。

（3）**基音同步叠加合成**　PSOLA 算法的最后一步是将合成的短时信号序列同目标基音序列同步叠加，得到符合目标韵律特征的合成语音。我们采用最小二乘法重叠相加法来合成语音，也就是说，使合成的短时信号 $x_s(n)$ 的谱与相应的合成信号 $\tilde{x}(n)$ 的短时谱的二乘误差最小。经过一系列推导，最终得到合成信号的表达式：

$$\tilde{x}(n) = \frac{\sum\limits_s \alpha_s h_s(t_s-n) x_s(n)}{\sum\limits_s h_s^2(t_s-n)} \tag{5-8}$$

公式中的分母是一个规范化的因子，用来补偿相邻窗的重叠不同而造成的能量上的变化，特别是当合成窗的长度取为合成信号基音周期的 2 倍时，这个规范因子几乎是一个常数。这是如果假设 $\alpha_s=1$，则公式简化为：

$$\tilde{x}(n) = \sum\limits_s \tilde{x}_s(n) \tag{5-9}$$

此时，合成信号只是合成短时信号的线性加和。

2. PSOLA 算法对农业文本的韵律调整

在前面已经对汉语语音的音高、音长和能量等韵律特征参数规律进行了分析，下面将研究这些韵律参数在 PSOLA 算法的指导下是怎样对待拼接单元的韵律参数进行调整的。

（1）**声调调整**　上文已经列举出很多音调变化的规律，如协同发音等。由于本研究采用词语作为语音基元，因此，词语内部的变调问题在设计程序时大大简化。但是农业知识文本不仅包括很多专业词语，还包括很多数字和符号，而对这些数字读音变化处理的好坏也影响输出语音可懂度的高低。结合这些变调规则，对待拼接数字语音基元的声调进行了如下处理：

首先，根据上声＋上声变成阳平＋上声的规则，语音库中可能出现以下组合："wu3bai3，jiu3bai3"，"ling2dian3wu3，ling2dian3jiu3"，因此语音库中就应该添加"wu2"、"jiu2"和"dian2"这几个变调后的语音基元，将上面组合替换为"wu2bai3，jiu2bai3"，"ling2dian2wu3，ling2dian2jiu3"。

其次，汉语一些约定俗成的读法，例如，"200，2000"不能读成"er4bai3，er4qian1"，而要处理成"liang2bai3，liang3qian1"等等。因此，语音库中还应该添加"liang3"和"liang2"的语音基元。

以上是针对该系统文本的特殊性而进行的处理，很多其他变调规则本研究没有采用，主要是待转换文本不会出现那些情况。具体的处理方法为：

```
for i＝1:count-1
if
strcmp(name(k(i)),'wu3')&(strcmp(name(k(i＋1)),'bai3')
        k(i)＝9;
else if
strcmp(name(k(i)),'jiu3')&(strcmp(name(k(i＋1)),'bai3')
        k(i)＝14;
else if
strcmp(name(k(i)),'dian3')&(strcmp(name(k(i＋1)),'wu3') ｜ strcmp(name(k(i＋1)),'jiu3'))
    k(i)＝16;
else if
strcmp(name(k(i)),'er4')&(strcmp(name(k(i＋1)),'bai3')
    k(i)＝5;
else if
strcmp(name(k(i)),'er4')&(strcmp(name(k(i＋1)),' qian1')
    k(i)＝4;
end
end
```

(2)音长调整 通过数据分析发现,一般汉语词组在句子中的音长与它们单独出现时的音长相比没有太大变化,而数字的音长相比却相差很大,在句子中的音长为单独出现时音长的50％左右(表 5-7)。

表 5-7　语音基元在不同环境下的音长对比　　　　　　　　　　　　　　s

语音基元	单独存在的时长	在句子中的平均时长
0	0.40	0.23
1	0.32	0.15
2	0.30	0.13
3	0.42	0.25
4	0.43	0.21
5	0.43	0.16
6	0.42	0.22
7	0.44	0.25
8	0.29	0.17
9	0.45	0.27
棉花	0.61	0.58
棉铃虫	0.77	0.72
炭疽病	0.68	0.66

PSOLA 算法通过对基音周期语音波形的增加或删减来实现对音长的调整,具体的调整方法如下:

其一,对汉字及词组的语音基元音长进行调整,结合自相关算法检测得到清浊音边界,对波形进行清浊音分离。在清浊音段连接处保留波形的基本特征,并分别去掉清音段前和浊音段后的5％个基音周期的波形数据,下面以"棉花"波形为例进行调整(图 5-14)。

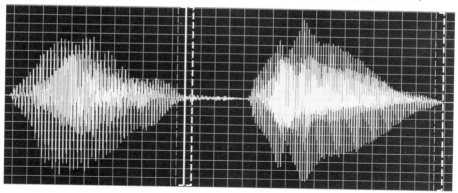

图 5-14　"棉花"波形的音长调整结果图

其二,对数字类型语音基元的音长进行调整,同样结合自相关算法检测得到清浊音边界,对波形进行清浊音分离。在清浊音段连接处保留波形的基本特征,并分别去掉清音段前和浊音段后的50％个基音周期的波形数据。

通过这样调整,待拼接语音基元的时长基本达到了这些基元在句子中应该具备的时长大小,让人听起来语速基本上保持在正常水平。

调整的具体程序如下:

清音:if n＝1

　　　shm＝[0];

　　else

　　　　if　　　　strcmp(t,'0') | strcmp(t,'1') | strcmp(t,'2') | strcmp(t,'3') | strcmp(t,'4') | strcmp(t,'5') | strcmp(t,'6') | strcmp(t,'7') | strcmp(t,'8') | strcmp(t,'9') //0-9 数字的时长调整

　　　　　　　　　　　　　　　　　　　　　　　为单音节时时长的 50％

　　　　　shm_len＝floor(0.5 * n * N);

　　　else

　　　　　shm_len＝floor(0.05 * n * N); //其他清音时长调整为单音节时时长的 95％

　　end

　浊音:ym＝ym(B(1):B(end));

　　　lenb＝length(B);

　　　leny＝length(ym);

　　　if　　　　strcmp(t,'0') | strcmp(t,'1') | strcmp(t,'2') | strcmp(t,'3') | strcmp(t,'4') | strcmp(t,'5') | strcmp(t,'6') | strcmp(t,'7') | strcmp(t,'8') | strcmp(t,'9') //0-9 数字的时长调整

　　　　　　　　　　　　　　　　　　　　　为单音节时时长的 50％,按基音周期为单位进行删减

　　　　len_newb＝floor(0.5 * lenb);

　　else

len_newb＝floor(0.95＊lenb)；//其他音节的时长调整为单音节时时长的95％，按基音周期为单位进行删减

  end

  ym＝ym(B(1):B(len_newB))；

  yinjie＝[shm',ym']'；

(3)能量调整 语音能量的大小跟语音信号的幅值有绝对的联系。在对汉语语句的语音信号能量变化规则分析的基础上,还需调整合成语音基元的能量。

  首先,确定该语音基元在文本字符串中的位置(1到n)。其次,根据一个呼吸群中能量变化的趋势按公式(5-7)进行能量调整,其中L＝0.9,n是该呼吸群中语音基元的个数。程序如下:

switch pos

  case'1', yinjie＝yinjie；

  case'2', yinjie＝yinjie＊0.9；

  case'3', yinjie＝yinjie＊0.9^2；

  case'4', yinjie＝yinjie＊0.9^3；

    ……

  case'n', yinjie＝yinjie＊0.9^n；

end

  其中,pos表示该语音基元在文本字符串中的位置,yinjie表示该语音基元的语音数据。通过这样处理,得到的语音基元序列基本上满足一个自然语音的音强特点,可以表示出句子的抑扬顿挫。

3.基于波形拼接的农业知识语音合成

  为了使合成语音的波形更加平滑,更接近自然语音的波形特点,可以采用较大的合成基元来实现。因为合成基元越大,合成时就可以减少拼接的次数,也就更自然。虽然已采用词作为合成基元,但词与词之间仍然会存在停顿突兀的感觉,需要在波形拼接处进行平滑处理,有效地减轻拼接边界的不连续现象,改善合成语音的质量。

  目前处理语音平滑的方法有:加法平滑法(Jian Wu,2000),回退平滑法,插值平滑法(徐望,2002),连续效应法(Aimilios,2009),基于时域的平滑方法和基于傅里叶变换的频谱平滑方法(陶建华,2002)等。这些方法都有各自的优缺点,为了更加直观的表现,采用基于时域的平滑算法来处理语音波形。算法的具体公式如下:

$$s(n)＝\lambda s_1(n)＋(1-\lambda)s_2(n) \qquad n＝0,1,R-1 \qquad (5\text{-}10)$$

式中:$\lambda＝\dfrac{1+\cos\left(\dfrac{n\pi}{R}\right)}{2}$为平滑长度;$s_1(n)$为前段语音波形中对应于$s(n)$的样本个数;$s_2(n)$为后段语音波形中对应于$s(n)$的样本个数;$s(n)$是待平滑的两段波形拼接过渡段的波形。

  通过λ的计算公式可知,取$R＝1\,000$时,λ随n的增加而逐渐减小,而$1-\lambda$随n的增加而逐渐增加。也就是说,在波形拼接的过渡段,$s_1(n)$在拼接后的波形中所占的比重越来越少,而$s_2(n)$所占的比重是越来越多,这也正好符合了汉语的发音规律。

通过图 5-15 至图 5-18 的对比可以看出,没有做过平滑处理的拼接在拼接点处有明显的跳跃感,而做过平滑处理的拼接波形就变得比较连贯,更接近于自然语流。而该平滑算法的难点在于每个拼接点处的平滑长度 R 不是一个常数,需要根据实际情况进行调节。通过实验分析发现,当 R 为两个拼接波形中样点数较少的 1/9 时,基本上可以满足所有的拼接要求,并获得了较好的合成效果(苏珊珊,2008)。

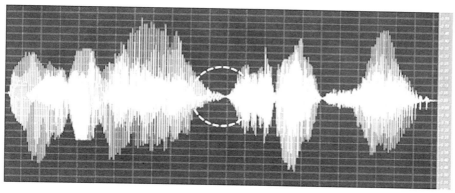

图 5-15 平滑前的"棉苗受害"拼接段波形图

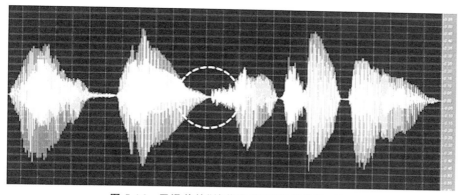

图 5-16 平滑前的"棉花炭疽病"拼接段波形图

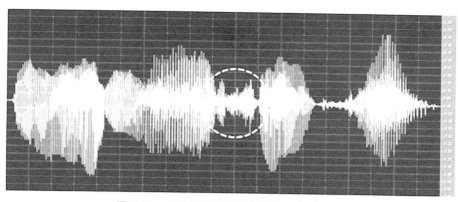

图 5-17 平滑后的"棉苗受害"拼接段波形图

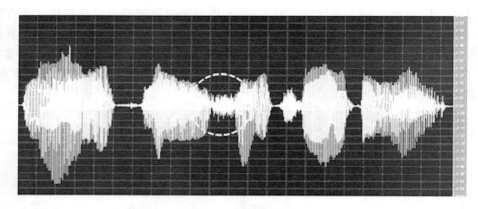

图 5-18　平滑后的"棉花炭疽病"拼接段波形图

第6章　面向移动终端的农业视音频信息转换

在第5章农业知识文语转换方法的基础上,本章将专家系统引入呼叫中心领域,构建出呼叫中心与专家系统耦合的音频获取模型,利用专家系统的推理算法对用户需求进行智能解析,采用知识库同名映射方式定位检索音频,并借助呼叫中心的硬件功能将由文本转换而来的音频知识播放给用户,从而为呼叫中心提供知识库的自动调用方法。

6.1　农业知识视音频转换方法框架

目前能提供农业知识的视音频大多通过人工录制或现场采集两种方式获得,而这两种方式不仅成本较高,农民十分关注的知识可靠性问题更是难以得到保证。

现有的农业知识成果则大多以文本作为表现形式,如专著、科普、文献、专利等,另外农业知识专有名词较多,一词多义和一义多词现象十分普遍,用现有的文语转换方法会出现歧义字段现象,因此我们提出了适合于农业知识特点的文语转换方法,自动将文本资料转换为音频文件,也无须再聘请专业人士作为录制工作的顾问,可大大降低音频制作成本。与此同时,现有开发完成的专家系统,已经实现了文本知识的"电子化",即很多文本知识已经以电子版的形式录入计算机,这无疑为文语转换提供了极大便利。

同时,科研机构已经录制完成了大量农业知识科普视频、讲座课件等,如高校农业科技与教育网络联盟所开发的"乐农家"数字资源包(图6-1),就收录了农业技术、务工技能、法律知识、致富经验、科普、文艺、生活百科等八大类2 600多个、总量达1 000 G的视频节目。但无论是单个播放时间,还是格式、大小,这些视频都不适合于移动终端的传输和接收。因此我们还提出了适合讲座类视频特点的视频分割方法,对原始的视频资源进行自动处理,将其分割为所需的视频单元,进而合成适合于移动终端的视频文件。

对现有文本和视频知识,采用基于语义检索的文语转换方法、农业知识视频分割与语义标

图6-1　"乐农家"数字资源包

注方法(图 6-2),将概念化的农业知识转换为适合移动终端的视音频文件,进而构建视音频知识库,为视音频获取奠定基础。

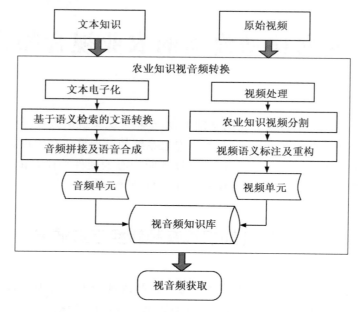

图 6-2　农业知识转换方法框架

6.2　基于网络互通的视频获取模型

第 3 章已经将完整视频分割为独立的视频段落,并对视频段落进行了语义标注,下面将研究如何准确地定位检索出目标视频段落,并借助移动终端将其播放给用户。因此,视频获取研究的内容应包含 3 个部分:视频检索,视频传输,格式转换。如果形象地把为农民提供视频知识比作为其"送货"的话,视频检索就是根据农民的需求为其"选货"的过程,视频传输是"修路"的过程,而格式转换是"找车"的过程,三者相辅相成,缺一不可(图 6-3)。

要将"货物"送达到农民手中,须知道农民到底需要什么,如果费时费力将其不需要的"货物"送去,就是"劳民伤财"。应根据农民需求、准确定位检索出其需要的视频片段,为视频获取解决"货"的问题。第 4 章研究了农业知识视频的语义标注方法,进而通过对视频标注内容进行支持语义的文本检索,实现了对于视频的检索。

有了"货",还要有合适的送货途径,解决视频电话通话过程中的视频传输问题,而且通话双方并不都是移动终端(如果都是移动终端,因处于同一通信网络,不存在网络互通问题),用手机自动获取存储于计算机的视频,手机应用于移动通信网络,计算机运行于 IP 网络,要实现两种终端交互,必须解决不同网络传输协议的互通问题。视频传输部分就研究移动通信网络 3G-324M 协议与 IP 网络 H.323 协议的互通方法,搭建起从计算机到手机的视频传输通道,从而为视频获取解决"路"的问题。

要送"货"还必须有合适的运输工具,并不是所有"车辆"都适合运货,"选车"时必须考虑到"路"(网络)的情况。例如,"路"会限制"车辆"的载重(数据流量)和尺寸(视频格式)等。格

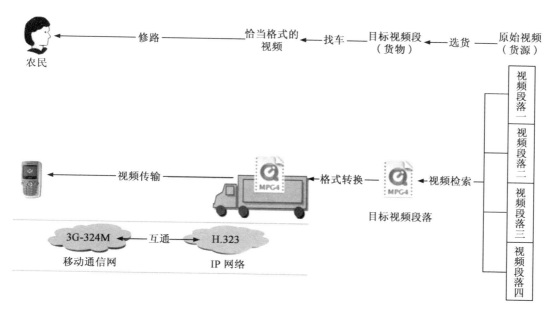

图 6-3　面向移动终端的视频获取

式转换部分将根据移动通信网络与 IP 网络的互通要求,将视频格式转换为 3G-324M 协议要求的 QCIF(quarter common intermediate format),最终为视频获取解决"车"的问题。由于现有格式转换软件技术相当成熟,采用软件实现方式,不再设计专门的格式转换硬件模块。

要使手机可以获取存储于计算机的视频,最重要的是实现移动通信网络与 IP 网络的互通,但两种网络分别使用不同的数据交换技术,应用不同的网络传输协议,要实现两网交互,必须解决实现两种不同网络协议的互通问题。

6.2.1　3G-324M 协议原理分析

用于获取视频的终端——3G 手机,运行于移动通信网,而获取视频须遵循移动通信网络的数据传输标准 3G-324M。国际电信联盟(International Telecommunication Union,ITU)为公共交换电话网络制定的 H.324 是 3G-324M 的前身,随着移动通信技术的发展,该标准被 3GPP(the 3rd generation partnership project)和 3GPP2(the 3rd generation partnership project 2)两大组织接受,并根据自身需要做出相应修改,成为现行的 3G-324M 标准,其标准协议包含如下 3 方面内容(门雪娇,2009;郭华,2006;李刚,2007;蒋成龙,2011)(图 6-4):

●视频编码:指定视频编码的强制标准为 H.263,MPEG-4 为推荐标准。在视频通话过程中的带宽为 64 kbps,其中 40 kbps 固定用于传输视频流,正是由于带宽的限制,3G-324M 规定为 QCIF(分辨率为 176×144)成为标准的视频格式,本研究在进行视频传输之前,就将视频转换为 QCIF;

●音频编码:音频编码的强制标准为 AMR,在 64 kbps 的视频通话中,12 kbps 用于传输音频流,而由于距离、干扰等原因,AMR 处理的音频流一般到不了 12 kbps,而在 4.75~12.2 kbps 的范围内;

●控制信息:3G-324M 采用多路复用协议 H.223 和系统控制协议 H.245,综合控制通话中的系统信息,而控制信息将占用通话带宽中剩余的 12 kbps。

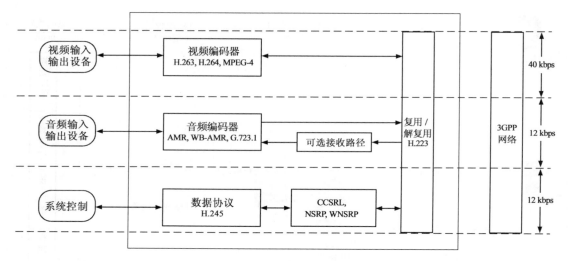

图 6-4　3G-324M 协议

资料来源:门雪娇,2009;郭华,2006;李刚,2007;蒋成龙,2011。

6.2.2　H.323 协议原理分析

随着网络通信技术的发展,IP 网络架构系统得到了广泛应用,而运行于其上的视频会议系统支持视频、音频、数据的编码和传输,技术已经较为成熟。本研究面向移动终端的视频获取问题,其中,视频在服务器端(运行于 IP 网络)的传输方法和原理,与 IP 网络的视频会议系统有很多相似之处,因此我们借鉴视频会议系统的视频传输方法,研究面向移动终端的视频传输问题。随着推广普及和研究深入,H.323 已经成为 IP 网络视频会议领域最具代表性的多媒体传输协议标准,下文中将研究 3G-324M 协议与 H.323 协议的互通方法,为面向移动终端的视频获取解决最关键的技术问题。

与 3G-324M 一样,H.323 也是国际电信联盟制定的框架性协议,包含视音频编码和网络通信等多个协议,涉及终端设备、数据传输、网络接口等一系列组件,其体系结构如图 6-5 所示(张小翠,2010;张宝发,2011)。

6.2.3　3G-324M 与 H.323 的互通方法

要实现将存储于计算机的视频知识传输到移动终端的目标,就必须解决两种网络(移动通信网和 IP 网络)的通信问题,但两者在视频通信和传输协议等方面都不同,因此需要在两网中间架设互通网关设备,以实现基于 CS(电路交换)域的 3G-324M 终端与 IP 网络 H.323 终端的视频互通,最终实现面向移动终端的视频获取,本节将详细讲述 3G-324M 与 H.323 的互通技术和方法。

3G-324M 与 H.323 的互通涉及不同网络间的融合问题,目前,软交换技术(郭华,2006)是实现网络融合通信的首选技术,它为语音、数据、视频等业务提供数据交换的核心是分布式交换平台,而它也是 IP 网络与移动通信网络的协调中心,而以下 3 方面技术为软交换的发展

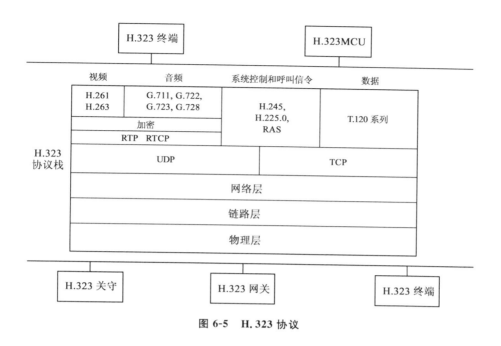

图 6-5　H.323 协议

奠定了基础：

- 在通信领域中使用 IP 技术，其代表是 VoIP 技术的 IP 电话。
- 移动通信网的互通网关被划分为两个独立的功能模块：①不同网络信令格式（本文是 3G-324M 信令与 H.323 信令）的转换和互通，实现不同网络终端间的呼叫和控制功能；②不同媒体格式的转换功能模块。
- 智能网技术，实现业务和呼叫控制的分离，使得新控制架构可独立于交换网络运行。

本文涉及不同网络间的视频传输问题，因此主要讨论第二种技术。基于软交换的网络体系结构分成媒体接入层、传输服务层、控制层和业务应用层（郭华，2006），本文研究的互通网关设置于媒体接入层，它包含信令网关和媒体网关两个组成部分，相辅相成、各司其职（图 6-6）。信令网关负责处理信令（信号），当 3G-324M 终端（手机）呼入信令时，信令网关负责响应，并将 3G-324M 信令转换为 H.323 信令后，将呼叫请求传达到 H.323 终端（视频座席和视频服务器），实现移动通信网与 IP 网络间呼叫层面和系统层面的控制和互通；媒体网关负责数据传输，当 H.323 终端接收到 3G-324M 终端的呼叫请求后，通过媒体网关将用户所需的媒体数据传输到 3G-324M 终端，实现移动通信网与 IP 网络间媒体和数据层面的控制和互通（门雪娇，2009）。

1. 信令网关

要实现移动通信网与 IP 网络的软交换，最关键的是实现 3G-324M 信令在 IP 网的传播，其中综合业务数字网（integrated services digital network，ISDN）是应用最广泛的信令，当 3G-324M 终端呼叫 H.323 终端时，需拨打 MSISDN 号码（mobile station ISDN number），此号码采用 E.164 编码，若要实现 H.323 与 3G-324M 的终端互通，H.323 终端需获得 E.164 号码。而 E.164 号码可通过向移动运营商申请 3G 中继并交付一定租金而获得，即向运营商申请特殊的 3G 号码，接入专用的交换机设备，将此交换机设备视为一个特殊的手机，并与在网用户

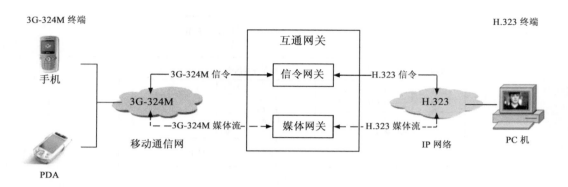

图 6-6　互通网关原理

进行类似于手机间的"视频通话"。

　　目前,WCDMA、CDMA2000 和 TD-SCDMA 为三大主流 3G 标准,而现阶段在国内,3 种 3G 标准分别由 3 家不同的电信商独自运营,电信的 CDMA 只提供 3G 上网业务,并没有实现视频电话的商务运营;移动的 TD-SCDMA,凭借中国庞大的市场潜力,受到各大主要电信设备厂商的重视,虽然现阶段已经推出了视频通话业务,但其通话仅限于移动用户之间拨打,而并不对外租赁 3G 中继;联通的 WCDMA 运营的最为成熟,也是目前 3G 市场占有率最高的,已经对外公开租赁 3G 中继。本文综合考虑现有技术及 3 种 3G 中继的市场成熟度,选择联通的 WCDMA 中继,因此本文的信令网关也是针对 WCDMA 模式设计的(图 6-7),随着项目的开展,本研究还将根据需要研究 CDMA2000 和 TD-SCDMA 模式下的信令网关。

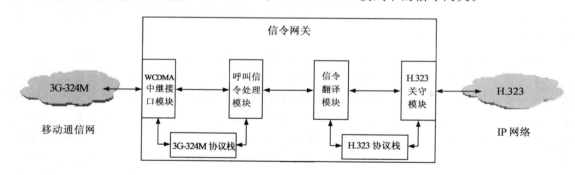

图 6-7　信令网关结构图

　　信令网关连接 WCDMA 网络和 H.323 网络,共包含 4 个功能模块,分别是 WCDMA 中继接口模块、呼叫信令处理模块、信令翻译模块以及 H.323 关守模块,另外还设有 3G-324M 协议栈和 H.323 协议栈:

　　● WCDMA 中继接口模块,在网关内同呼叫信令处理模块完成交互,负责处理 3G-324M 终端的呼叫接入请求,将收到的信令发送给呼叫信令处理模块;

　　● 呼叫信令处理模块,在网关内同 WCDMA 中继接口模块和信令翻译模块相连,负责提供 3G-324M 呼叫信令控制,对 3G-324M 通信流程进行控制;

　　● 信令翻译模块,在网关内同呼叫信令处理模块和 H.323 网守模块通过内部消息互通,负责完成 3G-324M 信令和 H.323 信令之间消息的翻译和映射;

　　● H.323 关守模块,是 H.323 定义的标准组件之一,在网关内负责向相连的 H.323 终端发送消息；

• 3G-324M 协议栈,面向 WCDMA 中继接口模块和呼叫信令处理模块,为其提供 3G-324M 的编解码服务;

• H.323 协议栈,服务于 H.323 网守模块和信令翻译模块,解释基本的 H.323 方法,完成对 H.323 消息的编码、解码工作。

2. 媒体网关

移动通信网与 IP 网络的媒体数据传输方式不同,媒体数据经打包复用后才能在 3G-324M 中传输,而 H.323 直接通过 RTP(实时传输协议)/RTCP(实时传输控制协议)传输未经复用的数据,因此,要实现两网间视频媒体数据的互传,需要对数据传输进行统一管理;3G-324M 采用 AMR 编译音频、H.263 或 MPEG4 编译视频,而 H.323 的音频、视频编解码格式都不同于 3G-324M,要实现两侧媒体层面的互通,还需要对视频媒体数据的编码格式进行转换(门雪娇,2009)。

针对 3G-324M 和 H.323 在媒体层面的互通要求,本文的媒体网关设计了媒体互通和格式转换两个模块(图 6-8),另外也同样设有 WCDMA 中继接口模块和 H.323 关守模块,因其功能和原理与信令网关的这两个模块几乎相同,此处不再赘述。

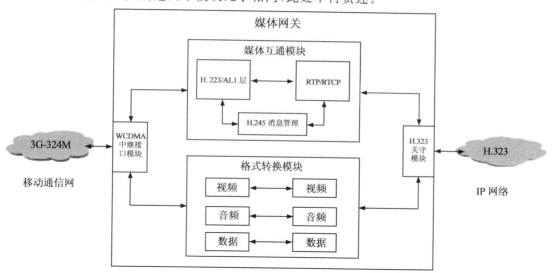

图 6-8 媒体网关结构图

• 媒体互通模块,实现 RTP/RTCP 到 H.223 复用协议 AL1 层的互通,另外,虽然 3G-324M 和 H.323 都是由 H.245 协议完成信令通信,但在 3G-324M 中,H.245 消息在 H.223 协议的 0 号逻辑通道中传送,而在 H.323 中,则是通过 H.225 的交互过程实现 H.245 消息的交换,因此媒体互通模块还需要对 H.245 消息实行统一管理;

• 格式转换模块,实现不同网络环境下视频、音频以及其他数据的格式转换。由于目前的格式转换软件技术相当成熟,无须研究专门的格式转换硬件模块,本文采用软件实现方式,实现视频从 MPEG 到 QSIF 的格式转换。

需要指出的是,视频格式转换应当在线实时进行,系统应根据用户需求,只对检索到的视频语义段落进行格式转换,但当前设备的软硬件配置还不足以满足在线格式转换的要求,例如转换一段 1 分钟的视频段落,所需时间通常需要几十秒甚至更长,如果让用户在线等待格式转换,则等待时间过长。本文预先对分割好的每一个视频语义段落进行格式转换,将转换好的视频存储于与媒体网关相连的视频服务器中,并对每段视频分别标号,使其与视频标注段落一一对应,例如"棉花铃疫病 3 号"视频与上文提及的"当棉花患上铃疫病,为其喷药"的视频语义段落对应。随着项目的开展及设备软硬件的不断更新升级,当设备配置满足在线实时转换的要求时,将格式转换软件嵌入媒体网关,实现在线实时的视频格式转换,从而真正实现"需要谁,转换谁"的目标。

互通网关的总体结构如图 6-9 所示。

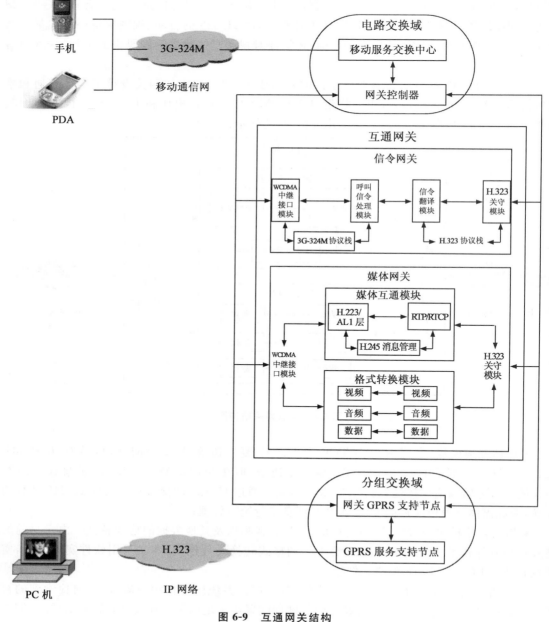

图 6-9 互通网关结构

6.2.4　视频获取模型

通过研究基于 3G-324M 和 H.323 的互通网关，实现了移动通信网与 IP 网络的互通，从而设计出基于本体语义标注及网络互通的视频获取模型。根据结构层次原理将模型划分为 4 个层次(图 6-10)：用户层、传输层、服务器层、检索层，可以实现面向移动终端的视频获取。

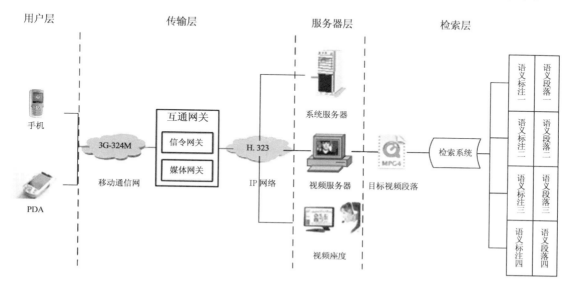

图 6-10　基于网络互通的视频获取模型

①用户层——用户可以通过 3G 手机或 PDA 等 3G-324M 终端获取视频。

②传输层——用户通过 WCDMA 网络接入互通网关，通过对呼叫信令及媒体数据的相关控制和转换，实现用户同 IP 网络的互通。

③服务器层——H.323 终端，包括存储视频的视频服务器、可提供座席服务的座席终端以及管理系统运行相关参数和数据的系统服务器。

④检索层——在对用户需求进行智能解析的基础上，基于视频语义标注和重构方法，对视频语义段落进行智能检索。

6.3　呼叫中心与专家系统耦合的音频获取模型

将专家系统推理算法及知识库嵌入呼叫中心平台，构建呼叫中心与专家系统耦合的音频获取模型，利用专家系统推理算法对用户需求进行智能解析，并定位检索出所需音频文件，并借助呼叫中心硬件功能将音频播放给用户，实现面向移动终端的音频信息获取。

6.3.1 呼叫中心知识提供模式分析

传统呼叫中心提供的农业知识,根据用户向系统提供的参数,可分为静态知识和动态知识两种模式,其知识提供流程见图 6-11。

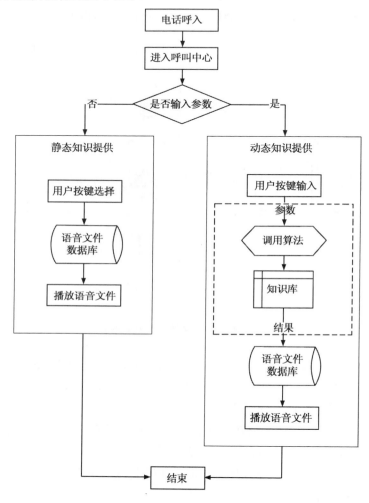

图 6-11 呼叫中心知识提供流程

1.静态知识提供模式

静态知识提供模式,即呼叫中心的知识浏览功能。基于上文研究的文语转换技术,并借助呼叫中心的录音功能,可将高校及科研院所关于农业知识的书籍、手册等资料所记载的知识录制成语音文件(需获得相应的授权),并将其存储于呼叫中心音频数据库,当用户接入呼叫中心,通过按键选取欲获取的知识后,呼叫中心可从音频数据库调出相应的语音文件、播放给用户,此模式借助呼叫中心本身的硬件功能即可实现。

2.动态知识提供模式

用户需向系统提供信息或参数,如欲做病虫害诊断需提供症状特征、欲做土地适用性评价需提供土壤相关参数等等,系统经过推理,再将结果反馈给用户。

此模式根据用户提供的参数,调用相关推理算法,并连接到知识库获取相应知识,最终将与知识匹配的语音文件播放给用户。传统方法大多为呼叫中心编写推理算法,作为一个接口脚本嵌入到呼叫中心流程,并为其设计新的知识库,这种方法存在如下 3 个弊端:

(1)**编程语言不统一** 在为呼叫中心编写推理算法的过程中必须考虑到编程语言的统一问题。目前的呼叫中心平台大多用 VC++ 开发,而编写推理算法的语言则以 C# 和 JAVA为主,因此在编写的过程中往往因语言的不统一,出现各种各样的问题。

(2)**增加编程工作量** 呼叫中心的知识库无论结构还是功能都和专家系统的知识库类似,如重新设计知识库,会增加很多工作量,而且当提供的知识需扩充时,还要对原有知识库进行改动,甚至改变整个知识库的结构。

(3)**增加系统负担** 将推理算法和知识库全部嵌入呼叫中心的平台程序,会占用很多系统资源,从而增加系统运行的负担。

如图 6-11 的虚线部分所示,推理算法和知识库恰恰是专家系统的核心功能和优势所在,其结构如图 6-12 的虚线部分所示,由知识库和 Web 接口组成。知识库不同于一般意义上的数据库,数据库用于存放根据用户输入的问题,而求解得到的初始事实,以及求解过程中得到的中间结果、推理过程、最终结论等有关系统运行信息;而知识库是知识的存储机构,用于存储领域专家经验、领域基础知识等,其基本任务是为推理算法提供问题求解以及解释所需的知识等等(李鑫星,2011)。Web 接口是一组调用知识库所需的程序,通常至少包括两个表单,一个用于接收用户输入的信息,一个用于反馈系统结果。专家系统的发展正是得益于互联网的发展,也正是互联网目前还没有在我农村地区完全普及的现状,制约了专家系统在农村地区的推广应用。

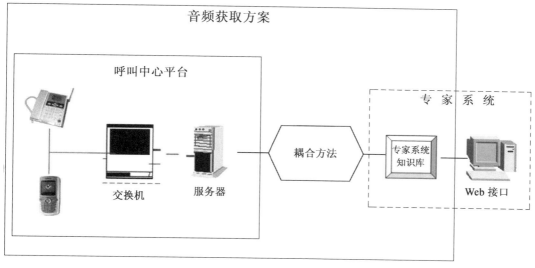

图 6-12 音频获取方案

借鉴专家系统推理算法的研究方法,研究适合呼叫中心特点的推理算法,不再为呼叫中心专门设计知识库,而是引入完整的专家系统知识库,研究呼叫中心与专家系统的耦合方法,将二者有机地结合在一起。本章提出的音频获取方法,可在不对知识库内容做任何修改的情况下,将专家系统嵌入呼叫中心平台,并且推理算法和知识库都运行于专家系统服务器,可在保证相对独立性的同时,实现二者的统一(图6-12),同时也可避免上文提及的3个弊端。

6.3.2 专家系统推理算法研究

1.基于案例检索与模糊推理的推理算法

专家系统有很多种类型,如解释型、预测型、诊断型、调试型、规划型等等,其中疾病诊断类专家系统最具代表性,因为所需输入的疾病症状较多,同时需要考虑每种症状的权重,所用的疾病诊断算法也较为复杂,因此本文选取疾病诊断类专家系统为例,研究专家系统的推理算法。

根据现有棉花病害诊断知识库的特点,以棉花病害诊断算法为例,讲述推理算法的设计过程。结合农业病虫害知识表示的特点,棉花病害诊断知识库选择了产生式规则表示方法,例如在知识库中棉花立枯病的记录为:

E={幼苗出土前出现红褐色腐烂 w_1}AND{幼苗萎倒或枯死 w_2}AND{幼茎出现凹陷缢缩 w_3}AND{茎基湿生粉红色黏液 w_4}THEN 立枯病 WITH W。

$w_j(j=1,2,3,4)$为第 j 个症状在诊断过程中所占的权重,其计算公式为:

$$W_j = \frac{P(s_i)}{\sum_{x=1}^{n} P(s_x)} \tag{6-1}$$

$P(s_i)$ 为第 i 个症状在此案例库中的总和,而 $\sum P(s_x)$ 为所有症状的总和。W 为推断概率,其计算公式为:

$$W = \sum_{j=1}^{n} w_j \tag{6-2}$$

案例推理 CBR(case-based reasoning)最早由耶鲁大学的 Roger Schank 教授提出,已经成为现有专家系统最常用的推理技术,它基于过往的经验和知识,使用已经存在的案例,解决现实遇到的新问题(尤军东,2006;Schank.R,1982)。案例推理的基本原理是:当遇到一个新问题时,将此问题视为目标案例,首先从案例库中检索是否有与目标案例相同或相似的案例,若有则借鉴此案例的解决办法解决目标案例;若没有相似案例,则需对已有案例进行修改或为目标案例创建新的案例,进而寻求新的解决方案(王宏宇,2010)。通过以上描述可知,案例推理通常包含 4 个步骤:检索、重用、修改、存储,而其中案例检索是核心,检索算法也决定了案例推理有效与否(郑永和,2009)。

目前在 CBR 中最常用的案例检索算法是最近邻法(Nearest Neighbor),它获知不同案例相似性的方法,是在特征空间中计算不同案例间的距离,距离越小相似性越强(赖建章,2007;史忠植,1998)。

设 $X=\{X_1,X_2,\cdots,X_n\}$ 为某一案例,其中 $X_i(1\leqslant i\leqslant n)$ 表示 X 的特征值,W_i 表示权重。$D=\{D_1*D_2*\cdots*D_n\}$ 为 n 维特征空间,X 是 D 上任意一点,$X_i\in D_i$。若 X,Y 都在 D 上,则 X,Y 的距离为:

$$\text{Dist}(X,Y)=\left(\sum_i W_i*D(X_i,Y_i)^r\right)^{\frac{1}{r}} \tag{6-3}$$

式中:

$$D(X,Y)=\begin{cases}|X_i-Y_i| & \text{如果 } D_i \text{ 是连续的}\\0 & \text{如果 } D_i \text{ 是离散的,且 } X_i=Y_i\\1 & \text{如果 } D_i \text{ 是离散的,且 } X_i\neq Y_i\end{cases}$$

若 D_i 为连续,当 $r=1$ 时,$\text{Dist}(X,Y)$ 为 Manhattan 距离;$r=2$ 时,$\text{Dist}(X,Y)$ 为欧式距离;对于一般的 $r>0$ 时,$\text{Dist}(X,Y)$ 称为麦考斯基距离。通过计算案例与用户输入的症状组合间的距离,就可获知其与源案例的相似程度,进而可检索出相关案例。

但使用最近邻法进行案例检索,所得到的结果通常只有两个:

①成功:从知识库中检索到相同案例;

②失败:未能检索到相同案例。

而在大多数情况下,用户输入的参数组合往往并不能够和知识库中的案例完全吻合,这就导致案例检索通常都不能检索到相同案例。而模糊推理可以对案例检索方法进行有效补充,进而解决这一问题。

模糊推理(何映思,2005;章卫国,1999)由 L. A. Zadeh 首先提出的,是一种近似推理。在推理时通常会模仿人的推理过程,从已知推出未知,从前提推断出结论,例如:

大前提:如果 P,那么 Q

前提:现知道 P

结论:所以 Q

当推理的前提具有模糊性时,即有模糊命题存在于大前提或小前提之中时,此时的推理就成为模糊推理,而推理所得的结论同样具有模糊性。因此,模糊推理属于近似推理,通常不会得出具体结果,而是推算出结果处于什么范围(何映思,2005)。

将模糊推理引入案例检索,计算用户提供的症状组合与知识库中案例的相似度,只要相似度在一定范围之内,即使没能与案例完全匹配,也可成功做出诊断,而相似度的计算采用 AARS(Turksen's Approximate Analogieal Reasoning Schema)方法(何映思,2005;Yeung D S 等,1997;I. B. Turksen 等,1988;I. B. Turksen 等,1990)。

AARS 是一种相似推理,它假设:

$$R:\text{IF } A \text{ THEN } C(\text{CF}=\mu),Th,W$$

式中,$A=(a_1,a_2,\cdots,a_n)$ 表示前提,若存在多个子前提$(1\leqslant i\leqslant n)$,则由 AND、OR 连接,$\mu$ 为可信度因子(certain factor,CF),Th 是预先设定的阈值,决定规则的启用与否。$W=\{w_1,w_2,\cdots,w_n\}$ 表示子前提 $a_1,a_2,\cdots,a_n$ 的权重。

在 AARS 方法中,只有阈值 Th 是给定,而 μ 和 W 并没有使用,则前提 A 与其观测值 $A*$

的相似度计算公式为：

$$S_{ARRS}(A,A^*) = 1 - \sup_{A \cap A^*}(x) \qquad x \in X \tag{6-4}$$

或

$$S_{ARRS}(A,A^*) = 1 - d(A,A^*) \tag{6-5}$$

若 $S_{ARRS} \geqslant Th$，则启用规则，而推理结果是调整函数作用于规则事件的结果，调整函数有下面两种形式：

①$C^* = \min\{1, C/S_{ARRS}\}$（Expansion form）

②$C^* = C * S_{ARRS}$（Reduction form）

在棉花诊断算法中，每种症状在疾病诊断过程中所做的贡献不同，因此除了设定阈值，还需要考虑每种症状的权重，本文在借鉴 AARS 方法的基础上，结合案例检索算法及棉花病害案例的特点，最终确定相似度的计算公式为：

$$S(A,A^*) = \min\left\{1, \frac{\sum_{k=1}^{m} w_k * W_k}{\sqrt{\sum_{k=1}^{m} w_k^2 \sum_{k=1}^{m} W_k^2}}\right\} \tag{6-6}$$

式中：A 为知识库中的棉花病害案例；A^* 为用户提供的症状组合；$S(A,A^*)$ 为二者的相似度；w_k 为用户提供的症状组合中第 k 个症状的权重，同理 W_k 为知识库中的案例中第 k 个症状的权重。权重的计算方法已在公式（6-1）中给出。

这样就将诊断结果修正为 3 个：

①成功：从知识库中检索到相同案例（$S(A,A^*) > 0.95$）；

②成功但不够精确：从知识库中检索到相似案例（$0.70 \leqslant S(A,A^*) \leqslant 0.95$）；

③失败：未能检索到相关案例（$S(A,A^*) < 0.70$），其中 0.95、0.70 为预先设定的阈值。

当诊断结果为成功时，用户即可获得病害诊断结果及相关的防治方法；为成功但不够精确时，系统会提醒用户提供的症状组合不够完整，希望用户返回上一步，补充症状后重新诊断，用户也可选择不再补充，同样可获得病害诊断结果及相关的防治方法；为失败时，告知用户知识库中没用相关病虫害案例，但若连续 3 次诊断都失败，系统将启动专家咨询功能，将用户提供的症状组合送予专家进行会诊，如专家确诊此组合确为一种病害，系统在将专家诊断结果反馈给用户的同时，会将此案例加入知识库，以便以后的诊断所用。图 6-13 为诊断流程。

2. 参数输入流程设计

参数输入是推理算法的重要组成部分，呼叫中心的特点与专家系统不同，专家系统的 web 接口承担参数输入功能，只需设计一张表单，一个界面就可以实现输入所有参数的要求。但呼叫中心的参数输入需要根据语音提示进行，且其特点是单关键词顺序输入，即用户听一次语音提示只能输入一个参数。为了避免在一次语音提示中用户听到的备选项过多，必须分多次输入参数。本文将棉花病害的症状作为输入推理算法的参数，并根据棉花植物生长特点，将输入的症状分为根、茎、叶、花、果实、种子等多个部位，用户听一次语音提示输入一个部位的症状，可把每次听音的备选项控制在 20 个以内（李鑫星，2011）。

由于目前呼叫中心还只能接受数字输入，用户输入的参数必须由数字代替，而无法直接输

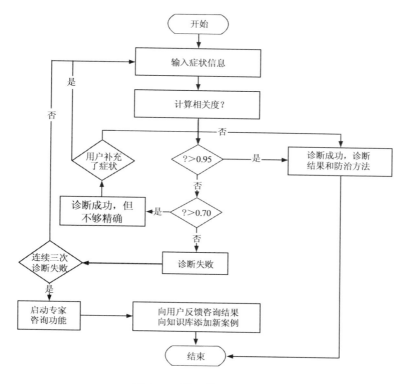

图 6-13　推理算法诊断流程

入文字,这就要求知识库中的每个症状都必须和唯一的一个数字一一对应。本文将此数字均设定为两位数,个位数字前面需加零,每次用户输入的数字位数必须是偶数位,并以♯键结束。例如用户输入的数字可以为(011589♯),系统会自动解析(解析方法后文详述),认为用户输入的数字为 01,15,89,且分别代表 3 个不同的参数,但若用户输入的是(11589♯),系统会提示用户输入错误,并请用户重新输入。

　　上文提到需多次输入症状,此处就分成根、茎、叶等多个输入结点,每个结点放一次提示音,请用户输入一次。下面以输入根部症状结点为例,设计参数输入流程。

　　● 如图 6-14 所示,编号为 1 的放音结点用于播放事先录制的根部症状语音文件,其内容(请输入根部症状,按 01 键根尖弯曲,02 键根须少……请按♯号键结束)就是用户的备选项,当用户根据提示输入一组数字后,流程进入编号为 2 的表达式结点。

　　● 编号为 2 的表达式结点,用于定义用户输入的变量。本结点将用户输入的数字组合定义为一个 string 型的字符型变量 S。

　　● 编号为 3 的二分支结点,表示此处流程将分成两条路径,用于判定用户输入的数字个数是否为偶数。本二分支结点首先将 S 变量强制转化为数值型变量,并判断此变量的位数是否能被 2 整除,可以整除时进入编号为 4 的二分支结点,否则返回放音结点,请用户重新输入。如用户觉得没有合适症状,因而没有输入数字,只输入一个♯号键结束,此时变量 S 的位数是 0,仍然可以被 2 整除。

　　● 编号为 4 的二分支结点,用于判断用户输入的数字是否为空,当为空时直接跳入编号为

7 的放音结点(请用户输入茎部症状的放音结点);当不为空时进入编号为 5 的函数结点。

● 编号为 5 的函数结点,表明此结点将对变量进行函数运算。本结点对 S 变量进行解析,把每相邻的两位拆分成一个两位数。因为每次的放音都是从 01,02 开始记数,那么后面的结点需把前面症状总数加到本次输入的数字上(如根部共 13 个症状,茎部结点的数字需加 13,茎部的 01 也就变成了 14),函数结点同时也承担此项功能。

● 编号为 6 的表达式结点,用于重新定义变量,将解析后的数字组合重新转换为字符型变量,传递到下一结点。下一个输入流程经解析得到的数组会存放于此字符型变量的末尾,最终此变量代表的数字组合将被写入数据库。

其余部位症状参数输入的结点类似。

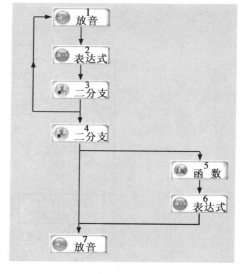

图 6-14　根部症状参数输入结点

6.3.3　呼叫中心与专家系统的耦合模型

上节提出呼叫中心承担推理算法参数输入功能,但用户根据语音提示,通过按键输入症状参数后,代表症状参数的数字如何作为"引子"激活专家系统推理算法,进而调用知识库,将在本节详细研究。

1. 基于 ECA 的数据库触发模型

数据库可提供主动服务,即当有"事件驱动"发生时,数据库可主动执行某些操作,而这些操作则通过数据库触发器实现。但什么样的"事件"能够驱动数据库,接受驱动之后,数据库具体该执行什么样的操作,都需要在系统中预先设定(田丽军,2006)。本文将研究基于 ECA 的数据库触发模型,借助数据库主动服务功能,当呼叫中心将接收到的参数输入指定数据库后,设定新参数输入为驱动数据库触发机制的"事件",进而使数据库主动执行激活推理算法、调用知识库等预先设定的操作。

本文基于 ECA 的数据库触发模型,是为能够提供主动服务的数据库触发器 DBT(database trigger),添加一个由事件驱动的、满足"事件-条件-动作"(event-condition-action,ECA)规则的事件库,并由事件监测器实现的操作(李云等,2008;汤庸等,2004;田丽军,2006)[公式(6-7)]:

$$DBS=DBT+EB+EM \tag{6-7}$$

其中,DBS(database system)是能够接受参数输入,并激活推理算法、调用知识库的数据库系统;DBT(database trigger)是能够提供主动服务的数据库触发器;EB(event base)是一个事件驱动的知识库,其中的知识表示不同的"事件驱动"发生时,应执行的不同操作,因此知识库又被称为"事件库";EM(event monitor)是一个事件监测器,顾名思义,负责监听知识库的事件是否发生,当检测到"事件驱动"发生时,就向 DBT 传达指令,使其执行预先设定的操作。

(1)数据库触发机制　在数据库系统中,触发器(黄晓涛,1999)属于存储过程,它必须建立在某张数据库表上,当指定的数据库表接收到 INSERT、UPDATE 或 DELETE 语句而发生修改时,数据库触发器将被触发,并执行系统预先设定的操作。因此,其触发过程分 3 步:

①触发事件或驱动事件,通常为 SQL 语句(INSERT、UPDATE 或 DELETE);

②触发条件,通常为一个布尔表达式,只有其为真时触发器才会被触发;

③触发操作,执行预先设定的操作。

由 BEFORE、AFTER、FOR EACH ROW 进行不同组合,共可生成 4 种不同类型的数据库触发器(表 6-1)。

表 6-1　触发器类型

前后选项	缺省（对表）	FOR EACH ROW 选项
BEFORE 选项	语句前触发器: 在执行触发语句前，激发该触发器一次	行前触发器: 在修改由触发语句所影响的每一行前,激发触发器一次
AFTER 选项	语句后触发器: 在执行触发语句后,激发该触发器一次	行后触发器: 在修改由触发器语句所影响的每一行后,激发触发器一次

资料来源:黄晓涛,1999。

每张表可定义 4 种不同类型的触发器,而表可以接受 INSERT、UPDATE 和 DELETE 3 种不同命令,因此,数据库触发器经排列组合,共可生 12 种不同的类型,在实际应用中,需根据需要选择不同类型的数据库触发器。

呼叫中心向存储于其服务器的数据库表存入用户输入的代表症状参数的数字,例如用户输入的是(011589♯),呼叫中心会根据上文规定的参数输入规则,将其输入指定的数据库表。触发事件是 SQL 的 INSERT 语句:

INSER INTO parameter VALUES ('011589','');

其中,parameter 为用于存放参数的数据库表名(图 6-15),"id"字段为记录编号,"symptom"字段存储输入的参数,"dname"字段存储推理算法结果,因此时参数刚刚写入,并没有激活推理算法并获得推理结果,所以"dname"字段此时为 NULL(空)。

图 6-15　参数输入

触发条件是:当"symptom"字段不为 NULL(空)时,布尔表达式为真。即当呼叫中心将参数输入"symptom"字段后,触发器将被激发。

触发操作是呼叫中心读取"dname"字段的诊断结果,并将与诊断结果相匹配的语音文件播放给用户。因此时"dname"字段为 NULL(空),所以触发器的相应操作还没有执行。

将参数和推理结果存储于数据库表的同一条记录中,且用户每输入一次参数,系统就应把推理结果反馈给用户,即数据库的每一条记录发生变化,触发器都应被触发。因此,对于触发器的类型,选用 INSERT 命令的行后触发器,其运作机理见表 6-1。

(2)基于 ECA 规则的事件监测机制　事件监测器 EM,对事件库 EB 中的事件实时监测,而 EB 中的事件根据 ECA 规则(田丽军,2006)定义。其基本形式为:

RULE⟨规则名⟩[(⟨参数⟩,…)]

WHEN⟨事件表达式⟩

IF⟨事件 1⟩THEN⟨动作 1⟩;

…

IF⟨事件 n⟩THEN⟨动作 n⟩;($n \geq 1$)

END－RULE[⟨规则名⟩]

⟨事件表达式⟩基本事件、复合事件均可;

⟨条件 i⟩($i=1,2,…,n$)是合法的逻辑公式;

⟨动作 i⟩($i=1,2,…,n$)既可以为系统标准动作,也可由用户自行定义,或是用户自行编写的一段可执行某项操作的程序。

它所表达的含义是:当⟨事件表达式⟩指定的事件发生时,系统将执行 IF-THEN 规则,即若⟨条件 1⟩,⟨条件 2⟩,…,⟨条件 n⟩为真时,系统将依次执行⟨动作 1⟩,⟨动作 2⟩,…,⟨动作 n⟩。本文中事件监测器实时对数据库触发器进行监测,一旦发现触发器被激发,将读取"symptom"字段的参数,并将此参数以消息的形式发布。而存储于专家系统服务器端的推理算法将接收此消息,并用其包含的参数激活推理算法,进而调用知识库,呼叫中心与专家系统间具体的通信方式将在下文详细讲述。

因此本文中事件的 ECA 规则具体为(以上文输入的参数(011589)为例):

RULE⟨参数收发⟩[(⟨011589⟩)]

WHEN⟨角发器的布尔表达式为真⟩

IF⟨触发器被激发⟩THEN⟨读取＜011589＞,并将其以消息的形式发出⟩;

…

IF⟨条件 n⟩THEN⟨动作 n⟩;($n \geq 1$)

END－RULE [⟨规则名⟩]

2.基于 RMI 的通信方法

数据库触发模型可将呼叫中心输入的症状参数以消息的形式发布。但症状参数存储于呼叫中心服务器的数据库表中,存储于专家系统服务器的推理算法如何能够读取数据,并将其真正解析并参数输入推理算法之中,进行后续的推理呢?

呼叫中心与专家系统存储于不同的服务器,但二者相互配合才能提供完整服务,这从某种意义上说,已经构成了一个分布式系统,而远程方法调用(remote method invocation,RMI)可以很好地解决分布式系统各组成部分间的通信问题。RMI 由 SUN 公司设计,通信协议采用

Java 远程消息交换协议,可实现存储于不同地址的远程对象间的相互通信和无缝调用(白琳等,2005;李文道,2011)。其调用结构包含 3 个部分(鲍刚,2008):存根/框架层(stubs/skeletons layer)、远程应用层和传输层(图 6-16)。

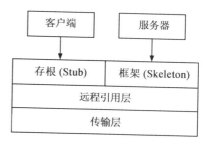

图 6-16　RMI 调用结构

资料来源:李文道,2011。

　　(1)**存根/框架层**　存根(stub)和框架(skeleton),RMI 的两种基本对象,构成了 RMI 调用结构的第一层,主要负责完成两项工作:①汇集,将数据转换为字节流形式,便于其在 TCP/IP 协议框架下进行传输,进而实现 RMI 通信;②解读,与汇集相反,将接收到的字节流还原成数据形式。通常 Stub 负责汇集,而 Skeleton 负责解读,因此 Stub 运行于客户端,而运行于服务器端的 Skeleton 负责读取参数、调用程序、接受返回值,并将程序运行结果写回 Stub,进而使客户端执行相应操作(杜风雷,2006)。

　　(2)**远程引用层**　远程引用层管理 RMI 的调用对象,运行于其上的 RemoteRef 对象,可通过 Java 远程消息交换协议(Java remote messaging protocol,JRMP)(白琳等,2005)调用远程对象的相关方法和程序。

　　(3)**传输层**　传输层负责在服务器和客户端的 Java 虚拟机(java virtual machine,JVM)之间建立、设置、管理网络连接。

　　根据 RMI 通信机理(李文道,2011),将呼叫中心作为客户端,专家系统作为服务器,按如下步骤实现二者通信(图 6-17):

- 运行于呼叫中心的数据库触发器模型,将症状参数以消息的形式发布给存根(Stub)。
- 存根完成汇集工作,将症状参数转化为字节流形式,例如将上文中用户输入的症状参数(011589)转换为字节流形式。
- 根据 RMI 原理,存根利用 TCP/IP 协议,通过 Proxy(代理),将字节流发布给运行于专家系统的框架。
- 框架接收到字节流并对其进行解读,将流信息转化为数据形式,例如本文将字节流转化为数据(011589)形式。框架还承担参数提取工作,因为虽然此时字节流已经转化为数据(011589)形式,但它还不能直接作为参数输入推理算法,框架需对数据(011589)进行参数提取(具体的参数提取方法将在下文详细讲述),并将最终的参数输入推理算法将其激活。
- 推理算法获得参数后,进行一系列相关推理,并根据推理结果调用知识库。
- 知识库将推理结果反馈给框架,此时的推理结果为数据形式,例如本次推理的结果为(棉花\案例\炭疽病.wav)。
- 框架将推理结果(数据形式)转换为字节流形式,并将其发布给存根。
- 存根接收到字节流,将其重新解读为数据形式(棉花\案例\炭疽病.wav),并反馈给数据库触发模型。
- 数据库触发模型将推理结果(棉花\案例\炭疽病.wav),存入数据库表与参数(011589)同一条记录的"dname"字段中(图 6-18)。
- 完成 RMI 通信,实现呼叫中心与专家系统间参数与推理结果的相互传递。

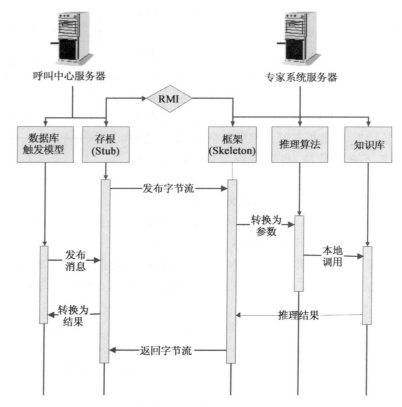

图 6-17 呼叫中心与专家系统间的 RMI 通信机制

资料来源：李文道，2011；李刚，2008。

图 6-18 推理结果输入

● 呼叫中心将推理结果播放给用户，即呼叫中心读取"dname"字段的内容（棉花\案例\炭疽病.wav），将存储于其语音文件数据库中"棉花"根目录下"案例"子目录下的名为"炭疽病.wav"的语音文件播放给用户（存储于呼叫中心语音文件数据库的语音文件，事先已用前文讲述的文语转换方法录制完成）。

3. 基于 ID3 算法的参数提取方法

框架（skeleton）接收到字节流并对其进行解读，将流信息转化为数据形式，但此时的数据（011589）仍不能作为参数直接输入推理算法，因为按照上文的规定，推理算法的参数必须分别为两位数,且与知识库中唯一的一个症状相对应。例如在知识库中,01 对应"幼苗萎倒或枯死",15 对应"子叶早落",89 对应"花上有暗红色斑点",因此必须对数据(011589)进行解析,提取出推理算法真正的 3 个参数 01,15,89,决策树方法则可以实现参数提取功能,这里就基于决策树研究参数提取方法。

决策树方法最早应用于概念学习建模,其结构与树形流程图的很相似,树叶结点、内部结点和分枝分别表示类、属性和一次测试。决策树是一种自上向下的推理模式,从最顶的根结点出发,内部结点负责比较、判断属性,沿着分枝推理出树叶结点的结论。因此,从根结点到任意一个树叶结点都表达一种推理规则,整棵决策树则可以表达出一种推理方式。图 6-19 为典型的决策树结构(顾海全,2007)。

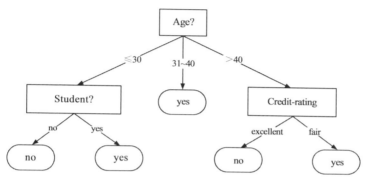

图 6-19　典型的决策树结构

资料来源:顾海全,2007。

ID3 算法是一种典型的决策树学习算法(Quinlan,J. R 等,1986;Breiman L 等,1984;DongMing,2001;顾海全,2007),它依据信息熵理论,通过属性对决策树进行划分,根结点属性字段的信息量最大,分支由属性的取值决定,再递归建立下一级结点和分支。而对于属性的度量,是通过计算信息增益实现的,当前结点的属性应具有最高信息增益,其计算方法为:

$$\text{Gain}(A) = I(s_1, s_2, \cdots, s_m) - E(A) \tag{6-8}$$

式中:A 为属性名;I 为期望信息,用于对样本进行分类;E(entropy)是以 A 为属性的信息熵。假设样本有 m 个不同类 C_i,$(i=1,2,\cdots,m)$,I 中的 s_i 为属于 C_i 类的样本数,s 为总的样本数量。期望信息 I 可由下式计算出:

$$I(s_1, s_2, \cdots, s_m) = -\sum p_i \lg 2(p_i) \tag{6-9}$$

式中:p_i 表示样本属于 C_i 类的概率,用 s_i/s 估计。

若属性 A 的 v 个不同值为 $(a_1, a_2, \cdots, a_v)$。则样本 s 可根据 A 的不同取值,同样划分为 v 个子集 $(s_1, s_2 \cdots, s_v)$,其中,s_j 表示在属性 A 上取值为 a_j 的样本,s_{ij} 则为属于 C_i 的、在属性 A 上取值为 a_j 的样本数,若属性 A 在所有属性中具有的信息增益最高,则可根据属性 A 划分样本,而子集熵的计算方法如下:

$$E(A) = \sum (s_{1j} + s_{2j} + \cdots + s_{mj})/s * I(s_{1j}, s_{2j} \cdots, s_{mj}) \qquad (6\text{-}10)$$

其中,对于给定的属性值 a_j,

$$I(s_{1j}, s_{2j} \cdots, s_{mj}) = -\sum p_{ij} \lg 2(p_{ij}) \qquad (6\text{-}11)$$

p_{ij} 即为样本 s_j 属于 C_i 类的概率。

根据 ID3 算法原理,按照如下步骤分步计算,构建参数提取的决策树(图 6-20):

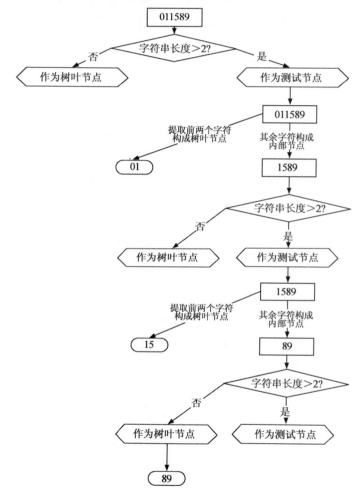

图 6-20 参数提取流程

- 把数据(011589)作为样本,即只研究一个样本的情况,所以 s=1,因此(011589)也就作为根节点。

- 而本文的属性 A 为字符串长度,具有最高信息增益的属性也就是节点中的最大字符串长度,则 A 作为根结点的测试属性。

- 根据属性 A,利用公式(6-10)将根节点划分为若干子集。因本文规定参数为两位数,即每个参数的字符串长度应为 2,所以首先计算根节点(011589)的字符串长度,若长度>2,

则根节点为测试节点,并将其划分为若干个子集。本文将每个测试节点划分为两个子集,方法是提取其前两位字符构成一个子集,其余字符构成另一个子集。例如,新的子集为(01)和(1589)。

● 计算新子集的字符串长度,选取具有最大字符串长度(具有最高信息增益,但字符串长度必须＞2)的子集(1589)作为内部结点(在决策树中用矩形表示),其余子集作为树叶结点(在决策树中用椭圆表示)。

● 计算新测试节点的字符串长度,若长度＞2,再将其划分为若干个子集。例如,新子集为(15),(89)。如此递归计算,直到所有结点的字符串长度均不大于2,则停止计算。例如,此时的结点为(01),(15),(89),符合要求,停止计算。

● 决策树中所有的树叶结点即为参数,例如本次计算所提取的参数为(01),(15),(89)。

4. 呼叫中心与专家系统的耦合

耦合是指分布式系统中消息发送者和接受者之间的通信方式和响应机制,按照响应时间的长短,耦合方式分为以下两种:

①立即式:指消息发送者发出消息后,接受者必须立即做出响应。

②延迟式:指消息发送者发出消息后,接受者无须立即做出响应,而可先接受下一条消息。

这两种方式最大的区别在于耦合度不同,前者是分布式系统各个组成部分间直接通信,且彼此间有相当强的依赖性,一旦一个组成部分调用失败,其他组成部分将很可能也同时无法响应;而对于延迟式的耦合,消息发送者发送完一条消息后,无须等待回应即可进行下一步操作,而分布式系统各个组成部分也无须为了通信同时在线,倘若某一部分出现故障,其他部分仍能正常工作(田丽军,2006;顾海全,2007)。

呼叫中心系统一般可同时处理几条线路,由自动呼叫分配器(automatic call distribution,ACD)处理线路的接入和等待方式,例如本文研究使用四外四内的呼叫中心系统,即可有4条外线同时接入,也可由4条内线同时分别应答,这就可能出现不同线路同时输入参数的情况,因此我们采用延迟式的耦合方式(图6-21)。

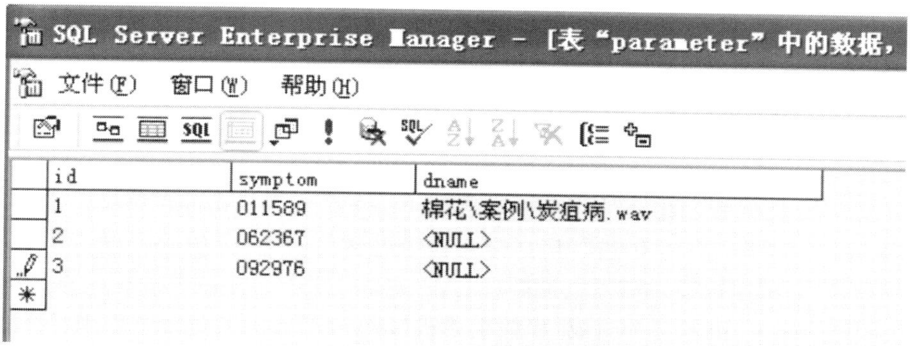

图6-21　多外线同时输入参数

1号外线输入参数(011589),并已经获得推理结果(棉花\案例\炭疽病.wav)。2号外线输入参数(062367),再未获得推理结果的情况下,3号外线又已经输入了参数(092976)。不同外线输入的参数会存储于数据库表的不同记录中,用可以唯一标识记录的"id"字段进行区分。RMI 机制在记录 2 未得到响应的情况下,仍然会将记录 3 的参数以消息形式发布,从而实现呼叫中心与专家系统延迟式的耦合。

综合基于 ECA 的数据库触发模型、基于 RMI 的通信机制、基于 ID3 算法的参数提取方法(图 6-22),通过呼叫中心与用户的交互(用户根据语音提示输入或座席人员帮助录入),获得代表相关参数的数组,并将数组写入系统指定的数据库表中,通过 RMI 机制激活专家系统推理算法,完成呼叫中心对专家系统知识库的自动调用。同时通过延迟式的耦合,在保证呼叫中心和专家系统各自独立性的前提下,实现二者的有机结合,最终设计出呼叫中心与专家系统耦合的音频获取模型,并根据结构层次原理将模型划分为 5 个层次(图 6-23):用户层,传输层,呼叫中心层,专家系统知识库层,服务器层。

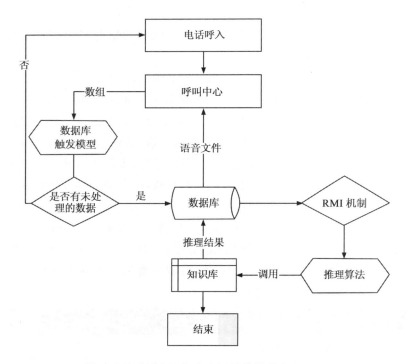

图 6-22 呼叫中心与专家系统的耦合流程

①用户层——访问呼叫中心的用户可以通过固定电话或手机访问系统。

②传输层——用户与本系统进行信息交互要经过通信网络,其中固定电话用户通过公共电话网(PSTN)、手机用户通过移动电话网(PLMN)(2G,GSM 网络)访问本系统。

③呼叫中心层——由 6 部分组成:程控交换机(private branch exchange,PBX),自动呼叫分配器(automatic call distribution,ACD),交互式语音应答(interactive voice response,IVR),计算机电话集成(computer telephony integration,CTI)服务器,人工座席(agent)和原有系统主机。

④专家系统知识库层——由 RMI 机制程序、案例库、推理算法及知识库组成,负责对呼叫中心的响应和提供知识。

⑤服务器层——包括数据库服务器和 Web 服务器,其中数据库服务器完成对系统数据库、知识库和规则库的访问和维护,Web 服务器完成网络系统的运行和维护。

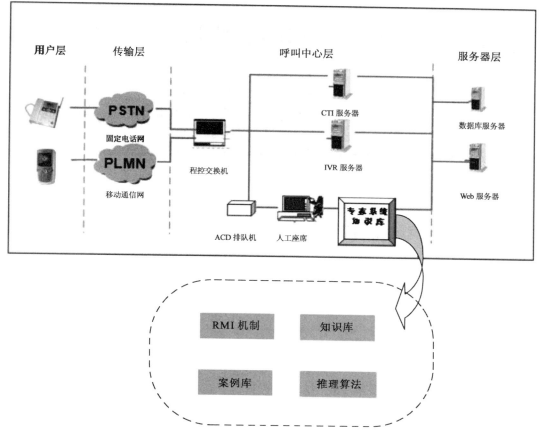

图 6-23　呼叫中心与专家系统耦合的音频获取模型

第7章 面向移动终端的农业信息智能获取系统

在前文理论方法及模型的研究基础上,结合农民借助移动终端、以视音频形式获取知识的实际需求,按照软件工程学方法,本章设计开发了面向移动终端的农业知识视音频转换与获取系统,该系统主要由视频分割子系统、面向病害诊断的视频检索子系统、文语转换子系统和视音频获取子系统 4 部分组成。系统开发过程包括 3 个阶段:需求分析、系统设计、系统实现。

7.1 面向移动终端的农业知识智能获取系统需求分析

7.1.1 系统功能需求

面向移动终端的农业知识视音频转换与获取系统的功能主要包含以下 5 个方面:

1.视频分割功能

知识的传播形式与渠道取决于农民用户的实际需求特点。在农村 3G 移动终端高普及率的背景下,设计农业知识视频分割系统,可以将视频按照根、茎、叶等空间信息或者幼苗期、成熟期等时间信息进行分割,并获取相应视频片段的语义信息。

2.视频检索功能

随着网络的普及和农业视频数据的飞速增长,使得农民通过网络利用视频学习农业种植养殖技术,帮助农民增产增收的可能性提高。研究针对农业领域的视频语义标注模型,对已有农业知识视频数据分析处理,设计面向病害诊断的农业知识视频检索系统,使其能够针对农民的个性化需求提供专业的农业知识视频检索服务。作为农业知识视频分割和语义标注的应用实例,将视频镜头应用到专家系统可以促进专家系统的进一步推广。

3.文语转换功能

手机在农村的普及要远高于电脑的拥有量,而农业部主推的"12316"新农村服务热线等呼叫中心平台正是利用手机网络为农民提供农业知识等信息服务。本文通过对呼叫中心存在的问题及现状进行分析,针对农业知识文本的特点,设计开发了面向呼叫中心的农业知识文语转换系统,便于导入文本和导出语音,并在语音播放过程中进行调节。可以解决呼叫中心人工录制语音的质量和效率问题,还能降低呼叫中心的运营成本。

4.音频获取功能

农民的生产实践需要专业农业知识和农业技能的指导,计算机和互联网本可以凭借其强大功能很好地承担起推广农业知识的责任,但由于我国农村计算机普及率低,特别是农民学习使用计算机和互联网的"门槛"较高,导致长期以来农民缺乏获取农业知识的有效途径。本文设计开发的系统需能借助手机和固话电话普及率高,以及使用"门槛"低等有利条件,使得用户可以通过移动终端,以拨打电话(音频)的方式获取所需的农业知识。

5.视频获取功能

相关研究表明人类在接受信息时,视觉的接受率为 83%,而听觉的接受率只有 13%,3G技术的不断成熟发展,为通过移动终端获取视频提供很好的硬件支撑。本文设计开发的系统需能借助 3G 手机、PDA 等智能移动终端,以视频的形式为农民提供农业知识。

7.1.2　系统性能需求

面向移动终端的农业知识视音频转换与获取系统的性能必须满足如下 3 个方面的需要:

1.知识的准确性

系统为用户提供的知识是为了指导农民进行实际的农业生产,因此知识的内容必须准确、可靠,这就要求在线咨询功能须聘请专业的领域专家作答,座席人员也须经过专门的培训;用于提供知识的音频和视频必须是由高校和科研院所的权威科研成果转换而来。

2.获取的实时性

由于缺乏专业的知识库,现有的农业知识咨询系统大多依赖专家或座席等人工作答方式,特别是专家很难保证实时在线,这也使得用户很难获得 24 小时的实时服务。本文提出了农业知识视音频转换方法,构建出农业知识视音频知识库,特别是分别设计出可供用户实时自动调用的音频和视频获取模型,这就可以很好地保证知识获取的实时性。

3.传输的可靠性

用移动终端通过无线网络获取数据,数据传输的可靠性最引人关注,系统软硬件设备的不断更新升级,特别是移动通信网络的迅速普及和发展,都为系统的数据传输提供了很好的技术支持,从而可有效保证数据传输的可靠性。

7.2　系统总体结构与功能

7.2.1　总体结构设计

根据面向移动终端的农业知识转换与获取的业务流程,采用移动通信技术、网络技术和智能获取技术构建系统。现有知识获取系统的网络连接模式主要有两种,分别为客户端/服务器(C/S)模式和浏览器/服务器(B/S)模式(刘树,2009),视音频获取系统面向移动终端,采用C/S 模式,视音频转换系统面向互联网,采用 B/S 模式。

C/S 系统一般包含两层,客户端和服务器端。本系统的服务器主要包含音频服务器和视频服务器,分别用于存储音频和视频以及提供智能获取功能,服务器的硬件设备分别采购了北京汉翔软通的呼叫中心 CTI 服务器以及北京联信志诚的 MyComm 服务器。另外,系统还设有系统应用服务器,用于存储中间数据和运行信息,对系统运行实行统一管理;本系统的客户端就是移动通信终端,其中固定电话和 2G 手机用于获取音频,通过固定电话网和 2G 通信网接入系统。3G 手机用于获取视频,通过 3G 通信网接入系统。图 7-1 为系统总体结构图。

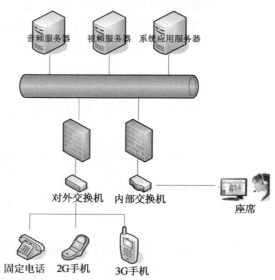

图 7-1　系统总体结构图

7.2.2　总体功能设计

如图 7-2 所示,该系统包含视频分割子系统、视频检索子系统、文语转换子系统、视音频获取子系统和系统管理 5 部分。其中视频分割子系统和文语转换子系统负责农业知识转换,视频检索子系统和视音频获取子系统面向终端用户,负责农业知识推送与获取。

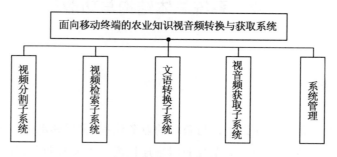

图 7-2　系统总体功能模块

7.3 视频分割子系统

7.3.1 视频分割子系统框架设计

设计视频分割子系统的最终目的是为了让农民用户更加高效地检索视频信息。图 7-3 是视频分割子系统的基本结构,包括 3 部分内容:视频分割算法处理子系统、视频数据库支持子系统、视频标注子系统。视频分割算法处理子系统主要实现镜头分割,视频数据库支持子系统负责系统所需数据的存储,视频标注子系统需要实现对视频片段的语义标注。

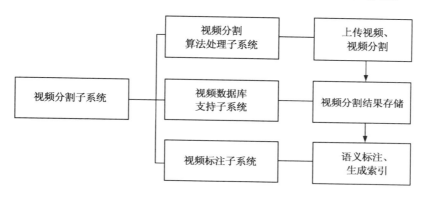

图 7-3 视频分割子系统框架

7.3.2 视频分割子系统功能模块设计

结合农民视频信息获取的实施方案,将视频分割子系统设计为 5 个功能模块:视频分割、数据管理、视频标注、用户管理、系统管理。5 个模块功能相对独立,其功能如图 7-4 所示。

(1)**视频分割模块** 主要完成基于自适应双阈值算法的视频分割与视频聚类。通过视频上传模块添加视频源数据,再进行视频镜头分割,并对分割后的视频片段按照语义进行聚类。

(2)**数据管理模块** 此模块在数据库的支持下完成对数据信息的存储,主要包括视频信息源数据、分割后的视频片段结果、关键词标注信息、用户管理信息等。

(3)**视频标注模块** 视频标注模块通过对视频的图像、声音、文字信息进行特征提取,生成索引对视频片段数据进行标注,包括视频名称、视频简介等。

(4)**用户管理模块** 本系统由系统管理员统一进行管理,普通用户和领域专家这两类用户可以注册并登录系统,同时领域专家享有意见指导、视频上传和视频标注的权利。

(5)**系统管理模块** 系统管理的主要实施者是系统管理员,具体工作是管理用户的权限及统筹管理、更新系统内的数据信息,并及时对系统进行日常维护、测试与升级。

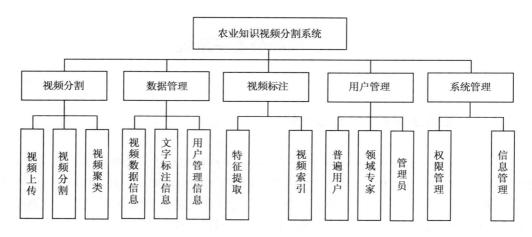

图 7-4　视频分割子系统功能模块

7.3.3　视频分割子系统服务流程

农业知识视频分割子系统服务分为 3 部分:基于自适应双阈值的视频分割算法处理、视频的标注与获取、视频数据库存储,如图 7-5 所示。

1.基于自适应双阈值的视频分割算法处理

①搜集各类农业知识视频(由高校或科研院所录制,符合本文分割方案的视频);

②进入视频分割系统,打开需要分割的视频源;

③实现基于自适应双阈值算法的分割,将视频源数据分割为以镜头为单位的视频片段;

④对视频镜头进行多模态融合的视频聚类。

最后对分割完成的视频片段进行人工标注,标注的目的是为了用户的最终检索需求,标注信息根据视频短片内容而定,主要包括蔬菜名称、病害发生时期、病害名称、病理现象等。

2.视频标注

①分别提取视频片段的图像、声音和文字信息;

②对提取到的特征进行识别并转换为文字描述;

③将识别信息基于语义标注图模型构建视频索引。

3.视频数据库的数据存储

①建立视频信息库:存储视频源数据和视频片段数据,包括视频名称、视频长度、起始帧号、结束帧号、存储地址等;

②建立关键词索引库:用于用户关键词检索,主要有视频名称、语义内容等;

③建立用户管理库:针对不同身份的用户,设置不同的权限,开展统一管理。

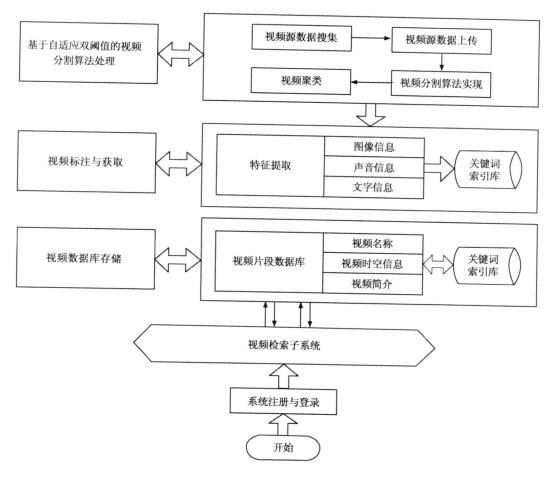

图 7-5 视频分割子系统服务流程

7.3.4 视频分割子系统的实现

1. 流程设计

算法结合了农业知识视频的特点和农民用户的需求,主要利用自适应变化的帧间差异平均值确定高低阈值,对视频镜头分别进行突变和渐变检测;通过比较镜头间的视觉相似度确定分割准确性。主要流程如图 7-6 所示。

2. 运行界面

系统可单独运行在 Windows 平台。系统在 Visual C++6.0 程序下完成,解码程序为 MSSG(MPEG software simulation group),同时使用 VirtualDub 中的部分 MPEG 解码程序,能够快速并随机地显示出视频任一帧图像。

农业知识视频分割系统主要工作有以下几部分:

(1)**视频播放** 打开任一视频文件进行播放,并且可以实现播放、暂停、停止、快进、快退等

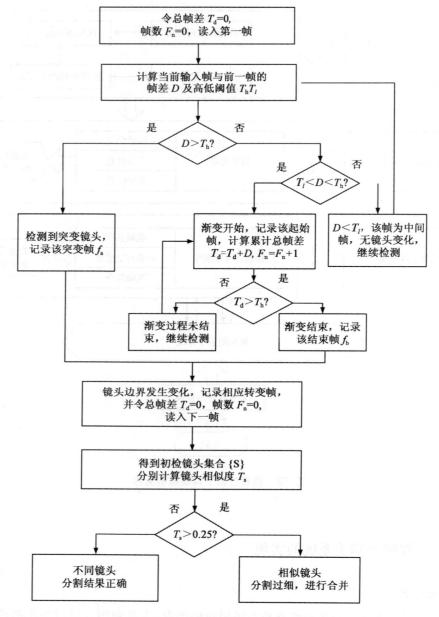

图 7-6　本文分割算法流程

控制功能,如图 7-7 左侧部分所示。

　　(2)视频分割　基于自适应双阈值法进行视频镜头分割。点击视频分割按钮系统开始分割工作,分割进度会实时地显示在系统界面右侧的结果显示框中,镜头分割结果如图 7-7 所示,分割后的每个视频片段用镜头第一帧图像表示,每个片段注有镜头序列号,可以按照所需的格式将分割后的视频输出到指定的路径。系统还可以显示分割后每个镜头的帧组成数据,如图 7-8 所示。

　　(3)视频帧图像浏览　浏览解码后的帧图像,可以顺序浏览或者按需求快速选择浏览,这一功能主要通过浏览分割临界帧的前后帧对照来检测分割结果的正确性，如图 7-9 和图 7-10 所示。

图 7-7　镜头分割结果

图 7-8　镜头帧组成结果

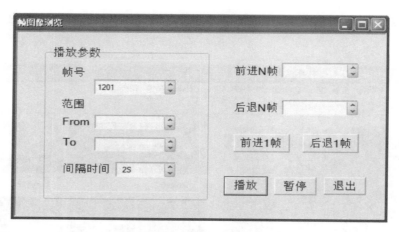

图 7-9　视频图像帧浏览设置

图 7-10　视频帧图像播放效果

（4）**参数设置**　本文在分割复检算法中提出了镜头相似度度量方案，其中有两个参数前向搜索范围 F 和度量阈值 Ts（初始值为 F＝3，Ts＝0.35），根据分割结果和用户的满意度反馈，可以在分割系统中对两个参数的值进行修改，以便分割结果更能符合农民的需求，如图 7-11所示。

（5）**分割结果统计**　统计分割结果相关数据，主要内容包括：图像帧总数，突变镜头数，渐变镜头数，分割完成时间以及分割查全率（recall）和查准率（precision），如图 7-12 所示。

3.视频数据库架构

农业知识视频分割系统数据库名为 VDVideo，包括 4 个数据表，用来记录视频相关信息，这 4 个数据表分别是视频信息表（video table），视频镜头信息表（shot table），关键词表（keyword table），用户管理信息表（user table）。

视频信息表存储农业知识视频源文件的相关信息，表项有视频编号、视频名称、视频长度、存储地址，如表 7-1 所示。

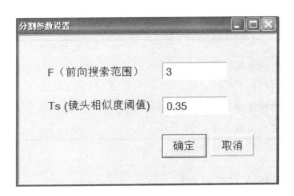

图 7-11　分割参数设置

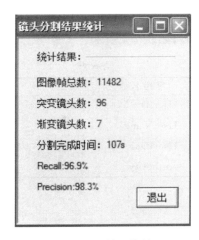

图 7-12　结果统计

表 7-1　视频信息表

字段名称	含义	数据类型
VideoID	视频编号	Int
VideoName	视频名称	Nvarchar
VideoLth	视频长度	Float
FilePath	视频存储地址	Nvarchar

视频镜头信息表是视频源文件的分段表,存储视频文件经过分割后产生的物理镜头,表项有镜头编号、所属视频源文件编号、镜头名称、起始帧号、结束帧号、镜头长度、关键词(视频名称、时间信息、空间信息、视频简介……),如表 7-2 所示。

表 7-2　视频镜头信息表

字段名称	含义	数据类型
ShotID	镜头编号	Int
VideoID	镜头所属视频源文件编号	Int
ShotName	镜头名称	Nvarchar
StartFrame	起始帧号	Int
EndFrame	结束帧号	Int
ShotLth	镜头长度	Float
KeyWord	关键词	Nvarchar

关键词表存储检索视频镜头的关键词信息,表项有关键词信息编号、关键词(视频名称、时间信息、空间信息、视频简介……),如表 7-3 所示。

表 7-3　关键词表

字段名称	含义	数据类型
KWID	关键词编号	Int
KeyWord	关键词	Nvarchar

用户管理信息表存储用户信息,此表属于独立表,表项有用户编号、用户名、用户密码、使用权限,如表 7-4 所示。

表 7-4　用户管理信息表

字段名称	含义	数据类型
UserID	用户编号	Int
UserName	用户名	Nvarchar
UserPwd	用户密码	Nvarchar
Authority	用户权限	Nvarchar

7.4　视频检索子系统

视频检索子系统的功能包括农业知识查询和病害诊断两部分。将从系统结构设计、功能设计和用户界面设计 3 方面详细阐述该系统。

7.4.1　系统结构设计

视频检索子系统的系统构建采用 3 层网络体系结构,即客户层、应用层和数据源层。客户层即 Web 浏览器,提供检索及诊断系统的人机交互界面,包括农业知识视频查询、病害数据提交、诊断结果以及防治方法等信息。用户通过浏览器运行诊断系统,实现了客户端的零安装。应用层即 Web 服务器,主要进行应用处理任务,包括处理客户端发出的病害诊断请求,通过推理程序与数据库服务器链接,实现文字与视频显示。数据源层主要处理应用层对数据的请求,包括对病害诊断知识库、视频数据库以及信息数据的存取和访问。系统结构如图 7-13 所示。

7.4.2　系统功能设计

根据系统设计总体思路,将视频检索子系统分为视频片段查询和视频辅助的蔬菜病害诊断两部分。其中视频查询部分包含搜索引擎、语义相似度计算、关键词索引和视频场景重组 4 个子模块;病害诊断部分包含蔬菜病害诊断知识库和诊断推理机两个子模块,系统功能如图 7-14 所示。

1. 视频查询模块

视频查询子系统实现农业知识视频查询功能。用户通过 Web 浏览器登录本系统,在农业知识视频查询子系统中输入想要查询的农业知识关键词,系统将检索到的内容按照语义相似度排序重组后顺序播放给用户观看。此子系统包含视频数据库、搜索引擎、相似度计算、关键词索引和视频重组 5 个子模块。视频数据库由视频分割子系统构建;搜索引擎负责将用户输入的检索字串拆分成词组,采取包含匹配原则与视频数据库进行匹配搜索;相似度计算应用第 4 章语义相似度计算的方法,将与精确匹配的场景及与用户输入关键词相似度最高的视频片段提取出来;视频重组模块负责将提取出的视频片段按照关键词索引表的空间和时间顺序进

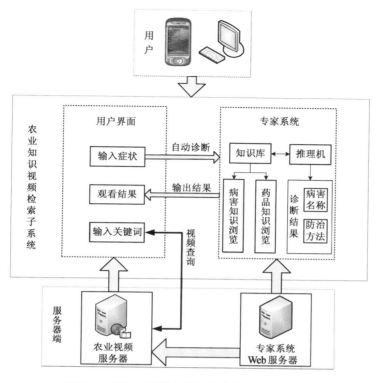

图 7-13　面向病害诊断的视频检索子系统结构

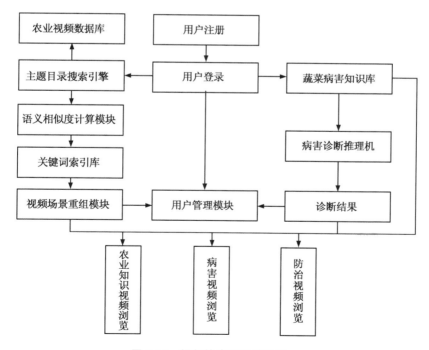

图 7-14　视频检索子系统功能

行排序,然后顺序播放给用户观看。

2.病害诊断模块

病害诊断子系统实现蔬菜病害的智能诊断功能。用户通过 Web 浏览器登录本系统,在蔬菜病害诊断子系统中观看蔬菜症状视频,选择对应症状,系统将诊断结果及防治方法视频反馈给用户。该子系统包括蔬菜病害知识库和病害诊断推理机两个子模块,蔬菜病害知识库和病害诊断推理机按照本文第 4 章研究的方法,将蔬菜病害知识按照知识表示的方法存入蔬菜病害知识库;病害诊断推理机按照专家诊断的思维过程对用户提供的症状自动诊断出所属病害种类,匹配相应防治方法视频播放给用户。

3.用户管理模块

用户管理模块主要负责用户信息的存储和管理,用户使用系统的历史记录以及用户反馈通道,并且为系统管理员提供进入各模块的接口,以保证整个系统流畅运行。

7.4.3 系统界面设计

1.登录界面

用户通过用户名和密码登录系统,登录后可选择要进入的子系统:视频检索或者病害诊断,如图 7-15 所示。

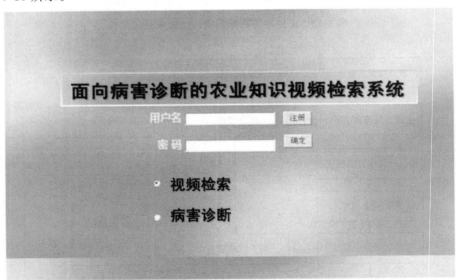

图 7-15 视频检索子系统登录界面

2.用户界面

农业知识视频检索的用户界面包括两部分,视频检索(图 7-16)和蔬菜病害诊断(图 7-17,系统构建初期,目前仅有黄瓜病害诊断服务)。

图 7-16　视频检索用户界面

（a）用户界面 1

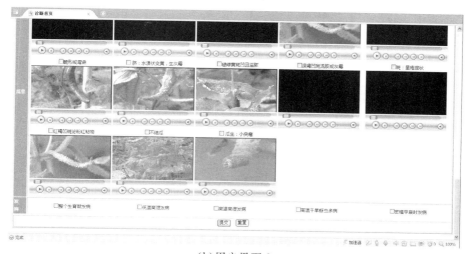

（b）用户界面 2

图 7-17　视频辅助的蔬菜病害诊断

3.频检索结果界面

图 7-18 为视频检索结果界面,用户可以通过此界面观看搜索结果,并根据实际需要选择视频重组方式。

图 7-18　视频检索结果界面

4.蔬菜病害诊断结果界面

用户进入病害诊断子系统后,观看并选择相应症状,系统就会自动输出症状对应的最可能的病害。将诊断结果及防治方法视频反馈给用户(图 7-19)。

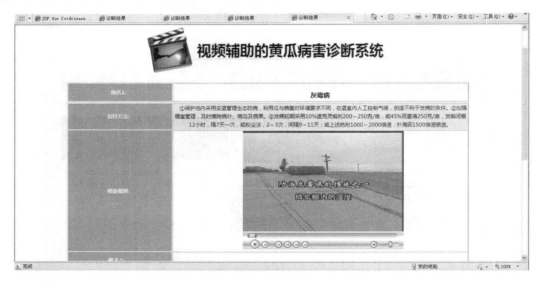

图 7-19　蔬菜病害诊断结果界面

7.5 文语转换子系统

7.5.1 开发环境

农业知识文语转换子系统的结构如图 7-20 所示。在基于面向对象的思想上使用 C++ 语言设计开发,开发软件为 Visual Studio 2005,数据管理使用 My SQL 数据库,语音库的制作使用了 Cool Edit Pro2.0 音频处理工具软件。

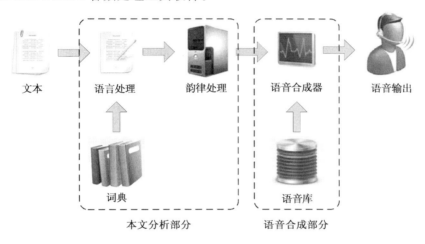

图 7-20 文语转换子系统结构

1. VC. NET 环境下使用 C++ 对各模块的类处理

系统程序在 VC. NET 环境下使用基于 MFC(Microsoft Foundation Classes)的 C++编写。Visual Studio. NET 是一套完整的可视化软件开发工具,对 C++语言进行了扩展,提供了属性化编程,对编译器、连接器和标准 C++库进行了更新;MFC 是微软基础类的英语缩写,是微软提供的,用于在 C++环境下编写应用程序的一个框架和引擎。这些类是微软为 VC++专配的,MFC 是 Win API 与 C++的结合,是对 API 函数的专用 C++封装,在用户使用微软的专业 C++SDK 进行 Win 下应用程序的开发过程中,这种结合使之变得更容易,为程序编写人员提供了方便。

MFC 的框架包括基于对话框界面、基于单文档界面和基于多文档界面 3 类。文语转换子系统对数据的处理只是从文本到语音,不涉及程序内文档的序列化,所以采用基于对话框界面类型的结构方式。

我们对各个相关事物的实体抽象后形成很多类,这些类中 CTTSApp 是整个的应用程序类。基于对话框模式的主程序由 CTTSDlg 类表示,它们都是由 MFC 应用程序基本框架自动生成的。本系统在该基本框架的基础上按实际需求对对话框类做了进一步完善。

语音合成系统的模块大致分为 3 组。第一组类用于文本处理,其中 PreTextNormalizer

类是对文本预处理的抽象描述。CDictionary 是词典类,用于对通用词库的抽象描述,CWord-TagSet 是词性标记集类,CTagFreq 是词性频率类,这些类都用于分词的处理。第二组是参数类 Parameters,它用于生成合成语音前的各个参数。第三组是用于处理语音合的相关类,其中,Wave 类用于描述语音文件;Synthesizer 类用于处理具体的合成过程,Window 类用于处理合成过程中需采用的语音处理工具窗。

2.My SQL 数据库

My SQL 是一种开放源代码的关系型数据库管理系统,由于其开放源代码,因此任何人都可以在 General Public License 的许可下下载根据个性化需要对其进行修改,My SQL 因其速度、可靠性和适应性备受关注,在不需要事务化处理的情况下,My SQL 是管理内容最好的选择。因此选用了 My SQL 数据库,其特点较大型数据库更小巧方便,便于研发(表 7-5 至表 7-7)。

表 7-5　通用词典词汇设计

名	类型	长度	十进位	允许空?..	
wid	int	20	0	☐	🔑
word	varchar	50	0	☑	
wfreq	int	20	0	☑	

表 7-6　通用词典词性设计

名	类型	长度	十进位	允许空?..	
pid	int	20	0	☐	🔑
wid	int	20	0	☑	
pos	varchar	50	0	☑	
pfreq	int	20	0	☑	

表 7-7　农业知识语音库设计

名	类型	长度	十进位	允许空?..	
id	int	255	0	☐	🔑
cizu	varchar	255	0	☑	
pinyin	varchar	255	0	☑	
cixu	varchar	255	0	☑	

3.Cool Edit Pro 2.0 音频处理工具软件

Cool Edit Pro 2.0 是由美国 Syntrillium 软件公司开发的一个音频编辑兼多音轨频混音软件,它的界面如图 7-21 所示。Cool Edit Pro 2.0 它可以根据个人需求对音频进行编辑和处理。例如同时处理多个音频文件,在几个文件中进行剪切、粘贴、合并等操作;提供多种特效作为音频增色:放大、降低噪声、压缩、扩展、回声、失真和延迟等;生成噪声、低音、静音、电话信号等多种音效形式;自动搜索到静音部分,并自动删除;可以在 AIFF、MP3、WMA、WAV、PCM、SAM 等文件格式之间进行转换等功能。

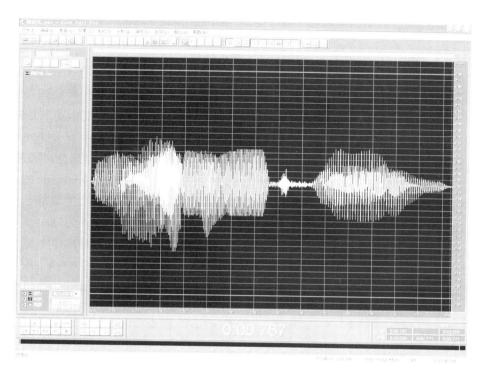

图 7-21 音频处理软件 Cool Edit Pro 2.0 界面图

7.5.2 功能模块设计

农业知识文语转换系统包括 6 个功能模块,如图 7-22 所示。

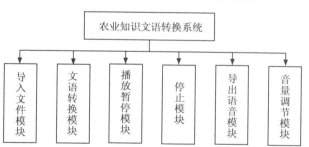

图 7-22 系统功能模块图

在系统实现过程中,各个模块需要实现的功能表述如下。

1. 导入文本功能

"导入文本"按钮产生的事件为从计算机中载入一个待转换的文本到 Dlg 界面中的文本框区域,并将该文本的所有字符流作为下一步处理的输入。这里要注意的是,导入的文本只以简单的记事本文件作为基础进行处理。

2.文语转换功能

"语音播放"按钮是产生整个文语转换的过程。在该按钮的消息响应函数中这样处理,定义一个文本预处理器 PreTextNormalizer 类的对象 ptn;CTTSDlg 类有一个 CString 类型成员变量 inFileContent 代表文件内容,这是通过"导入文本"按钮实现的。ptn 对象调用成员函数 Normalize()通过输入 inFileContent 进行文本规范化预处理,输出中间文本为"normalize1"。然后对象 pDict 调用 openMDB()函数将词典数据库打开,全局对象 coMatrix 读入词性标记表。taggingFile()函数通过输入"normalize1"、输出"normalize1pos"来实现分词和词性标记。之后定义了一个参数 Parameters 类的对象 Para,其中有一个设置待合成词音长的函数 set-BaseTime()。函数 getPara()通过输入"normalize1pos"、输出为"para1"来生成待合成文本的各项参数,deepPara()用于进一步处理其他相关参数的成员函数,其输入为"para1",输出为"para2"。接下来又定义了一个 Syn 合成语音类对象 syn,它含有设置待合成语音基频的函数 setBasePitch()。然后调用函数 doSyn()进行语音合成,该函数的输入为"para2",最后它由内部的底层函数生成一个"temp. wav"音频文件,该文件存储合成语音,并通过计算机扬声器播放出来。

3.暂停功能

与"语音播放"为同一按钮,在播放语音时显示"暂停",点击后,调用 pause()函数实现暂停播放,同时显示回"语音播放",再次点击调用 play()继续播放。

4.停止功能

"停止"按钮可以调用 stop()函数在语音播放过程中点击使其停止播放,再次播放时可检测是否已生成"temp. wav"音频文件,若存在将直接从头开始播放该音频;如果对文本有改动,会重新生成音频文件再播放。

5.导出语音功能

"导出语音"按钮可以调用 export()函数,将"temp. wav"文件另存,实现对语音文件的存储。

6.音量调节功能

音量调节器可以在语音播放过程中随时调节音量的大小。

7.5.3 界面设计

文语转换子系统界面如图 7-23 所示。系统界面左边部分为一个文本框区域,用于输入或显示待转换的文本信息,右边部分有 4 个按钮和一个音量调节器,按钮分别是"导入文本"、"语音播放"、"停止"和"导出语音"。当文本框区域无待转换文本时,右侧 4 个按钮除"导入文本"以外,其余 3 个均为灰色,即不可使用。

在进行文语转换时,可以直接在文本框内输入想要转换的文本信息,也可以使用"导入文本"按钮直接打开一个现有的文本文件,这时文本框内将显示导入的文本内容,如图 7-24 和图 7-25 所示。

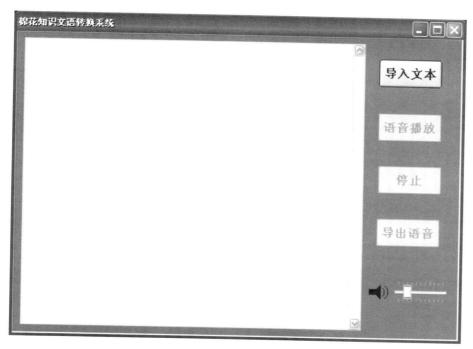

图 7-23　农业知识文语转换子系统界面

图 7-24　系统导入文本

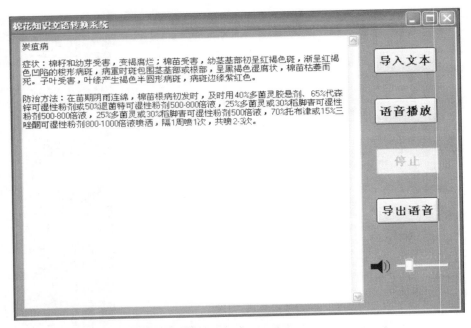

图 7-25　导入文本后效果

　　输入完待转换文本或选择完待转换文本后,点击"语音播放"按钮就可以通过计算机的扬声器或耳机听见合成的语音,并根据个人需要调节音量大小,且"语音播放"按钮标题变为"暂停"。

　　在语音播放过程中可以随时暂停或停止播放。如果是暂停播放,则再次播放时会在暂停处继续播放;如果是停止播放,则再次播放时会从头开始播放。而且在播放过程中,按钮"导入文本"和"导出语音"呈现灰色,即为不可使用,如图 7-26 所示。

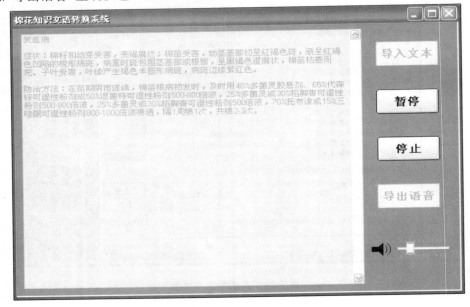

图 7-26　语音播放效果

当文本转换为语音结束后,若想要导出并储存语音文件,则点击"导出语音"按钮,选择想要保存的目录位置即可,如图 7-27 所示。

图 7-27　合成语音导出

7.6　视音频获取子系统

7.6.1　功能模块设计

视音频获取子系统分为音频获取和视频获取两个部分,另外还设有座席管理和系统管理两个模块。其中音频获取子系统在文语转换的基础上,包含数据库触发、专家系统两个子功能模块,视频获取子系统是在完成视频分割、视频标注与视频检索之后,负责格式转换与视频传输。图 7-28 所示为系统功能模块。

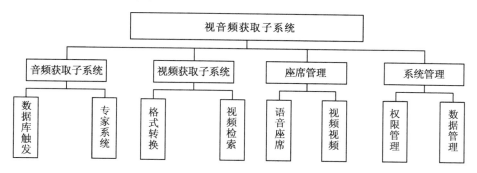

图 7-28　系统功能模块

1.音频获取子系统

本系统实现音频获取功能。当用户通过手机或固定电话接入系统,音频获取子系统可根据用户的按键输入,定位检索所需音频并将其播放给用户。此子系统包含数据库触发和专家系统两个功能模块;数据库触发实现专家系统与呼叫中心硬件设备的通信和数据交互;专家系统负责音频检索,其推理算法可对用户按键输入的数字智能解析,然后经过推理流程定位检索用户所需音频,再通过呼叫中心硬件设备将音频播放给用户。

2.视频获取子系统

本系统实现视频获取功能。负责将视频检索子系统的检索结果视频转换为移动通信网络支持的格式,使用户可以通过 3G 手机接入系统,通过视频获取子系统获取所需的视频段落。

3.座席管理系统

本系统分别设有语音座席和视频座席,可对用户需求进行人工解答,座席人员可通过固定电话和计算机分别与用户进行语音和视频互动,为用户提供所需的音频和视频,或转接专家作答等。座席管理模块对座席功能进行统一管理。

4.系统管理

系统管理主要负责对系统运行参数和中间数据进行管理,为系统管理员提供进入各模块的接口,以保证整个系统流畅运行。

7.6.2 服务流程设计

当用户使用移动终端拨打特服号码接入系统后,自动呼叫分配器(ACD)会根据呼叫类型的不同分别接入音频获取子系统或视频获取子系统,但无论是语音通话还是视频通话,用户获取知识的方式非常相似,都是根据提示(语音提示或视频提示)通过按键(手机触摸屏)与系统进行交互并获得所需视音频。以用户获取棉花病害诊断知识为例,讲述系统的服务流程(图7-29)。

(1)用户拨打特服号码。

(2)呼叫信号经过程控交换机(PBX)进入系统。

(3)自动语音或视频播放,用户分别需要选择自动语音服务和人工服务;选1进入自动语音服务,选2进入人工服务。

自动语音服务:

(4)根据用户选项,进入"棉花病害理论知识"、"案例知识"、"病害诊断"、"药品知识"等;选1进入"棉花病害理论知识",选2进入"案例知识",选3进入"病害诊断",选4进入"药品知识"如需退出自动语音服务系统,选"♯"退出到(3)。

(5)进入"棉花病害理论知识":选1进入棉花基本知识查询,选2进入种植知识查询;选0退出到(4);播放语音或视频文件,如需退出自动语音服务系统,选"♯"退出到(3)。

进入"案例知识":选1是按疾病名称查询,选2是按症状查询,选0退出到(4);播放语音或视频文件,如需退出自动语音服务系统,选"♯"退出到(3);

进入"病害诊断":用户根据语音或视频提示选择症状,系统自动进行推理,并将推理结果

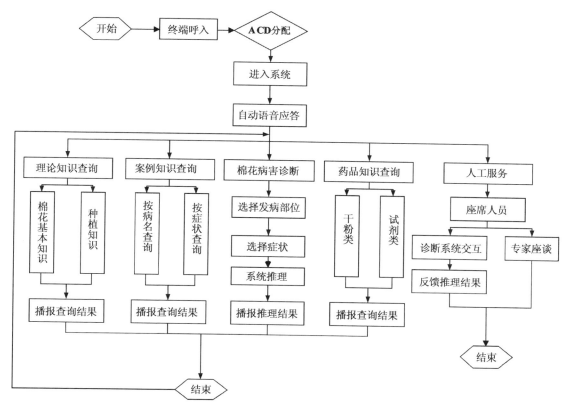

图 7-29　系统服务流程

播放给用户;选 0 退出到(4);播放语音或视频文件,如需退出自动语音服务系统,选"♯"退出到(3)。

人工服务:

(6)呼叫信号在自动呼叫分配器(ACD)内进行排队,依次转接给座席人员。

(7)座席人员根据用户需求,转给专家或进行病害智能诊断系统的操作。

(8)座席人员通过系统主界面输入案例基本信息。

(9)座席人员获取来自用户的症状信息,进行特征辨识,并提交系统。

(10)进行初始匹配(规则推理),若有结果,则转(11);否则,返回(9),请求更多信息。

(11)输出病害防治措施。

7.6.3　系统实现

1.开发环境

视音频获取子系统的开发环境包括软件和硬件两部分。其中,硬件环境最重要的是音频服务器和视频服务器,分别购置了北京汉翔软通的呼叫中心 CTI 服务器和语音板卡,以及北京联信志诚的 MyComm 服务器。系统开发的软件环境包括开发时所用操作系统、数据库、系统代码开发和调试工具,选用 Windows 2003 Server 作为服务器操作系统,数据库使用可与 JAVA 语言无缝链接的 SQL Server 2000,而使用 JAVA 语言在 Eclipse 开发平台下进行系统界面和后台代码的开发。

2.界面展示

(1)**系统登录界面** 用户可通过用户和密码登录系统,登录时可以使用多种角色:管理员、语音座席、视频座席等,不同角色对于系统拥有不同权限(图 7-30)。

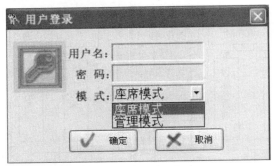

图 7-30 系统登录界面

(2)**用户界面** 图 7-31 为模拟的用户操作界面,用户可根据提示按键选择相应操作,当"本地视频开"时为视频通话,当"本地视频关"时为语音通话。

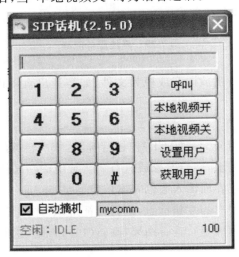

图 7-31 用户界面

(3)**座席界面** 系统座席人员可根据用户需求为其提供不同服务,以为用户提供棉花病害诊断功能为例,座席人员可记录用户信息、转接呼入信号、播放用户所需的视频、音频等(图 7-32)。

(4)**系统运行界面 1** 图 7-33 为系统运行时的服务器主界面,通过此界面可掌握系统脚本信息、数据库信息、线程信息、座席状态等,对系统进行统一管理。

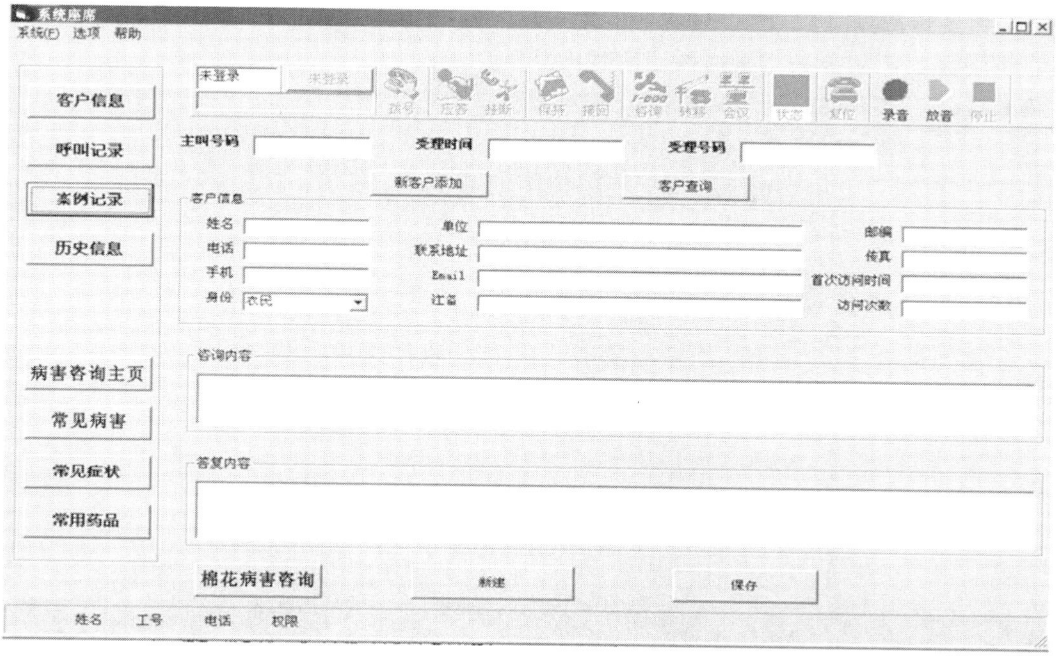

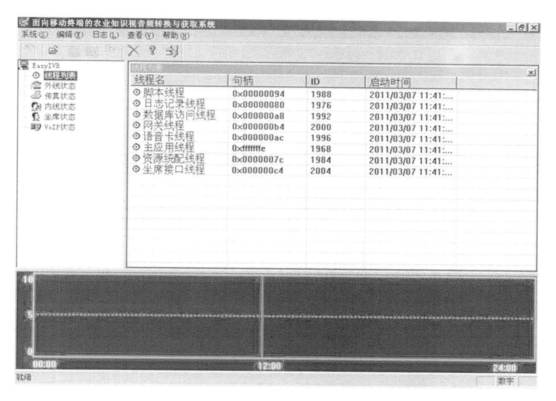

图 7-32　座席界面

图 7-33　系统运行界面 1

(5) **系统运行界面2** 图7-34为当有用户呼入后,系统显示的运行状态,此时有一个线路呼入,线路状态变为"摘机",此时的通话时长为9秒。

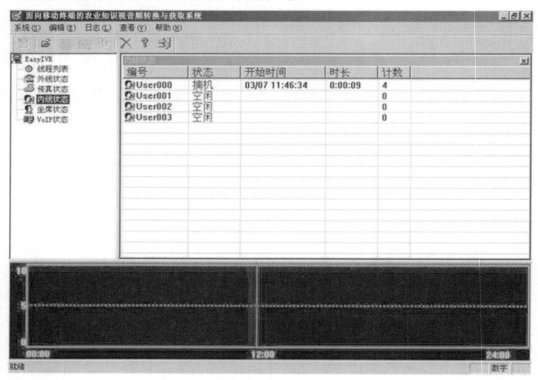

图 7-34 系统运行界面 2

参 考 文 献

[1] 马永波. 基于内容的视频分割与检索技术研究:硕士论文. 长春:长春工业大学,2007.

[2] 韩冰. 基于智能软计算的视频镜头分割算法研究:博士学位论文. 西安:西安电子科技大学,2006.

[3] 彭德华,申瑞民,张同珍. 基于内容检索中的视频分割技术及新的进展. 计算机工程与应用,2003(33):94-97.

[4] 程捷. 辅助视频内容分析的音频技术研究与实现:硕士学位论文. 长沙:国防科学技术大学,2002.

[5] 闫婷,张建明,孙春梅. 基于相关核映射线性近邻传播的视频语义标注. 计算机应用研究,2012:6.

[6] 曹健. 基于局部特征的图像目标识别技术研究:博士学位论文. 北京:北京理工大学,2010.

[7] 古瑞东. 光谱特征提取算法改进及在溢油图像中的应用:硕士学位论文. 大连:大连海事大学,2012.

[8] 张雯,葛玉荣. 基于形态学与不完全树形小波分解的图像纹理特征提取算法. 计算机应用,2011(6):1592-1594.

[9] 李刚. 形状图像识别技术及应用研究:硕士学位论文. 广州:广东工业大学,2012.

[10] 金聪,金枢炜. 面向图像识别的条件互信息特征选择方法. 测试技术学报,2010(5):459-462.

[11] 张丽敏,周尚波. 基于分数阶微分的尺度不变特征变换图像匹配算法. 计算机应用,2011(4):1019-1023.

[12] 付丽,孙红帆,杨勇,等. 基于贝叶斯分类器的图像分类技术. 长春理工大学学报:自然科学版,2009(01):132-134.

[13] 孙梦迪. 矩变换与概率神经网络结合的水声图像快速识别方法. 科技信息,2013(2):187-188.

[14] 荀璐. 基于数据挖掘中决策树分类方法的颅脑 CT 图像的分类器研究:硕士学位论文. 长春:吉林大学,2011.

[15] 刘新宇,黄德启. 基于 SVM 分类器的道路湿滑图像分类方法研究. 武汉理工大学学报:交通科学与工程版.2011(4):784-787,792.

[16] 郭利刚,方士富. 智能声音识别技术在广播电视广告监测中的应用. 广播与电视技术,2006(12):72-74.

[17] 张文娟. 基于听觉仿生的目标声音识别系统研究:博士学位论文. 长春:中国科学院研究生院(长春光学精密机械与物理研究所),2012.

[18] 吕钊. 噪声环境下的语音识别算法研究:博士学位论文. 合肥:安徽大学,2011.

[19] 贺玲玲,周元. 基于改进 MFCC 的异常声音识别算法. 重庆工商大学学报:自然科学版,

2012(2):52-57.

[20] 郭戈.数字视频语义信息提取与分析:博士学位论文.郑州:解放军信息工程大学,2010.

[21] 蒋人杰,戚飞虎,徐立,等.基于连通分量特征的文本检测与分割.中国图像图形学报,2006,11(11):1653-1656.

[22] 胡亮.Web专家系统网格化的研究:硕士学位论文.北京:中国农业大学,2005.

[23] 成桂玲.基于SOA的教学管理系统Web服务的设计与实现.电子世界,2013(3):145-146.

[24] 张晓冬,张志强,陈进,等.基于交互仿真的生产决策专家系统构建方法.计算机集成制造系统,2013(2):404-410.

[25] 温皓杰,张领先,傅泽田,等.基于Web的黄瓜病害诊断系统设计.农业机械学报,2010,41(12):178-182.

[26] 邢斌,李道亮,段青龄.基于数值诊断与案例推理相结合的牛病诊断专家系统.中国畜牧兽医学会信息技术分会学术年会,2008:57-63.

[27] 牛贞福,杨信廷,寿森炎,等.黄瓜病虫害诊断专家系统知识组织的研究与设计.农业系统科学与综合研究,2004(1):33-36.

[28] 王阿川,缪天宇,曹军.基于Web森林病虫害防治决策专家系统研究.计算机技术与发展,2008(4):228-231,235.

[29] 孙中伟,张福炎.一种音频辅助的视频分割方法研究.南京大学学报:自然科学版,2002(2):139-144.

[30] 李松斌,王玲芳,王劲林.基于剧本及字幕信息的视频分割方法.计算机工程,2010(15):211-213.

[31] 孙小亮.基于多帧融合的视频文本检测:硕士学位论文.北京:北京邮电大学,2011.

[32] 冯洁,廖宁放,赵波,等.常见黄瓜病害的多光谱诊断.光谱学与光谱分析,2009(2):467-470.

[33] 田有文,牛妍.支持向量机在黄瓜病害识别中的应用研究.农机化研究,2009(3):36-39.

[34] 陈步英.基于Web的黄瓜病虫害专家系统的开发与应用.农机化研究,2007(3):159-161.

[35] 王辰,吴玲达,老松杨.基于声像特征的场景检测.计算机应用研究,2008(10):3036-3038.

[36] 李向伟,李战明,张明新,等.一种基于压缩域的镜头检测算法.兰州理工大学学报,2008,34(6):97-101.

[37] 都云程,任绍美,王涛,等.基于空间金字塔的镜头检测.计算机工程与应用,2012:5.

[38] 汪翔,罗斌,翟素兰,等.基于颜色空间的自适应阈值镜头分割算法.计算机技术与发展,2012(9):37-40,44.

[39] 代东锋,詹永照,柯佳.基于时序概率超图模型的视频多语义标注.计算机工程与应用,2011,v.49;No.779(4):197-201.

[40] 李真超.基于多特征学习的视频语义标注:硕士学位论文.上海:复旦大学,2012.

[41] 王宇新.基于特征分布的图像识别方法研究与应用:博士学位论文.大连:大连理工大学,2012.

[42] 周鸽.基于"词袋"模型的图像分类系统:硕士学位论文.苏州:苏州大学,2011.

［43］孙孟柯.基于 Bag of words 模型的昆虫图像分类系统研究：硕士学位论文.郑州：河南工业大学,2012.

［44］张玉芳,张泓博,熊忠阳.语义相似度计算在语义标注中的应用.计算机工程与应用,2013,v.49;No.779(4):153-156.

［45］张师林.一种视频语义挖掘方法.中国专利,201110168952.0. 2011.06.22.

［46］代建英.汉语自动分词系统的研究和实现：硕士学位论文. 重庆：重庆大学,2005.

［47］陈鄞.基于统计的汉语自动分词与词性标注歧义消解方法研究：硕士学位论文. 哈尔滨：哈尔滨工业大学,2003.

［48］周小燕.棉花病害诊断专家系统研究：硕士学位论文. 北京：中国农业大学,2005.

［49］张信,赵国防,王琦,等.植物病害数学诊断与防治.北京：中国农业出版社,2007:176-182.

［50］祝伟.面向呼叫中心的鱼病智能诊断系统研究：硕士学位论文. 北京：中国农业大学,2006.

［51］傅泽田,温皓杰,张领先,等.基于 IVR 的黄瓜病害数值诊断方法与系统.中国专利,CN102075645A. 2010-12-21.

［52］毕达宇.面向农民知识需求的知识服务研究.华中师范大学,2012.

［53］程文刚,刘长安,宋峥峥.场景过分割解决方法.华北电力大学学报,2006,33(4):55-58.

［54］邓丽,金立左,杨文强,等.基于累积帧的自适应双阈值镜头边界检测算法.计算机科学,2012,39(6):258-260,296.

［55］贾玉福,伍丁红,胡胜红,等.基于自适应双阈值的足球视频分割算法研究.微型机与应用,2011,30(19):41-43,46.

［56］李松斌,李军,王玲芳,等.一种基于双阈值法改进的镜头边界检测算法.微计算机应用,2010,31(7):11-16.

［57］刘毅,孙怀江,夏德深,等.基于图割的 JPEG 图像快速分割算法.计算机工程,2012,38(10):194-196,199.

［58］陆海斌,章毓晋.基于视频编辑模型的视频淡入、淡出和叠化的检测.电子与信息学报,2002,24(4):433-438.

［59］吕晓宇.视频镜头分割方法.办公自动化：综合版,2011(1):33-34.

［60］屈有政.基于内容的暴力视频检索.北京交通大学,2011.

［61］舒振宇,高智勇,陈心浩,等.一种基于块匹配的自适应快速运动估计算法.计算机时代,2007(10):1-3.

［62］孙季丰,欧阳金华.基于分块处理的条件随机场视频分割算法.华南理工大学学报：自然科学版,2012,40(6):43-47.

［63］孙少卿,卓力,赵士伟,等.基于因果的自适应双阈值镜头边界检测算法.测控技术,2009,28(5):19-23.

［64］王剑峰,杜奎然.基于三步筛选的视频渐变镜头检测.计算机工程,2011,37(24):269-271.

［65］王思文,贾克斌,王纯,等.基于运动信息的镜头切变检测与关键帧提取.计算机工程,2012,38(16):5-8.

[66] 王学军,丁红涛,陈贺新,等.一种基于镜头聚类的视频场景分割方法.中国图像图形学报,2007,12(12):2127-2131.

[67] 袁小娟,丰洪才,明巍,等.基于颜色空间的镜头边界检测方法.计算机应用与软件,2011,28(3):61-63.

[68] 张勇,唐国能.鲁棒的广告视频检测技术研究.广东技术师范学院学报:自然科学版,2012,33(3):11-13,17.

[69] 周艺华,曹元大,张洪欣,等.一种通用的渐变镜头检测方法.计算机应用研究,2006,23(2):250-252.

[70] 毕小明.专家系统及其在我国农业中的应用.科技广场,2006,5:115-116.

[71] 陈明华,殷景华,舒昌,等.基于正反向最大匹配分词系统的实现.信息技术,2009(6):126-127.

[72] 何映思.模糊控制的模糊推理算法研究:硕士学位论文.重庆:西南师范大学,2005.

[73] 季白杨,陈纯,钱英.视频分割技术的发展.计算机研究与发展,2001,1:36-42.

[74] 蒋成龙.基于3G-324M协议视频电话的质量评估研究:硕士学位论文.西安:西安电子科技大学,2011.

[75] 李刚.轻量级JavaEE企业应用实战——StrutsZ+SPring+Hibemate整合开发.北京:电子工业出版社,2008.

[76] 李红艳.乡村传播与农村发展.北京:中国农业大学出版社,2007.

[77] 李静.基于B样条隶属函数的模糊推理算法研究:硕士学位论文.合肥:合肥工业大学,2011.

[78] 李鑫星,傅泽田,张领先,等.农业病虫害远程诊断与知识呼叫中心系统.农业机械学报,2010,41(6):153-157.

[79] 李鑫星,张领先,傅泽田,等.棉花虫害诊断系统的设计与Web实现.农业工程学报,2009,25(S2):208-212.

[80] 李鑫星,张领先,傅泽田,等.呼叫中心与专家系统耦合的农业知识获取方法.农业工程学报,2011,27(5):174-177.

[81] 李颖,魏颖琪,谭华,等.2G语音通信和3G视频业务融合探讨.移动互联网终端技术,2010,3:31-34.

[82] 梁健壮.基于移动通信网络的无线音频传输技术原理及其应用.技术应用,2011:128-129.

[83] 林都平,艾达.3G视频传输中的抗误码技术研究.移动通信,2004,9:68-71.

[84] 林少勇,雷国平.基于语音卡的呼叫中心在农村乡镇医院中的应用.电信工程技术与标准,2009(3):61-65.

[85] 刘冰.基于故障树的安注系统故障诊断专家系统研究:硕士学位论文.哈尔滨:哈尔滨工程大学,2009.

[86] 刘文林.VOIP技术在金融行业呼叫中心业务中的实现.科技信息,2009(1):118-132.

[87] 门雪娇.3G-324M和H-323终端视讯互通的研究与控制过程的互通实现:硕士学位论文.成都:西南交通大学,2009.

[88] 钮志勇,张长利,孙振东,等.奶牛疾病诊断专家系统语音服务平台结构与功能研究,农

机化研究,2007(5):98-101.

[89] 任维政,崔岩松,邓中亮. 基于 RCPC-FEC 的 3G 视频传输模型研究. 计算机应用与软件,2010,2:237-240.

[90] 甚卫军. 汉语文语转换系统 TTS,计算机工程与应用,2000,8(3):76-80.

[91] 史宝虹. 基于多层架构模型设计的呼叫中心设计及实现:硕士学位论文. 西安:西安电子科技大学,2008.

[92] 闵庆飞,刘振华,季绍波.信息技术采纳研究的元分析:2000—2006.信息系统学报,2008,2:22-32.

[93] 冯建英.农机消费者市场购买意愿及影响因素研究:硕士学位论文.北京:中国农业大学,2007.

[94] 简小鹰,冯海英.贫困农村社区不同类型农户信息需求特性分析.中国农业科技导报,2007,5(2):112-115.

[95] 寸晓刚,陈顺清.信息系统接受行为的研究透视.科技管理研究,2006,2:208-211.

[96] 何仲,吴丽君,刘晓红.计划行为理论及其在护理研究中的应用范例.护理学杂志,2006,21(6):70-72.

[97] 鲁耀斌,徐红梅.技术接受模型的实证研究综述.研究与发展管理,2006,18(3):93-99.

[98] 张云川,张志清.基于 TAM 的中小企业信息化障碍分析及其外包决策模型.科技进步与对策,2006,7:121-123.

[99] 曹清平.我国农业信息服务断层研究与对策.甘肃农业,2005,10:29.

[100] 陈莹,仇梅美.技术接受模型在远程网络教育中的应用.教育信息化,2005,2:72-73.

[101] 韩军辉,李艳军.农户获得种子信息主渠道以及采用行为分析.农业技术经济,2005,1:31-35.

[102] 何蒲明,黎东升.农户技术选择行为对耕地可持续利用的影响.长江大学学报,2005,28(4):80-82.

[103] 井淼,周颖.消费者网上购买行为研究.上海管理科学,2005,5:5-7.

[104] 李国鑫,林振钦. 基于 TRA 理论的酒店员工信息技术心理研究. 旅游学刊,2005,2:33-36.

[105] 李应博.我国农业信息服务体系研究:博士学位论文.北京:中国农业大学,2005.

[106] 王洪俊.农民信息意识对农民行为的影响研究:硕士学位论文.北京:中国农业大学,2005.

[107] 王亚新.农业信息服务体系建设中的政府行为选择.中国农垦,2005,4:37-39.

[108] 王志军.河北省农业信息服务体系建设研究:硕士学位论文.北京:中国农业大学,2005.

[109] 于坤章,宋泽.信任、TAM 与网络购买行为关系研究.财经理论与实践,2005,26(137):119-123.

[110] 郑广翠,王鲁燕,李道亮.关于我国基层农业信息服务模式的几点思考.农业图书情报学刊,2005,17:134-137.

[111] 尤小文.农户经济组织研究.长沙:湖南人民出版社,2005:190-200.

[112] 刘海林.我国农业信息化障碍与对策研究:硕士学位论文.湖北:华中师范大学,2004.

[113] 吕先竞.欧美信息服务体系分析与借鉴.四川工业学院学报,2004,1:57-59.

[114] 郑红维. 我国农村信息服务体系综合评价与发展战略研究：硕士学位论文. 北京：清华大学, 2004.

[115] 钟永玲. 农民专业合作经济组织在农业信息化中的作用. 中国农业信息, 2004, 7：6-7.

[116] 李伟克, 林仁惠, 李树. 亚洲部分国家农业市场信息系统建设系列简介. 计算机与农业, 2003, 9：20-23.

[117] 孙立平. 关于供销社在农业信息服务中发挥作用的调查与思考. 中国合作经济, 2003, 10：20-22.

[118] 曹建新. 关于农业信息化问题的思考. 经济视点, 2002, 7：16-18.

[119] 奉公, 周莹莹, 何洁, 等. 从农民的视角看中国农业科技的供求、传播与应用状况. 中国农业大学学报, 2002, 2：6-10.

[120] 杨廷忠, 裴晓明, 马彦. 合理行动理论及其扩展理论——计划行为理论在健康行为认识和改变中的应用. 中国健康教育, 2002, 18(12)：782-784.

[121] 耿劲松. 农民的信息需求分析. 农业图书情报学刊, 2001, 5：52-58.

[122] 梅方权. 中国农业信息建设前景展望. 中国农村经济, 2001, 3：8-9.

[123] 何德华. 我国农业商务信息网建设研究：硕士学位论文. 武汉：华中农业大学, 2000.

[124] 贾善刚. 金农工程与农业信息化. 农业信息探索, 2000, 1：5-10.

[125] 吕玲丽. 农户采用新技术的行为分析. 经济问题, 2000, 11：27-29.

[126] 吴华. 论农业市场信息服务. 经济体制改革, 1999, 2：121-124.

[127] 宋曙光, 毛新军, 谭庆平. 传统呼叫中心与 Internet 呼叫中心的一体化. 现代电信技术, 2000, 6：1-5.

[128] 孙俊杰, 王新允. 基于 Web 的呼叫中心的功能与实现. 中国数据通信, 2001, 5：50-55.

[129] 谭世平. 信息传播与新农村建设. 湖南大众传媒职业技术学院学报, 2006(3).

[130] 谭宗琨, 欧钊荣. 基于推理模型的玉米智能专家系统气象实时决策设计与实现. 玉米科学, 2008, 16(2)：142-144.

[131] 汤庸, 叶小平, 汤娜. 数据库理论及应用基础. 北京：清华大学出版社, 2004：113-125.

[132] 唐胜. 基于神经网络的农作物病害诊断专家系统的设计：硕士学位论文. 湘潭：湘潭大学, 2003.5.

[133] 王靖飞. 动物疾病诊断专家系统的研究与应用：博士学位论文. 哈尔滨：东北林业大学, 2002.

[134] 王仕华. 语音合成技术及国内外发展现状. http://www.ctiforum.com/factory/f04/www.ifly.com.cn/ifly0902.htm, 2002.

[135] 吴和斌. 装载机液压系统故障诊断专家系统研究：硕士学位论文. 桂林：桂林电子科技大学, 2009.

[136] 吴亮. 一种改进的最大匹配分词算法研究. 现代商贸工业, 2010(9)：297-298.

[137] 杨超. 基于最大匹配的书面汉语自动分词研究：硕士学位论文. 长沙：湖南大学, 2004.

[138] 杨猛, 孙艳丰, 李锌, 等. 基于 AVS-M 的 3G 视频流媒体传输与差错控制. 计算机应用研究, 2006, 9：234-239.

[139] 尤军东. 基于 CBR 面向企业诊断的流程案例检索与复用：硕士学位论文. 哈尔滨：哈尔滨工业大学, 2006.

[140] 袁嵩. 一个 TTS 系统的实现方案. 计算机工程与应用,2004,21:121-229.

[141] 袁晓华,郑小宇,詹舒波,等. 基于 WAP 的呼叫中心. 电信科学,2000,8:31-34.

[142] 岳峻. 基于本体的蔬菜供应链知识获取系统研究:博士学位论文. 北京:中国农业大学,2007.

[143] 张宝发. 基于 H-323 的 IVR 系统的改进和实现:硕士学位论文. 北京:北京邮电大学,2011.

[144] 张彩琴,袁健. 改进的正向最大匹配分词算法. 计算机工程与设计,2010,31(11):2595-2597.

[145] 张利军,毛婕,赵萌,等. 浙江电力呼叫中心通信平台建设探讨. 电力系统通信,2009,30(202):35-46.

[146] 张小翠. H-264 标准在 H-323 系统中的应用:硕士学位论文. 北京:北京邮电大学,2010.

[147] 章卫国. 模糊控制理论与应用. 西安:西北工业大学出版社,1999.

[148] 兆蓊. CobraNet 与 EtherSound 音频传输技术比较. 电声技术,2008,32:72-79.

[149] 赵溪. 呼叫中心技术发展的新趋势. 电信技术,2002,8:20-22.

[150] 郑永和,寇应展,张伟君. 基于模糊推理的案例检索技术研究. 四川兵工学报,2009,30(7):122-124.

[151] 周开来. 基于语音数据库的文语转换系统过程分析. 计算机时代,2010,7:7-9.

[152] 周志伟. 支持语义的视频检索技术研究:硕士学位论文. 合肥:中国科学技术大学,2011.

[153] 武文娟. 面向机务 CBT 的一种实用文语转换系统研究:硕士学位论文. 南京:南京航空航天大学,2009.

[154] 蔡莲红,贾珈,郑方. 言语信息处理的进展. 中文信息学报,2011(6):137-141.

[155] 张启宇,朱玲,张雅萍. 中文分词算法研究综述. 情报探索,2008(11):53-56.

[156] 李雪松. 中文分词及其在基于 Lucene 的全文检索中的应用:硕士学位论文. 广州:中山大学,2008.

[157] 许高建,胡学刚,王庆人. 文本挖掘中的中文自动分词算法研究及实现. 计算机技术与发展,2007(17):121-124.

[158] 赵曾贻,陈天娥,朱兰. 一种基于语词的分词方法. 苏州大学学报:自然科学版,2002(3):44-48.

[159] 马玉春,宋瀚涛. Web 中文文本分词技术研究. 计算机应用,2004(4):134-136.

[160] 邓曙光,曾朝晖. 汉语分词中的一种逐词匹配算法的研究. 湖南城市学院学报:自然科学版,2005(1):76-78.

[161] 吴建胜,战学刚,迟呈英. 一种基于自动机的分词方法. 计算机工程与应用,2005(8):81-85.

[162] 杨建林,张国梁. 基于词链的自动分词方法. 情报理论与实践,2000(2):84-87.

[163] 张李义,李亚子. 基于反序词典的中文逆向最大匹配分词系统设计. 现代图书情报技术,2006(8):42-30.

[164] 张海营. 全二分快速自动分词算法构建. 现代图书情报技术,2007(4):52-55.

[165] 张科. 多次 Hash 快速分词算法. 计算机工程与设计,2007(7):1716-1718.

[166] 刘丹,方卫国,周泓. 基于贝叶斯网络的二元语法中文分词模型. 计算机工程,2010(1): 12-14.

[167] 丁洁. 基于最大概率分词算法的中文分词方法研究. 科技信息,2010(21):75-76.

[168] 赵秦怡,王丽珍. 一种基于互信息的串扫描中文文本分词方法. 情报杂志,2010(7): 161-163.

[169] 高军. 汉语语言模型的研究与应用:硕士学位论文.北京:北京邮电大学,1998.

[170] 李家福,张亚非. 基于 EM 算法的汉语自动分词方法. 情报学报,2002(3):269-272.

[171] 王伟,钟义信,孙建,等. 一种基于 EM 非监督训练的自组织分词歧义解决方案. 中文信息学报,2007(2):38-44.

[172] 刘春辉,金顺福,刘国华,等. 基于优化最大匹配与统计结合的汉语分词方法. 燕山大学学报,2009(2):124-129.

[173] 黄魏,高兵,刘异,等. 基于词条组合的中文文本分词方法. 科学技术与工程,2010(1): 85-89.

[174] 何国斌,赵晶璐. 基于最大匹配的中文分词概率算法研究. 计算机工程,2010(5):173-175.

[175] 王彩荣. 汉语自动分词专家系统的设计与实现. 微处理机,2004(3):56-60.

[176] 尹峰. 基于神经网络的汉语自动分词系统的设计与分析. 情报学报,1998(1).

[177] 何嘉,陈琳. 基于神经网络汉语分词模型的优化. 成都信息工程学院学报,2006(6): 812-815.

[178] 陈琳,何嘉. 基于遗传神经算法优化的汉语分词模型. 西南师范大学学报:自然科学版, 2007(4):90-93.

[179] 张利,张立勇,张晓森,等. 基于改进 BP 网络的中文歧义字段分词方法研究. 大连理工大学学报,2007(1):131-135.

[180] 张素智,刘放美. 基于矩阵约束法的中文分词研究. 计算机工程,2007(15):98-100.

[181] 张广行. 嵌入式语音合成系统实现中关键技术研究:硕士学位论文. 合肥:中国科学技术大学,2004.

[182] 申金女. 文语转换系统若干问题研究:硕士学位论文.北京:北京邮电大学,2006.

[183] 中华人民共和国教育部网. 现代汉语常用词表(草案)[EB/OL]. http://www.moe. edu.cn/publicfiles/business/htmlfiles/moe/s230/201001/75598.html.

[184] 景娟. 中文话费文语转换系统的研究与实现:硕士学位论文. 长沙:中南大学,2011.

[185] 彭德龙. 汉语语音变调例说. 教育纵横,2010(5):287-288.

[186] 蔡莲红. 波形编辑语音合成技术及在汉语 TTS 中的应用. 小型微型计算机系统,1994 (10):11-16.

[187] 霍华,普杰信,刘俊强,等. 基于基音同步叠加的汉语文语转换. 洛阳工学院学报,2001 (4):38-42.

[188] 沈颖. 汉语文语转换系统的研究及其应用:硕士学位论文.北京:北京交通大学,2004.

[189] 苏珊珊. 基于波形拼接语音合成技术研究. 福建电脑,2008(10):104-105.

[190] 温皓杰. 面向病害诊断的蔬菜视频场景检测与语义标注方法研究:博士学位论文. 北

京:中国农业大学,2013.

[191] 苏叶.基于自适应双阈值的蔬菜病害知识视频分割方法研究:硕士学位论文.北京:中国农业大学,2013.

[192] 胡金有,张京京,张健.我国农村剩余劳动力转移浅析.集团经济研究,2006,11:106.

[193] 胡金有,张京京,张健.浅谈我国农村劳动力培训.集团经济研究,2006,12:89.

[194] 傅泽田,苏叶,张领先,等.基于自适应双阈值的蔬菜病害知识视频分割方法.农业工程学报,2013,09:148-155.

[195] 傅泽田,李鑫星,张领先,等.农业知识咨询系统及方法.中国专利,CN 102081674 A.2011.06.01.

[196] 傅泽田,李鑫星,张领先,等.农业病虫害知识呼叫咨询方法及系统.中国专利,CN 101621592 A.2010.01.06.

[197] 傅泽田,李鑫星,张领先,等.基于语义检索的文语转换方法及系统.中国专利,CN102394061 B.2011.11.08.

[198] Tatyana Polyakova,Antonio Bonafonte. Introducing nativization to Spanish TTS system. Speech Communication,2011(8):1026-1041.

[199] Jinsik Lee,Gary Geunbae Lee. A data-driven grapheme-to-phoneme conversion method using dynamic contextual converting rules for Korean TTS systems. Computer Speech & Language,2009(4):423-434.

[200] Hazel Morton, Nancie Gunson, Diarmid Marshall, Fergus Mclnne, Andrea Ayres, Mervyn Jack. Usability assessment of text-to-speech synthesis for additional detail in an automated telephone banking system. Computer Speech & Language,2011(2):341-362.

[201] Michael L. Richardson. A Text-to-Speech Converter for Radiology Journal Articles. Academic Radiology,2010(12):1570-1579.

[202] Vataya Chunwijitra,Takashi Nose,Takao Kobayashi. A tone-modeling technique using a quantized F0 context to improve tone correctness in average-voice-based speech synthesis. Speech Communication,2012(2):245-255.

[203] Haraid Romsdorfer,Beat Pfister. Text analysis and language identification for polyglot text-to-speech synthesis. Speech Communication,2007(9):697-724.

[204] Roberto Barra-Chicote,Junichi Yamagishi,Simon King,Juan Manuel Montero,Javier Macias-Guarasa. Analysis of statistical parametric and unit selection speech synthesis systems applied to emotional speech. Speech Communication,2010(5):394-404.

[205] Jordi Adell,David Escudero,Antonio Bonafonte. Production of filled pauses in concatenative speech synthesis based on the underlying fluent sentence. Speech Communication,2012(3):459-476.

[206] Francesc Alias,Lluis Formiga,Xavier Llora. Efficient and reliable perceprual weight tuning for unit-selection text-to-speech synthesis based on active interactive genetic algorithms:A proof-of-concept. Speech Communication,2011(5):786-800.

[207] Hai Zhao,Chunyu Kit. Integrating unsupervised and supervised word segmentation:

The role of goodness measures. Information Sciences 2011(181):163-183.

[208] Richard Tzong-Han Tsai. Chinese text segmentation: A hybrid approach using trans-ductive learning and statistical association measures. Expert Systems with Applica-tions 2010(37):3553-3560.

[209] Bursuc A, Zaharia T, Preteux F. OVIDIUS: A web platform for video browsing and search. Lecture Notes in Computer Science (including subseries Lecture Notes in Arti-ficial Intelligence and Lecture Notes in Bioinformatics); 2012. p. 649-651.

[210] Escalante H J, Montes M, Sucar E. Multimodal indexing based on semantic cohesion for image retrieval. Information Retrieval, 2012, 15(1):1-32.

[211] Hu R, James S, Collomosse J. Annotated free-hand sketches for video retrieval using object semantics and motion. Lecture Notes in Computer Science (including subseries Lecture Notes in Artificial Intelligence and Lecture Notes in Bioinformatics), 2012, 473-484.

[212] Kanagavalli R, Duraiswamy K. A study on techniques used in digital video for shot segmentation and content based video retrieval. European Journal of Scientific Re-search, 2012, 69(3):370-380.

[213] Lim S H. Multimedia data placement and retrieval for mobile platform. Lecture Notes in Electrical Engineering; 2012. 779-786.

[214] Ventura C, Martos M, Giro-I-Nieto X, Vilaplana V, Marques F. Hierarchical naviga-tion and visual search for video keyframe retrieval. Lecture Notes in Computer Science (including subseries Lecture Notes in Artificial Intelligence and Lecture Notes in Bioinformatics), 2012. 652-654.

[215] Villa R, Jose J M. A study of awareness in multimedia search. Information Processing and Management, 2012, 48(1):32-46.

[216] Sethi I K, Patel N. A statistical approach to scene change detection. Proceedings of the SPIE - The International Society for Optical Engineering, 1995, 2420:329-338.

[217] Vasconcelos N, Lippman A. Statistical models of video structure for content analysis and characterization. IEEE Transactions on Image Processing, 2000, 9(1):3-19.

[218] Lee S W, Kim Y M, Choi S W. Fast scene change detection using direct feature extrac-tion from MPEG compressed videos. IEEE Transactions on Multimedia, 2000, 2(4): 240-254.

[219] Xiao Y-l, Zhu S-p, Luo W-z, Liu W-b, Yang G-l. Video shot segmentation based on lo-cal similarity. Application Research of Computers, 2012, 29(3):1162-1165.

[220] Mohanta P P, Saha S K, Chanda B. A Model-Based Shot Boundary Detection Tech-nique Using Frame Transition Parameters. IEEE Transactions on Multimedia, 2012, 14(1):223-233.

[221] Ewerth R, Muhling M, Freisleben B. Robust Video Content Analysis via Transductive Learning. Acm Transactions on Intelligent Systems and Technology, 2012, 3(3):1-26.

[222] Nang J, Hong S, Ihm Y. Efficient video segmentation scheme for MPEG video stream

using macroblock information. Proceedings of the ACM International Multimedia Conference & Exhibition,1999. 23-26.

[223] Ma C M,Dong C Y,Huang B G. A New Method For Shot Boundary Detection. 2012 International Conference on Industrial Control and Electronics Engineering. Los Alamitos:Ieee Computer Soc,2012. 156-160.

[224] Chattopadhyay T. Video shot boundary detection using compressed domain features of H. 264. Proceedings of the 2011 11th International Conference on Intelligent Systems Design and Applications:Ieee,2011. 660-665.

[225] Mendi E,Bayrak C. Summarization of MPEG Compressed Video Sequences. Advanced Science Letters,2011,4(11-12):3706-3708.

[226] Almeida J,Leite N J,Torres RdS. Rapid Cut Detection on Compressed Video. Progress in Pattern Recognition,Image Analysis,Computer Vision,and Applications, 2011. 71-78.

[227] Qian X,Guoneng T. Research on TV advertisement detection base on video shot. 2012 3rd International Conference on System Science,Engineering Design and Manufacturing Informatization (ICSEM 2012),2012:245-248.

[228] Thakar V B,Desai C B,Hadia S K. Video Retrieval:An Adaptive Novel Feature Based Approach for Movies. International Journal of Image,Graphics and Signal Processing, 2013,5(3):26-35.

[229] Mendi E,Bayrak C. Shot boundary detection and key-frame extraction from neurosurgical video sequences. Imaging Science Journal,2012,60(2):90-96.

[230] Haubold A,Kender J R. Augmented segmentation and visualization for presentation videos. 13th Annual ACM International Conference on Multimedia:Acm,2005. 51-60.

[231] Gillet O,Richard G. Comparing audio and video segmentations for music videos indexing. 2006 IEEE International Conference on Acoustics,Speech,and Signal Processing (IEEE Cat No 06CH37812C),2006. 4879-4882.

[232] Youngja P,Ying L. Semantic analysis for topical segmentation of videos. 2007 International Conference on Semantic Computing,2007. 161-168.

[233] Aldershoff F,Salden A. Multi-scale audio-video analysis and processing - Segmentations and arrangements. Internet Multimedia Management Systems Ⅱ,2001. 20-31.

[234] Ming L,Nunamaker J F,Jr. ,Chau M,Hsinchun C. Segmentation of lecture videos based on text:a method combining multiple linguistic features. Proceedings of the 37th Annual Hawaii International Conference on System Sciences,2004. 9.

[235] Min X,Liang-Tien C,Haoran Y,Rajan D. Affective content detection in sitcom using subtitle and audio. The 12th International Multi-Media Modelling Conference Proceedings,2006. 6.

[236] Hauptmann A G. Lessons for the future from a decade of informedia video analysis research. Lecture Notes in Computer Science,2005. 1-10.

[237] Lulu B,Xinling S,Jing Z,Jinghua Z,Yanlong W. Gray image feature extraction and recognition based on fuzzy cluster. Proceedings of the SPIE - The International Society for Optical Engineering,2011. 77520A (77527 pp.).

[238] Chunyu C,Keyu X. Face Recognition Based on Two-dimensional Principal Component Analysis and Kernel Principal Component Analysis. Information Technology Journal, 2012,11(12):1781-1785.

[239] Shih-Wei C, Sheng-Huang L, Lun-De L, Hsin-Yi L, Yu-Cheng P, Te-Son K, et al. Quantification and recognition of parkinsonian gait from monocular video imaging using kernel-based principal component analysis. Biomedical Engineering OnLine,2011, 10:99 (21 pp.).

[240] Hien Van N,Porikli F. Support Vector Shape:A Classifier-Based Shape Representation. IEEE Transactions on Pattern Analysis and Machine Intelligence,2013,35(4): 970-982.

[241] Kumagai S,Doman K,Takahashi T,Deguchi D,Ide I,Murase H. Speech shot Extraction from Broadcast news Videos. International Journal of Semantic Computing,2012, 6(2):179-204.

[242] Repp S,Meinel C. Segmentation of lecture videos based on spontaneous speech recognition. 2008 Tenth IEEE International Symposium on Multimedia,2008. 692-697.

[243] Pan W,Brui T D,Suen C Y. Text Detection from Scene Images Using Sparse Representation. Proc ICPR,2008. 1-5.

[244] Wei Y C,Lin C H. A robust video text detection approach using SVM. Expert Systems with Applications,2012,39(12):10832-10840.

[245] Ruiz-Mezcua B,Garcia-Crespo A,Lopez-Cuadrado J L,Gonzalez-Carrasco I. An expert system development tool for non AI experts. Expert Systems with Applications,2011, 38(1):597-609.

[246] Chevalier R F,Hoogenboom G,McClendon R W,Paz J O. A web-based fuzzy expert system for frost warnings in horticultural crops. Environmental Modelling & Software,2012,35(0):84-91.

[247] Guangyu G,Huadong M. Multi-modality movie scene detection using Kernel Canonical Correlation Analysis. 2012 21st International Conference on Pattern Recognition (ICPR 2012),2012:3074-3077.

[248] YANAGAWA A,CHANG S F,KENNEDY L,Hsu w. Columbia University's Baseline Detectors for 374 LSCOM Semantic Visual Concepts. New York:ADVENT Technical Report No. 222-2006-8;2007.

[249] Wang J,Zhao Y,Wu X,Hua X S. A transductive multi-label learning approach for video concept detection. Pattern Recognition,2011,44(10-11):2274-2286.

[250] Lienhart R,A. Wernicke. Localizing and segmenting text in images and videos. IEEE Trans Circuits Syst Video Technol,2002. 256-267.

[251] Qian X,Liu G,Wang H,Su R. Text detection,localization,and tracking in compressed

video. Signal Processing-Image Communication,2007,22(9):752-768.

[252] Lyu M R,Song J-Q,Cai M. A comprehensive method for multilingual video text detection,localization,and extraction. IEEE Trans Circuits Syst Video Technol,2005. 243-255.

[253] Lim Y-K,Choi S-H,Lee S-W. Text extraction in MPEG compressed video for content-based indexing. Proceedings of the International Conference on Pattern Recognition. Barcelona,Spain,2000. 409-412.

[254] Lienhart R,Wernicke A. Localizing and segmenting text in images and videos. IEEE Trans Circuits Syst Video Technol,2002. 256-267.

[255] Li H,Doermann D,Kia O. Automatic text detection and tracking in digital video IEEE Trans Image Process,2000. 147-156.

[256] Snoek C,Worring M. Multimedia event-based video indexing using time intervals. IEEE Trans Multimedia 2005. 638-647.

[257] Gargi U,Antani S,Kasturi R. Indexing text events in digital video databases. Proc Int Conf Pattern Recognit,1998. 916-918.

[258] Gargi U,Crandall D,Antani S. A system for automatic text detection in video. ProcInternational Conference on Document Analysis and Recognition 1999. 29-32.

[259] Wang X,Xie L,Lu M,Ma B,Chng ES,Li H. Broadcast news story segmentation using conditional random fields and multimodal features. IEICE Transactions on Information and Systems,2012,E95-D(5):1206-1215.

[260] Spyrou E,Tolias G,Mylonas P,Avrithis Y. A Semantic Multimedia Analysis Approach Utilizing a Region Thesaurus and LSA. Image Analysis for Multimedia Interactive Services,2008 WIAMIS '08 Ninth International Workshop on,2008. 8-11.

[261] Fangxia S,Xiaojun G. Keyframe extractionbased on kmeas results to adjacent DC images similarity. Signal Processing Systems (ICSPS),2010 2nd International Conference on,2010. V1-611-V611-613.

[262] G. Lowe D. Distinctive image features from scale-invariant keypoints. International Journal of ComputerVision,2004,60(2):91-110.

[263] Yin Z,Rong J,Zhi-Hua Z. Understanding bag-of-words model:a statistical framework. International Journal of Machine Learning and Cybernetics,2010,1(1-4):43-52.

[264] Yi C,Tian Y. Text extraction from scene images by character appearance and structure modeling. Computer Vision and Image Understanding,2013,117(2):182-194.

[265] Kasar T,Ramakrishnan A G. Multi-script and multi-oriented text localization from scene images. Camera-Based Document Analysis and Recognition 4th International Workshop,CBDAR 2011 Revised Selected Papers. Beijing,China 2012. 1-14.

[266] Kasar T,Ramakrishnan A G. COCOCLUST:Contour-based Color Clustering for Robust Binarization of Colored Text. Proc Intl Workshop CBDAR,2009. 11-17.

[267] Blunsom P. Hidden Markov Models. http://digital.cs.usu.edu/-cyan/CS7960/hmm-tutorial.pdf;2004.

[268] Guan Y, Wang X L, Kong X Y, Zhao J. Quantifying semantic similarity of Chinese wordsfrom HowNet. 2002 International Conference on Machine Learning and Cybernetics, Vols 1-4, Proceedings; 2002. 234-239.

[269] Benbin W, Jing Y, Liang H. Chinese HowNet-Based Multi-factor Word Similarity Algorithm Integrated of Result Modification. Neural Information Processing 19th International Conference, ICONIP 2012 Doha Proceedings, 2012;256-266.

[270] Dong Z, Dong Q. HowNet and the Computation of Meaning: World Scientific Publishing, 2006.

[271] Liuling D, Bin L, Yuning X, ShiKun W. Measuring semantic similarity between words using HowNet. 2008 International Conference on Computer Science and Information Technology, 2008;601-605.

[272] A. T. Connie, P. Nasiopoulos, V. C. M. Leung, et al. Video Packetization Techniques for Enhancing H. 264 Video Transmission over 3G Networks. IEEE Communications Society subject matter experts for publication in the IEEE, 2008;800-804.

[273] Achal Bassamboo, J. Michael Harrison, Assaf Zeevi. Design and Control of a Large Call Center: Asymptotic Analysis of an LP-Based Method. Operations research. 2006, 54(3):419-435.

[274] Achal Bassamboo, Assaf Zeevi. On a Data-Driven Method for Staffing Large Call Centers. Operations research. 2009, 57(3):714-726.

[275] Baeza-Yates, R. and Ribeiro-Neto, B. 1999. Modern informationretrieval. Addison-Wesley Reading, MA.

[276] Farzad Peyravi, Amin Keshavarzi. Agent Based Model for Call Centers using Knowledge Management. Third Asia International Conference on Modelling & Simulation, 2009.

[277] Fernando Gomez, Richard Hull, and Carlos Segami, Acquiring Knowledge from Encyclopedia Texts. Proceedings of the Fourth ACL Conference on Applied Natural Language Processing. Stuttgart, Germany. 1994, pp 84-90. acl. ldc. upenn. edu/A/A94/A94-1014. pdf.

[278] Genesereth, M R. The Role of Plans and Automated Consultation. IJCAI, 1979;311-319.

[279] Guarino N, Welty C. A Formal Ontology of Properties. In: Proceedings of EKAW-2000: The 12th International Conference on Knowledge Engineering and Knowledge Management. October, 2000. Spring-Verlag LNCS Vol. 1937, 97-112.

[280] Guarino N. Formal Ontology and Information Systems. In: Proceedings of the First International Conference (FOIS'98), June 6-8, 1998, Trento, Italy;3-15.

[281] Gunjan Mansingh, Han Reichgelt, Kweku-Muata Osei Bryson. CPEST: An expert system for the management of pests and diseases in the Jamaican coffee industry. Expert Systems with Applications, 2007, 32:184-192.

[282] H. Sebastian Seung, Daniel D. Lee. The Manifold Ways of Perception. (Cognition

Perspectives in same issue). Science,290(5500),Dec. 22,2000,2268-2269.

[283] Hakan Sundblad,Automatic Acquisition of Hyponyms and Meronyms from Question Corpora. Proceedings from the Workshopon Natural Language Processing and Machine Learning for Ontology Engineering at ECAI'2002. Lyon,France,2002. Available from website.

[284] LIJIE SHAH,XIA TONG,LINHAI WU,et al. the survey and prospect of vegetable market in china. Agro Food Industry Hitech,2007,18(1):27-28.

[285] Lisa Singh,Peter Scheuetmann,and Bin Chen,Generating Association Rules from Semi-Structured Documents Using an Extended Concept Hierarchy. Proceedings of the sixth international conference on Information and Knowledge Management. Maryland,United States. 1995:193-200.

[286] Litkowski K. Models of the semantic structure of dictionaries. Journal of Computational Liguistics,1978,15(81):25-74.

[287] Liyi Zhang,Yazi Li,Jian Meng Design of Chinese Word Segmentation System Based on Improved Chinese Converse Dictionary and Reverse Maximum Matching Algorithm. 2006:171-172.

[288] M. E. Yahia,R. Mahmod,N. Sulaiman,F. Ahmad. Rough neural expert systems. Expert Systems with Application,2000,18:87-99.

[289] Marti A. Hearst,Automatic Acquisition of Hyponyms from Large Text Corpora. Proceedings of the 14th International Conference on Computational Linguistics. Nantes France,1992:539-545.

[290] Matthew Stephens,Mathew J. Palakal,Snehasis Mukhopadhyay,Rajeev R. Raje, Javed Mostafa,Detecting Gene Relations from MEDLINE Abstracts. Pacific Symposium on Biocomputing. Hawaii,2001:483-496.

[291] Matthew Stephens,Mathew J. Palakal,Snehasis Mukhopadhyay,Rajeev R. Raje, Javed Mostafa,Detecting Gene Relations from MEDLINE Abstracts. Pacific Symposium on Biocomputing. Hawaii,2001:483-496.

[292] McCarthy J. Recursive Funetion of Symbolic Expression and Their Computation by Machine. Communication of the ACM,1960,7:184-195.

[293] Michal Finkelstein-Landanu & Emmanuel Morin,Extracting Semantic Relationships between Terms:Supervised & Unsupervised Methods. Proceedings of International Workshop on Ontological Engineering on the Global Information Infrastructure. Dagstuhl Castle,Germany,May 1999:71-80.

[294] Newell A,Shaw J C,Simon H A. A Variety of Intelligent Learning in General Problem Solver. Self-Organizing Systems. NewYork:Pergamon Press,1960.

[295] Niu Zhengyu,Chai Peigi. Segmentation of Prosodic Phrases for Improving the Naturalness of Synthesized Mandrine Chinese Speech,Proceedings of ICSLP,2000:39-45.

[296] Nonaka I. et al. Management focus. The 'ART' of knowledge:system to capitalize on market knowledge,European management journal. 1998,16(6):673-684.

[297] Nurminen J K,O. Karonen,et al. What makes expert systems survive over 10 years——empirical evaluation of several engineering applications. Expert Systems with Applications,2003,24:199-211.

[298] Oudom Keo,Sangwook Bae,Hyunsook Kim,et al. Vehicle Movement Tracking Using Online Map with Real-time Live Video in 3G Network. IEEE International Conference on Sensor Networks,2010:347-352.

[299] ROBERT C. HAMPSHIRE,OTIS B. JENNINGS,WILLIAM A. MASSEY. A TIME-VARYING CALL CENTER DESIGN VIA LAGRANGIAN MECHANICS. Probability in the Engineering and Informational Sciences. 2009,23:231-259.

[300] S. E. Davies,S. Gardner. Effects of Various Mobile Location Scenarios on 3G Mobile-to-Mobile Video Streaming. International Symposium on Communications and Information Technologies,2008:687-692.

[301] Schank. R,(Ed.)Dynamic Memory:A Theory of Learning in Computers and People. New York:Cambridge University Press. 1982.

[302] Sung Min Baea,Sung Ho Hab,Sang Chan Park. A web-based system for analyzing the voices of call center customers in the service industry. Expert Systems with Applications. 2005,28:29-41.

[303] Swezey,S. L. ,Goldman,P. . Basic (biological agriculture systems in cotton):a cotton pest management innovators group in the northern San Joaquin valley. 1998 proceedings Beltwide Cotton Conference,January,San Diego,1998,2:1119-1124.

[304] T. -P. Hong,T. -T. Wang,S. -L. Wang,B. -C. Chien. Learning a coverage set of maximally general fuzzy rules by rough sets. Expert Systems with Applications,2000,19:97-103.

[305] Toshio Tsuchiya,Tatsushi Maeda,Yukihiro Matsubara,Mitsuo Nagamach. A fuzzy ruleinduction method using genetic algorithm. International journal of Industrial Ergonomics,1996,135-145.

[306] V. Lopez-Morales,O. Lopez-Ortega,J. Ramos-Fernandez,L. B. Munoz. JAPIEST:An integral intelligent system for the diagnosis and control of tomatoes diseases and pests in hydroponic greenhouses. Expert Systems with Applications,2008(35):1506-1512.

[307] Zhang Peng,Zhao Yanbin,Hao Jie. Design and Realization of Call Center System based on H. 323. The Eighth International Conference on Electronic Measurement and Instruments,2007.

[308] Akinwumi A. Adesina,Jojo Baidu-Forson. Farmer's Perceptions And Adoption Of New Agricultural Technology:Evidence From Analysis In Burkina Faso And Guines,West Africa. Agricultural Economics,1995,13:1-9.

[309] Awudu Abdulai,Wallace E. Huffman. The diffusion of new agricultural technologies:The case of crossbred-cow technology in Tanzania. American Journal of Agricultural Economics,2005,87(3):645-659.

[310] Benteng Zou. Vintage technology,optimal investment and technology adoption. Eco-

nomic Modelling,2006,23:515-533.

[311] Baugartner H. . Steenkamp J-B. E. M. Exploratory Consumer Buying Behavior:Conceptualisation and Measurement. International Journal of Research in Marketing,1996(13):121-137.

[312] Bruce R. Klemz,Christo Boshoff. Environmental and emotional influences on willingness to buy in small and large retailers. European Journal of Marketing,2001,35(1/2):70-91.

[313] Boris Runov. Agricultural Infirmation Infrastructure Development and Rural Information Network Services In Russia. ICETS2000-Session 6:Technology Innovation and Sustainable Agriculture.

[314] Babin Laurie A. ,Babin Barry J. ,Boles James S. . The effects of consumer perceptions of the salesperson,product and dealer on purchase intentions. Journal of Retailing and Consumer Services,1999 (6):91-97.

[315] Chery R. Analyzing technology adoption using microstudies limitation challenges and opportunities for improvement. Agricultural Economics,2006,5. 207-219.

[316] C. S. SIM NICHOLAS. International production sharing and economic development the value chain for a small open economy. Applied Economics Letters,2004,11:885-889.

[317] Clive Wynne,Leyland Pitt,Michael Ewing,Julie Napoli. The impact of the Internet on the distribution value chain. International Marketing Review,2001,18(4):420-431.

[318] Chery R. Analyzing technology adoption using microstudies limitation challenges and opportunities for improvement[J]. Agricultural Economics,2006,5:207-219.

[319] Daniel J. McFarland,Diane Hamilton. Adding contextual specificity to the technology acceptance model. Computers in Human Behavior,2006,22:427-447.

[320] Kazuyoshi Ishii,Takaya Ichimura,Ichiro Mihara. Information behavior in the determination of functional specifications for new product development. International journal of production economics,2005,98:262-270.

[321] Diane H. Sonnenwald,Mirja Iivonen. An Integrated Human Information Behavior Research Framework for Information Studies. Library & Information Science Research,1999,21(4):429-457.

[322] Daniel J. McFarland,Diane Hamilton. Adding contextual specificity to the technology acceptance model. Computers in Human Behavior,2006,22:427-447.

[323] Fred D. Davis. Perceived usefulness,perceived ease of Use,and user acceptance of information technology. IS Quarterly,1989,9:319-340.

[324] Fred D. Davis,Richard P. Bagozzi,Paul R. Warshaw. User acceptance of computer technology：A comparison of two theoretical models. Management Science,1989,35:982-1003.

[325] Hee-dong Yang,Youngjin Yoo. It's All About Attitude:Revisiting The Technology Acceptance Model. Decision Support Systems,2004,38:19-31.

[326] Hung-Pin Shih. Extended technology acceptance model of Internet utilization behavior.

Information & Management,2004,41:719-729.

[327] G. Premkumar,Margaret Roverts. Adoption Of New Information Technologies In Rural Small Business. The International Journal Of Management Science,1999,27:467-484.

[328] Leggesse David,Burton Michael,Ozanne Adam. Duration analysis of technology adoption in Ethiopian agriculture. Journal of Agricultural Economics,2004,55(3):613-631.

[329] Leo R. Vijayasarathy. Predicting consumer intentions to use on-line shopping:the case for an augmented technology acceptance model. Information & Management,2004,41:747-762.

[330] Murat Isik,Darren Hudson,Keith H. Coble. The value of site-specific information and the environment:Technology adoption and pesticide use under uncertainty. Journal of Environment Management,2005,76:245-254.

[331] Natalie Lynch,Dianne Berry. Differences in perceived risks and benefits of herbal,over-the-counter conventional,and prescribed conventional,medicines,and the implications of this for the safe and effective use of herbal products[J]. Complementary Therapies in Medicine,2007,15:84-91.

[332] Paul T. Jaeger, Kim M. Thompson. Social information behavior and the democratic process:Information poverty,normative behavior,and electronic government in the United State. Library & Information Science Research,2004:94-107.

[333] Prabodh Illukpitiya,Chennat Gopalakrishnan. Decision-making in soil conservation:application of a behavioral model to patato farmers in Sri Lanka. Land Use Policy,2004,21:321-331.

[334] Ross Flett, Fiona Alpass, Steve Humphries, Claire Massey, Stuart Morriss, Nigel Long. The technology acceptance model and use of technology in New Zealand dairy farming. Agricultural Systems,2004,80:199-211.

[335] Raafat Saade,Bouchaib Bahli. The impact of cognitive absorption on perceived usefulness and perceived ease of use in on-line learning:an extension of the technology acceptance model. Information & Management. 2005,42:317-327.

[336] Sally McKechnie, Heidi Winklhofer, Christine Ennew. Applying the technology acceptance model to the online retailing of financial services. International Journal of Retail & Distribution Management,2006,34(4/5):388-410.

[337] Viswanath Venkatesh,Michael G. Morris,Gordon B. Davis,Fred D. Davis. User Acceptance Of Information Technology:Toward A Unified View. Mis Quarterly,2003,27(3):425-478.

[338] Viswanath Venkatesh,Fred D. Davis. A Theoretical Extension of the Technology Acceptance Model:Four Longitudinal Field Studies. Management Science,2000,46(2):186-204.

[339] Wagayehu Bekele,Lars Drake. Soil and water conservation decision behavior of sub-

sistence farmers in the Eastern Highlands of Ethiopis:a case study of the Hunde-Lafto area. Ecological Economics,2003,46:437-451.

[340] William G. Chismar, Sonja Wiley-Patton. Does the extended technology acceptance model apply to physicians. Proceedings of the 36th Hawaii International Conference on System Sciences. IEEE. 2002.

[341] Alatter A M. Wipe scene change detector for use with video compression algorithm and MPEG-7. IEEE Transaction on Consumer Electronics,1998,44(1):43-51.

[342] Chen Q,Sun Q S,Heng P A,et al. A double-threshold image binarization method based on edge detector. Pattern Recognition,2008,41(4):1254-1267.

[343] Hu Jing,Li Daoliang,Duan Qingling,et al. Fish species classification by color,texture and multi-class support vector machine using computer vision. Computers and Electronics in Agriculture 2012,88(10):133-140.

[344] Hung M H,Hsieh C H,Kuo C M,et al. Generalized playfield segmentation of sport videos using color features. Pattern Recognition Letters,2011,32(7):987-1000.

[345] Karasulu B,Korukoglu S. A simulated annealing-based optimal threshold determining method in edge-based segmentation of grayscale images. Applied Soft Computing,2011,11(2):2246-2259.

[346] Li Xinxing,Fu Zetian,Zhang Lingxian,et al. A text segmentation method of Text to Speech Technology Based on Agricultural Ontology Theory and Semantic Search. Journal of Food Agriculture and Environment,2012,10(1):492-494.

[347] Minetto R,Spina T V,Falcao A X,et al. Video segmentation of deformable objects using the Image Foresting Transform. Computer Vision and Image Understanding,2012,116(2):274-291.

[348] Naji S A,Zainuddin R,Jalab H A. Skin segmentation based on multi pixel color clustering models. Digital Signal Processing,2012,22(6):933-940.

[349] Sakarya U,Telatar Z,Alatan A. Dominant sets based movie scene detection. Signal Prcessing,2012,92(1):107-119.

[350] Sierra B,Lazkano E,Jauregi E,et al. Histogram distance-based Bayesian Network structure learning:A supervised classification specific approach. Decision Support Systems,2009,48(1):180-190.

[351] Spotorno S,Tatler B W,Faure S. Semantic consistency versus perceptual salience in visual scenes:Findings from change detection. Acta Psychologica,2013,142(2):168-176.

[352] Wei Shui gen,Yang Lei,Chen Zhen,et al. Motion Detection Based on Optical Flow and Self-adaptive Threshold Segmentation. Procedia Engineering,2011,15(5):3471-3476.

[353] Jingjing Zhang,Xiaoshuan Zhang,Weisong Mu,Jian Zhang,Zetian Fu. Farmers' information usage intention in China based on the technology acceptance model. The Second International Conference on Computer and Computing Technologies in Agriculture. 2008.

[354] Jingjing Zhang, Xiaoshuan Zhang, Zetian Fu. Dynamic study of farmers' information adoption in China. The Third International Conference on Computer and Computing Technologies in Agriculture. 2009.

[355] Xinxing Li, Zetian Fu, Lingxian Zhang, et al. A Knowledge-Based Decision Support System for China Cabbage Diseases. Intelligent Automation and Soft Computing, 2010,16(6):985-994.

[356] Xinxing Li, Lingxian Zhang, Zetian Fu, Haojie Wen. The corn Disease Remote Diagnostic System. Journal of Food Agriculture and Environment. 2012,10(1):617-620.

[357] Haojie Wen, Lingxian Zhang, Zetian Fu, et al. Agricultural Disease-control Scene Determination Based on Audio-Visual Fusion. Journal of Food Agriculture and Environment. 2012. 10(3&4):867-870.

[358] Haojie Wen, Zetian Fu, Lingxian Zhang, et al. Video Assisted Diagnosis System for Cucumber Disease. Journal of Food Agriculture and Environment. 2012. 10(3&4):857-860.

[359] Haojie Wen, Zetian Fu, Lingxian Zhang, et al. Expert system based on improved quantitative for diagnosis and treatment of cucumber diseases. Journal of Food Agriculture and Environment. 2013. 11(3&4):1263-1266.